U0160458

孔隙型地下储气库圈闭完整性评价

贾善坡 付晓飞 王建军 著

本书得到

岩土力学与工程国家重点实验室开放基金（编号：Z013007）

湖北省自然科学基金项目（2015CFB194）

黑龙江省自然科学基金项目（编号：JJ2019ZT0046）

国家自然科学基金项目（编号：41702156；41975157）

联合资助

科 学 出 版 社

北 京

内 容 简 介

本书系统介绍了作者近年来在孔隙型地下储气库（含水层型储气库、枯竭油气藏型储气库）圈闭完整性评价方面取得的学术成果。本书综合本领域相关研究成果和全球现有储气库资料，初步构建孔隙型地下储气库选址评价体系，采用室内试验、理论建模、数值分析和现场应用相结合的方法，紧紧围绕孔隙型储气库盖层力学特性、封气能力、储层质量、断层封闭性、圈闭完整性与地质力学稳定性等关键科学问题开展细致的研究。

本书可供从事地下储气库工程、压缩空气含水层储能、CO_2 咸水层地质封存、废液深井回注、特殊地下空间工程等研究领域的工程技术人员参考，也可作为地质工程、油气储运工程、岩土与地下工程、石油工程等专业的科技工作者、高等院校师生的参考书。

图书在版编目（CIP）数据

孔隙型地下储气库圈闭完整性评价／贾善坡，付晓飞，王建军著 . —北京：科学出版社，2020.6

ISBN 978-7-03-064200-4

Ⅰ.①孔… Ⅱ.①贾… ②付… ③王… Ⅲ.①孔隙储集层–地下储气库–圈闭–研究 Ⅳ.①P618.130.2

中国版本图书馆 CIP 数据核字（2020）第 023917 号

责任编辑：张井飞 韩 鹏 姜德君／责任校对：张小霞
责任印制：吴兆东／封面设计：耕者设计工作室

科学出版社 出版

北京东黄城根北街 16 号
邮政编码：100717

http://www.sciencep.com

北京九州迅驰传媒文化有限公司印刷
科学出版社发行 各地新华书店经销

*

2020 年 6 月第 一 版 开本：787×1092 1/16
2025 年 2 月第二次印刷 印张：13
字数：310 000

定价：**128.00 元**

（如有印装质量问题，我社负责调换）

前　言

　　天然气是保障国民经济稳定发展、人民生活水平提高、环境条件改善的重要绿色能源。消费的季节性、区域性、不均衡性，长输管线供应能力受限，导致天然气供应与调峰的矛盾，促使天然气储备的发展迫在眉睫。地下储气库是天然气产业链的关键环节和管道输送系统的重要组成部分，在调整能源结构、优化天然气使用、调节供需平衡、储备战略资源、实现稳定供应等功能方面，具有重要作用。

　　地下储气库建设是一项资金、技术密集型系统工程，具有建设周期长、技术难点多、安全要求高的特点，必须具备"注得进、存得住、采得出"以及短期高产、高低压往复注采、长期使用、可监控的功能，在研究重点、研究方法和设计技术方面都有特殊之处。我国储气库建设起步较晚，基础理论薄弱、技术标准体系不完善，建库运行面临一系列重大技术难题。在地下储气库的几个类型中，国内仅在枯竭气藏型和盐穴两类储气库方面基本形成了相应的建库技术（涵盖选址评价、建库方案设计、钻采工程、地面工程、完整性评价五大配套技术系列），在含水层储气库方面尚无先例，而在储气库新领域和新功能方面，压气蓄能、CO_2埋存等处于探索阶段。地下储气库建设条件苛刻，需要圈闭具有良好的封闭性和较高的注采能力，对圈闭构造、盖层封闭性、储层物性等提出了较高要求，储气库圈闭完整性评价贯穿了储气库的选址评价、建库方案设计、注采运行优化乃至废弃等全生命周期。储气库大吞大吐的特殊的运行方式、国内相对复杂的建库地质条件，加之库址筛选阶段机理认识不清，给储气库建造带来巨大挑战。

　　针对上述问题，笔者以孔隙型地下储气库圈闭完整性为研究目标，对储气库选址评价体系、盖层岩石力学及封闭性、储层质量、断层封堵性、井筒完整性及圈闭地质力学多场耦合效应等问题进行了基础性研究，建立了定量评价储气库圈闭完整性评价体系。本书分为8章。第1章详细阐述了地下储气库发展概况、圈闭完整性研究现状以及储气库建设发展趋势；第2章系统分析了圈闭、储层、盖层、断层等不同地质参数对孔隙型储气库的影响，选取了库址筛选评价指标，对照国外建设含水层储气库的成功经验，建立了储气库圈闭目标优选的多层次、多指标综合评价体系；第3章对储气库盖层力学影响因素进行详细分类，在室内岩石力学试验的基础上，提出了各评价指标的等级划分标准，建立了基于岩石力学特征的泥岩盖层脆性评价模型；第4章研究了盖层在不同静水压力、加卸载条件下的渗透特性，建立了盖层排替压力预测模型，结合盖层岩石室内细观结构测试和物性参数试验，构建了储气库盖层质量评价模型；第5章开展了储层岩石室内试验和现场试验，选取储气能力、注采气能力、储层岩石力学、储层敏感性四个关键因素，构建了储气库储层评价模型和分类评价标准；第6章研究了储气库断层封闭性机理，根据地震、测井和试井等现场测试资料，从断层岩性、断层环境条件、断层力学因素、断层产状等方面建立了储气库断层封闭性评价模型；第7章对已建储气库管柱适用性进行了评价，通过室内试验和现场监测结果，建立了储气库井筒完整性评价方法；第8章从地质力学角度探讨了天然气注采对储气库圈闭稳定性的影响，提出了储气库圈闭完整性评价准则，建立了储气库圈闭多物理场耦合模型，形成了圈闭完整性数值模拟的评价思路和方法。

本书的出版得到了岩土力学与工程国家重点实验室开放基金（编号：Z013007）、湖北省自然科学基金项目（2015CFB194）、黑龙江省自然科学基金项目（编号：JJ2019ZT0046）、国家自然科学基金项目（编号：41702156；41975157）的资助，在此作者深表感谢！

本书是作者近年来在孔隙型地下储气库研究方面的成果总结，在编写过程中笔者广泛阅读了前人的研究成果和国内外相关论著，在此谨致谢意。特别感谢郑得文、金凤鸣、张辉、孟庆春、林建品等老师给予的指导；感谢温曹轩、贾陆峰、赵振允等研究生为本书付出的辛勤劳动；感谢东北石油大学非常规油气研究院和黑龙江油气藏及地下储库完整性评价重点实验室搭建的平台，让作者在这一方向继续深入研究。

地下储气库建设并非是一劳永逸的工程，因涉及注和采、强度大、频率高、长期运行，故储气库圈闭评价贯穿于储气库运行的始终，圈闭完整性动态评价还有待继续深入研究。由于作者水平有限，书中难免存在不足之处，敬请读者批评指正。

目　　录

1 绪 论

1.1 引 言

经济、社会发展向着低碳、高效方向转变已成我国战略发展的必然选择，天然气在这方面可以发挥独特作用。目前，公众对于环境保护的要求日益提高，碳排放问题日益凸显。天然气是一种优质、高效、清洁的低碳能源，可与核能及可再生能源等其他低排放能源形成良性互补，是能源供应清洁化的最现实选择。加快天然气产业发展，提高天然气在一次能源消费中的比重，是我国加快建设清洁低碳、安全高效的现代能源体系的必由之路，也是化解环境约束、改善大气质量，实现绿色低碳发展的有效途径，同时对推动节能减排、稳增长惠民生促发展具有重要意义。

天然气这种清洁能源的消费不均衡性，导致天然气供应与调峰的矛盾。一般来说，天然气的冬季月均需求量是夏季月均需求量的 1.5~2 倍，北京等大城市甚至达到 10 倍，如果按照最大日需求量来计算，冬季的需求量可达到夏季需求量的 10~15 倍。一般而言，天然气调峰可通过供应与需求两个方面调节。供应调峰手段包括地下储气库、气田备用产能、液化天然气（LNG）接收站的优化运行等；需求调峰手段包括可中断的双燃料工业用户、燃气发电企业，利用价格杠杆控制峰值等。近年来，中国天然气产业发展迅猛，四大天然气进口通道基本建成（俄气、中亚气、缅气、LNG），管道总长达 7.6 万 km，用户遍及全国，天然气已成为国计民生不可或缺的重要清洁能源（马新华和丁国生，2018）。2010 年消费量达到 1000 亿 m^3，2015 年 1910 亿 m^3，年均增长 14%，2017 年消费量 2300 亿 m^3，较上年增长 11%。

地下储气库是将长输管道输送来的商品天然气重新注入地下空间而形成的一种人工气田或气藏，一般建设在靠近下游天然气用户城市的附近，在用气量高峰时将天然气采出来，以补充管线供气的不足，满足用户需求。夏季市场用气量低于管道输气能力，将富裕的气存入储气库，等到冬季用气量大时，再从储气库采出天然气向用户供气。国外经验表明，地下储气库是调节由于季节变化引起的天然气供需不平衡的有效手段，其调峰投资最低、最为经济。地下储气库的其他重要作用是用于天然气的战略储备，以保障长输管线供气中断情况下天然气的有效供给。由于在调峰和保证供气安全上具有不可替代的作用，地下储气库的建设受到许多国家的重视，如美国、俄罗斯、法国、德国、意大利等国都投入巨资，修建地下储气库。欧美国家除了不断加大地下储气库的建设规模，增加应急调峰能力外，已按照石油战略储备的做法着手研究天然气的战略储备，并将其纳入国家能源安全体系。与石油储备相比，天然气地下储备库的建设更是在全世界范围内形成普遍共识，天然气的储备全部依赖于地下储气库的建设，天然气的安全供气不仅关系到能源供给安全，还关系到家庭的日常生活。

天然气产业带动了对储气库的巨大需求，储气库建设一定程度上是政治工程、民生工程和保障工程。对上中下游而言，储气库意义重大。首先，在夏季无法停产、压产的情况下，储气库可以缓解油田生产压力。其次，在天然气输入储气库的过程中，可提高管道负荷率，提升管道整体经营效益。最后，将夏天"囤积"的天然气放入储气库，对销售企业具有解压作用。随着以西气东输等工程为代表的一系列城市用气工程的实施，加之天然气在我国的消费量逐年增加，我国将陆续建设一系列地下储气库（群）。我国的天然气资源区与消费市场分离，建库资源分布不均，资源区主要集中在中西部地区，而天然气的主要用户市场在东部地区，重点消费市场区域内优质建库目标十分稀缺。围绕国内主要天然气消费区域，根据中国天然气资源与市场的匹配及未来积极利用海外天然气的战略部署，在已初步形成的京津冀、西北、西南、东北、长三角、中西部、中南、珠三角八大储气基地基础上，加大地下储气库扩容改造和新建力度，支持 LNG 储气设施建设，逐步建立以地下储气库为主，气田调峰、压缩天然气（CNG）和 LNG 储备站为辅，可中断用户调峰为补充的综合性调峰系统，建立健全由供气方、输配企业和用户各自承担调峰储备义务的多层次储备体系（表 1-1）。国内储气库总量不够，需要提高质量和增加数量，加大科研攻关，进行新一轮储气库评价，开展复杂类型储气库建库技术攻关。对于过去没有评价的地质条件，重新评价后要筛选出一部分继续评价，通过优选加大选址力度。西部以油气藏为主、东部以油气藏与含水层为主、南部以盐穴与含水层为主开展储气库建设，未来将形成西部天然气战略储备为主、中部天然气调峰枢纽、东部消费市场区域调峰中心的储气库调峰大格局。中长期逐步建成以储气库调峰为主的综合调峰保供体系，2030 年力争实现储气库调峰与应急储备 500 亿 m³ 能力，全面解决调峰保供和应急储备重大战略问题，因此，储气库的建设工作任重而道远。

表 1-1　不同类型储备方式比较

储备方式	描述	优点	缺点
储气库	利用油气藏、含水层和岩穴等地下构造进行调峰	容量大，储气压力高，占地面积小，受气候影响小，安全可靠性高，常用于季节调峰、储备	受限于地质构造，建库周期长
LNG	利用 LNG 设施调峰	不受地质条件限制，有限空间的天然气储存量大，动用周期短，常用于日、小时调峰	投资大，能耗高，在现行价格体制下，竞技性差
气田调峰	通过放大生产压差和备用产能增加量调峰	规模大，可用于季节调峰	容易造成地层能量消耗过快、边底水入侵，以及气井出水、出砂等情况

1.2　地下储气库分类

根据储层特征不同，地下储气库可分为孔隙型储气库和洞穴类储气库（丁国生等，2014；杨春和等，2014）。前者包括枯竭油气藏型和含水层型，后者包括盐穴型和废旧矿井型（表 1-2）。地下储气库分类介绍如下。

1. 枯竭油气藏型储气库

其包括由枯竭的气藏、油藏和凝析气藏改建的地下储气库。这种储气库储气量大，是应用最广泛的一种储气库。截至 2018 年世界上共有 689 座储气库，其中枯竭油气藏型储气库 504 座，占世界储气库总数的 73% 以上。这类储气库建库周期相对较短，投资和运行费用也较低。

将枯竭气藏转为地下储气库是建造地下储气库最好的选择，采出程度达到 70% 以上时改建库较为合适。枯竭油藏的含水率达到 90% 以上时改建储气库较为合适，既有含水层特征又有油藏特征。枯竭气藏型和凝析气藏型储气库的优点为：①地质构造清楚，静态参数确定，具有良好的圈闭条件，储气安全性、可靠性高；②储气空间大、储气量大，储层具有良好的渗透条件；③可利用气田中未采尽的天然气作为垫层气，不需或仅需注入少量的垫底气；④原生产井网可用于储气库动态监测，节约了部分投资；⑤作为注采气井，有完整配套的天然气地面集输、水、电、矿建等系统工程设施可供选择，缩短了建库周期；⑥试注、试采运行把握性大，工程风险小，有完整成套的成熟采气工艺技术；⑦可充分利用原气田的地质资料和开采过程中积累的气田动态资料，从而为储气库优化运行提供依据。枯竭油藏型储气库，具备枯竭气藏型储气库的部分优点，但缺点较为突出，即：①要把部分油井改造为天然气注/采井；②原油集输系统改造为气体集输系统；③采气过程中会携带出轻质油，需配套新建轻质油脱出及回收系统；④部分天然气会溶解于储层中残余的原油中；⑤需试注、试采运行，检验、考核费用较高。

2. 含水层型储气库

含水层型储气库就是利用地下含水层来储集天然气，这种储气库是通过排出含水层岩石孔隙中的水后储存天然气，即将天然气注入含水层，驱替岩石孔隙中的水，将水驱赶到所存天然气的边缘而形成的。气体的吸附作用，可能会产生毛细管堵塞，使部分天然气永久地留在岩层中成为"死气"。这种储气库的投资和操作费用相对较高，建库周期也较长。但含水层构造的分布较广，在输气管道和天然气消费中心附近一般容易找到含水层构造。在找不到合适的枯竭油气田时，大型含水层不失为季节性调峰和战略储气库的一种可行选择。从天然气输配系统整体来考虑，建造含水层型储气库也是经济合理的。因此，目前世界上在大的天然气消费中心建设的储气库，多为含水层型储气库。含水层型储气库的主要缺点为：①勘察、选址难度大，工作量大、时间长，勘探风险较大；从开始勘探到完成首次注气可能需要长达 15 年；②钻井工程量较大，且观测井所占比例比枯竭油气藏型储气库大；③垫层气比例高，一般占总储气容量的 50%~60%，垫层气不能完全利用；④气-水界面较难控制，需要分阶段进行较长时间的试注、试采，以观察和检测水运移情况以及漏气对环境的影响程度；⑤需配套建设注/采气、天然气净化、供水、供电、通信、道路等设施；⑥建库工程量大、投资高，运行费用也高。

3. 盐穴型储气库

天然盐穴很少，多利用人造盐穴建造地下储气库。盐穴型储气库是通过向盐层中注入淡水进行溶蚀，将溶蚀形成的溶解盐水排出而形成的洞穴，然后泵出盐水注气。一般盐穴型储气库的储存容积较小，但它有许多其他类型储气库所不及的优点，它可以按照调峰负荷和储备实际用气量进行建造，一个储气库可以按不同储气量的需求，分几期来进行设计和建造，操作的机动性强，注采气速度快，周期短，一年中注采气循环可达 4~6 次。垫气比例小且可以回收，适用于补偿高峰负荷时的用气需求。这种储气库的缺点是钻井完井难度较大，溶洞冲蚀较难控制，盐水排放渗漏可能造成储气量损失。截至 2018 年，世界上盐穴型储气库有 101 座，约占储气库总数的 15%。

4. 废旧矿井型储气库

这是利用废弃的采矿洞穴或在岩体中开凿的岩洞储存天然气的储气库。由于符合储存天然气地质条件的矿坑很少，人工开凿也受地质条件的限制，因此这种储气库的发展受到了限制。这类储气库的优点是提取量与工作气量之比高，垫气可回收，缺点是井容易发生漏气，与常规储气库相比，成本较高。截至 2018 年，世界上只有 1 座废旧矿井型储气库，3 座岩洞型储气库。

表 1-2　不同类型储气库技术对比

类型	储存介质	储存方法	工作原理	优点	缺点	用途
枯竭油气藏型	原始饱和油气水的孔隙性渗透地层	由注入气体把原始液体加压并驱动	气体压缩膨胀及液体的可压缩性结合流动特点注入采出	储气量大，可利用油气田原有设施	地面处理要求高，垫气量大，部分垫气无法回收	季节调峰与战略储备
含水层型	原始饱和水的孔隙性渗透地层	由注入气体把原始液体加压并驱动	气体压缩膨胀及液体的可压缩性结合流动特点注入采出	储气量大	勘探风险大，垫气不能完全回收	季节调峰与战略储备
盐穴型	利用水溶形成的洞穴	气体压缩挤出卤水	气体压缩与膨胀	工作气量比例高，可回收垫气	卤水排放处理困难，有可能出现漏气	日、周、季节调峰
废旧矿井型	采矿后形成的洞穴	充水后用气体压缩挤出水	气体压缩与膨胀	工作气量比例高，可回收垫气	易发生漏气现象，容量小	日、周、季节调峰

国外经验表明，在枯竭油气藏中储存优于在含水层中储存，在含水层中储存又优于在盐穴中储存；从储存量上来看，在枯竭油气藏和含水层中储存天然气成为天然气储存的主要形式，在盐穴中储存成为天然气地下储存的重要补充，在废旧矿井中储存天然气有一些实例，在衬砌岩洞中储存天然气是一种正在探索的新方式。无论是枯竭油气藏型储气库，还是含水层型储气库，均是在地下形成人造气藏，与开发气田相比还需要解决气库地质及工程密封、高速高压多周期注采、数十年的使用寿命等众多技术难题。

利用含水层构造改建储气库无论是在建库的技术难度、风险性，还是在建库周期和投资等方面都要高于枯竭油气藏型储气库和盐穴型储气库。含水层型储气库与其他类型地下储气库建设存在较大的差异性，如表 1-3 所示。

表 1-3　不同类型的地下储气库差异性比较

类型	典型有效天然气容积/$10^6\,m^3$	关键问题	建设周期/a	注气周期/d	采气周期/d	年注采循环次数
含水层型	300～1500	盖层、圈闭构造、含水层等	10～12	120～180	60～120	1
枯竭油气藏型	200～1000	规模、圈闭、井筒完整性等	5～8	120～180	60～120	1～2
盐穴型	50	盐特性、盐卤处理、蠕变等	5～10	15～30	15～30	4～6

1.3　地下储气库发展概况

天然气地下储备库在欧美发达国家已有 1 个世纪的历史，已经成为天然气工业体系中不可缺少的重要组成部分。目前世界上的储气库主要分布在欧洲和北美地区。

截至 2018 年，美国拥有的地下储气库数量居世界第一，而且也是发展最早的国家，共建地下储气库 393 座，总工作气量为 $1360.8\times10^8\,m^3$，占年消费量的 17.48%。美国 1916 年在纽约州附近的 ZOAR 枯竭气田建成储气库。

俄罗斯是世界第二大天然气生产国，1959 年在莫斯科附近修建了肯卢什地下储气库，截至 2018 年储气库数量为 23 座，以枯竭油气藏型和含水层型为主，总工作气量为 $718.5\times10^8\,m^3$，占年消费量的 18.38%。

法国从 1956 年开始建造地下储气库，其天然气消费对外依存度很高，因此，用作战略储备、调峰的地下储气库对法国而言非常重要。截至 2018 年有 21 座在使用中的地下储气库，其中有 16 座建在含水层，4 座建在盐穴，1 座为油藏型储气库，总工作气量为 $129.8\times10^8\,m^3$，占年消费量的 30.47%。地下储气库和 LNG 接收终端能够使法国天然气公司调整天然气供应量并且使天然气的供应多元化。由于法国天然气需求的高度对外依存度，其政府较早提出了战略储备的概念，这种战略储备主要是防止大规模、长时期的供应中断。总体来看，法国没有将战略储备与调峰储备作明确区分，这两种储备量相当于 110 天的平均消费量。

加拿大的地下储气库建设工作开展也较早，早在 1915 年就在安大略省的 WELLAND 气田进行储气试验，目前共有地下储气库约 66 座，总工作气量为 $265.8\times10^8\,m^3$，占年消费量的 26.61%。

德国共建有地下储气库 49 座，总工作气量为 $238.3\times10^8\,m^3$，占年消费量的 29.60%。

中国的地下储气库建设起步较晚，20 世纪 70 年代在大庆油田曾经进行过利用气藏建设地下储气库的尝试。20 世纪 90 年代初，随着陕京天然气输气管道的建设，为确保北京、天津的安全供气，国家开始加大力度研究建设地下储气库技术。2000 年 11 月，我国首次在大港油田利用枯竭凝析气藏建成了大张坨地下储气库。为保证"西气东输"管线沿线和下游长江三角洲（简称长三角）地区用户的正常用气，建成了长三角地区内的江苏金坛盐矿和江苏刘庄气田地下储气库。经过多年的不懈努力，截至 2018 年国内已有 11 个地下储气库群，建成了气藏和盐穴两类储气库 25 座，分布在中国主要天然气消费区，设计总工作气量 184 亿 m^3（表 1-4），主要分布在环渤海和东部地区，约占天然气年消费量的 2%，距世界平均水平 10% 有较大差距。截至 2018 年国内储气库运营商只有中国石油和中国石化两家，其中中国石油已建成 23 座（盐穴型 1 座，枯竭油气藏型 22 座），现已全部投运；中国石化建成 2 座储气库（盐穴型 1 座，枯竭油气藏型 1 座）。根据中国石油 2019～2030 年地下储气库建设规划部署，未来 10 年，中国石油将扩容在役的 10 座储气库（群），新建 23 座储气库。根据规划，将建立东北、环渤海中西部、西北、西南、长三角六个区域储气中心，加快推进储气库建设。

表 1-4　我国在役地下储气库明细表

地区	储气库（群）	类型	库容/$10^8 m^3$	设计工作气量/$10^8 m^3$	投产时间
环渤海	大港库群	气藏	69.80	30.30	2000～2006 年
	华北库群		16.80	7.50	2010 年
	苏桥		67.40	23.30	2013 年
	板南		7.80	4.30	2014 年
长三角	刘庄	盐穴	4.60	2.40	2011 年
	金坛 A①		26.40	17.10	2007 年
	金坛 B②		11.79	7.23	2015 年
西北	呼图壁	气藏	107.00	45.10	2013 年
西南	相国寺	气藏	42.60	22.80	2013 年
东北	双 6	气藏	41.30	16.00	2014 年
中西部	陕 224	气藏	10.40	5.00	2014 年
	中原文 96	气藏	5.88	2.95	2012 年
合计			411.77	183.98	—

　　目前中国已经掌握的建库地质资源少，储气库建设难，这与我国地质条件的客观实际密不可分。与美国气藏埋深浅、密封性强的地质条件相比，我国优质大型库址资源缺乏，规模选址难度不断加大，中西部地区大型气藏库源埋藏深、构造复杂，东北中小型气藏库源断块多、密封性差，东部沿海地区缺乏油气藏目标且品位差。总体而言，储气库选址难度在一定程度上不亚于寻找一个油气田。从目前天然气主要消费区（东北、环渤海、长三角地区）来看，具备建设地下储气库的气藏资源基本都已经纳入地下储气库建设规划，但仍不能满足这些地区未来的调峰需要，需要寻找水层建库目标。东南、中南地区没有油气藏建库的资源，只能选择含水层和盐矿建库，且储气库选址难度大。

　　国外 90% 的储气库埋深小于 2000m，构造完整，而我国主要天然气消费区的地质条件复杂、构造破碎，限制了储气库的规模和安全性；且埋深普遍大于 2500m，增加了建设成本和风险，储层非均质强，制约了注采的速度。当油气藏进入产量递减期后通常会采取酸化、压裂、注水、注聚合物等增产措施，致使枯竭油气藏移交时，地下情况更加复杂，储气库建设难度加大。由于地质条件复杂这一先天劣势，我国的储气库建设的各个环节，包括选址、钻完井、注采和安全监测都面临更大的挑战。

1.4　含水层型储气库发展概况

截至 2018 年，世界上大约有 80 座含水层型地下储气库，主要分布在美国、俄罗斯，以及法国、德国和意大利等。美国是世界上拥有含水层型储气库最多的国家，共 47 座，1958 年，美国在芝加哥的肯塔基建成了世界上第一座含水层型储气库；苏联于 1959 年建成国内第一座含水层型储气库，1968 年又建成一座水平状的含水层型储气库；法国是目前拥有含水层型储气库比例最高的国家；世界最大的含水层型储气库位于俄罗斯卡西莫夫，库容 200 亿 m³，有效储气量达 90 亿 m³。截至 2009 年，世界上含水层型储气库的数量占各类储气库总数量的 14%（Wang，2001；Sudheer，2009；Alan，2011）。与枯竭油气藏型储气库和盐穴型储气库相比，含水层型储气库有以下优点：①含水层型储气库只存在气-水两相，渗流机理较枯竭油气藏型储气库简单，为储气库的建设和运行减少了技术上的难点；②含水层构造完整，钻井完井一次到位，减少了工程施工的难度、时间和费用；③可用于建造含水层型储气库的含水构造分布很广，为储气库的选址提供了地质资源；④与盐穴型储气库相比，含水层型储气库的储集空间比较大，可用于更大规模的用气调峰。

目前，国外含水层型储气库建设呈现出两大发展趋势：①储气库向大型化发展；②灵活性大、周转率较高的小型含水层型储气库的建造，这种储气库的生产能力及调峰能力强，见效快。

含水层构造能否用于建设储气库需要解决三个问题：①适当的地质构造圈闭；②构造当中合适的含水层；③盖层的渗透性。前两个问题可以用传统的地质勘探方法来验证，即使这两个方面都能满足要求，有些储层也不能用于储气库的建设，原因是没有合适的盖层，或圈闭是渗漏的。对于有封闭边界的含水层，为避免地层压力过高超过盖层的承受极限，一般在储气库合适的位置设排水井，以降低储气库的压力，俄罗斯卡卢加市的天然气地下储气库验证了这一措施的必要性（苗承武和尹凯平，2000；郭平等，2012；谭羽非，2007；李银平等，2012；王皆明和张昱文，2013；马小明和赵平起，2011；申瑞臣等，2009）。

含水层型储气库一般建在背斜构造的含水砂岩储层中，满足三个基本条件：具有良好的多孔、高渗透性的储气层；有可靠的盖层，保证气体不会垂向渗漏；储层周围密封性要好，保证气体不会侧漏。例如，俄罗斯盖钦纳含水层型储气库，储层厚度约 10m，渗透率 1~5D①，闭合高度 2m，在不同的部位注气排水，自 1963 年运营以来，冬季最大采出量 1.84 亿 m³，占其库容量的 31%。适合作储气库的含水层的特征数值有很大的变化范围，平均可以认定为：地层的渗透率不小于 0.2~0.3D，厚度不小于 4~6m，孔隙度不低于 10%~15%；盖层一般是黏土，其渗透率不大于百分之几毫达西。

含水层型储气库是仅次于枯竭油气藏型储气库的另一种大型地下储气库形式，并在世

---

① 达西（D），1D = 0.986923×10⁻¹² m²。

界范围内得到广泛应用。国外含水层型储气库的建设已经形成了一整套从勘探评价、气藏工程、钻井完井和地面工程的配套关键技术。国内方面，利用含水层改建地下储气库还没有先例，非常缺乏必要的理论和实践经验。含水层型储气库建设是今后储气库建设研究的重点，我国地域广阔，许多大型城市远离天然气生产地，这就决定了利用含水层建设天然气储气库必然成为我国储气库建设未来发展的主流方向。

为与陕甘宁储气管线相配套，中国石油勘探开发研究院廊坊分院结合华北地区地质情况，对数万平方千米范围内 100 多个油气藏和浅层构造，在对油气藏分类和地质研究的基础上进行了筛选，筛选出板中北高点、板 820、文 23、京 58、凤河营浅层含水构造等主要优选库址，其中，凤河营浅层含水构造为一个完整的背斜，构造简单，高点埋深 502m，圈闭面积 11.5km^2，储层厚度 42m，储气层为砂砾岩、砾岩和砂岩，储层物性好，为高孔中渗型，平均渗透率为 122.4mD，库容约为 25.5 亿 m^3，预计有效工作气量可以达到 10 亿 m^3。2013 年华北油田启动了"华北含水层建库目标评价"项目，寻找 10 余个有利含水层圈闭，开展了库址筛选，并针对有利建库目标开展了前期评价工作，标志着国内含水层型储气库的建设正式启动。2017 年，浙江油田开展了苏北白驹含水层构造建库条件评价工作。2018 年，胜利油田启动了山东地区惠民凹陷和东营凹陷 20 余个含水层构造目标筛选工作。

在大型工业城市中心和大城市附近，并非都有适合于建设地下储气库的枯竭油气田，但总可以找到含水层构造，在这种情况下，建造含水层型储气库便成为首推方案，目前，世界上建造在大工业中心和大城市附近的地下储气库基本上都是含水层型储气库。随着我国东部输配气系统快速发展和不断完善，供气用户不断壮大，供气规模迅速提高，仅利用东部枯竭气藏或分布非常有限的盐岩层改建地下储气库，难以满足目前长输管线对储气库季节及安全调峰气量的迫切需求。因此，利用东部适宜的含水构造改建地下储气库，并形成相应的配套技术，目前已经到了刻不容缓的地步。

1.5 储气库圈闭完整性研究现状

地下储气库作为一种"人工气藏"，其建设运营与常规气藏开发有明显区别。储气库多周期高速吞吐，注采速度是气藏的 20 ~ 30 倍，加剧气窜和水侵，流体分布和空间动用复杂化，其建设标准、运营要求和风险程度远高于常规气藏。由于我国储气库深度普遍高于国外，因而运行压力和随之而来的风险程度也远高于国外。储气库多位于人口稠密区，发生事故的后果不堪设想。我国储气库建设起步晚，与国外储气库近百年的发展史相比，虽然我们的建库技术已达到先进水平，但是运营和安全方面还有很多需要借鉴国外的成熟经验，将"零事故"的状态保持下去。

地下储气库作为多专业联合的系统工程，既要满足调峰时的强注强采，又要保证高度的安全。在高低压力频繁交替变化的情况下保证 30 ~ 50 年的使用寿命，对密封性要求很高，这一特点决定地质评价、钻采工艺及地面工艺等与气田开发存在显著的差异，需要建立相应的配套技术。在储气库圈闭完整性评价标准方面，国内尚未形成一个统一的评价标准，有研究者认为：我国地质条件复杂，地质构造变化快，各地形成的地质特点也不相同，建立统一的评价标准非常难，应根据具体的地质条件，做出具体的完整性评价。

作为调峰和保障安全供气的主要设施，地下储气库一般建设在天然气管道下游用户区附近，而储气库的服役年限又都较长（一般超过50年），因此储气库的安全要求相比气藏开发更加严格，气井及储气库圈闭本身的安全必须引起高度的重视。

1.5.1 盖层封闭性

在勘探储气库圈闭构造时，关于气体在地层中的聚集，特别是盖层的密封性问题，是最难解决的问题；只有在储气库建成，并且成功投入运行之后，才能把这个问题弄清楚。常见的盖层为泥页岩、膏盐岩类、致密碳酸盐岩、铝土质泥岩及煤系等。最有利的地质构造当属背斜构造，最适合的储层种类为砂岩、石灰岩、白云岩等。

盖层的封闭性是指天然气被注入地层后阻止其继续运移的能力，它控制着储气库中工作气纵向上的分布、含气丰度、工作压力等。地下储气库盖层的封闭性取决于以下四个方面：①盖层岩石物性，如岩石的物理参数、孔渗参数、扩散系数及岩石物质成分等。②韧性。岩石韧性对盖层封闭性影响的本质是通过影响断裂与裂缝形成的难易程度来间接控制盖层封闭性，与脆性岩石相比，韧性岩石构成的盖层不易产生断裂和裂缝。通常的韧性大小顺序为：盐岩>硬石膏>富含有机质泥页岩>页岩>粉砂质页岩>钙质页岩。③盖层厚度。盖层越厚越有利，厚度大不易被小断层错断，不易形成连通的微裂缝；厚度大的盖层，其中的流体不易排出，封闭能力相应增加。④盖层地层压力状态、裂隙发育程度及连通情况。对于储气库来说，膏盐岩层的封闭能力最强，铝土质泥岩次之，而泥岩的封闭能力变化较大。

在盖层封闭能力评价方面，目前用于评价天然气盖层封闭能力的评价参数主要有孔隙率、渗透率、扩散系数以及决定封盖能力的突破压力等参数（李国平等，1996；付广等，1995；邓祖佑等，2000）。储气库盖层应具有很高的毛细管排替压力，以克制气藏的剩余压力，使气体不能向上运移逸散，从而形成毛细管压力封闭，当盖层毛细管排替压力小于油气藏的剩余压力时，天然气就要通过盖层渗滤散失，很难形成封闭。储气库盖层评价分为两个方面：盖层宏观有效性评价和盖层微观有效性评价。从宏观封闭能力来看，厚度对天然气的封闭能力有影响，其影响主要表现在厚度横向分布的稳定性上，也就是要求盖层必须有足够的分布面积作屏障，而薄盖层往往分布面积小，且极易被断层所切穿，厚层则不然。因此，对于宏观封闭能力而言，要求盖层必须有足够大的厚度，以保障它横向分布的稳定性。微观上盖层封闭能力主要取决于岩石的渗透性，即盖层的渗滤能力，其中，突破压力和扩散系数是反映盖层微观封闭能力的主要参数，突破压力是在一定的围压下，流体在多孔介质中发生渗流作用的最小压力，是盖层岩石封闭能力的最直接、最根本的反映，扩散系数则是反映天然气由高浓度区向低浓度区质量传递能力大小的参数（胡国艺等，2008）。

杨传忠和张先普选择岩石的抗压强度、弹性模量、泊松比、硬度、塑性系数和压缩系数等参数研究了盖层力学与封闭性的关系（杨传忠和张先普，1994）。鲁雪松等根据岩石发生破裂的应力条件和不同岩性盖层力学性质的差异，探讨了盖层力学性质及其应力状态对盖层封闭性的影响（鲁雪松等，2007）。范明等通过分析比表面积和突破压力与盖层封盖性能的关系，提出以比表面积和突破压力 2 个参数共同评价盖层的封盖性（范明等，2011）。

目前常用的几种单一指标和联合指标均存在一定的局限性，很难对盖层的封盖性能做出有效的判别，如何综合考虑成岩作用、构造演化、宏微观指标参数对盖层的封盖能力做出客观的评价成为盖层评价中的一个难点。另外，含水层地下储气库盖层封闭能力受多种地质因素制约，储气库压力循环波动，盖层的渗透性、孔隙度、裂缝状况、胶结情况、含水率等物性参数也发生相应的变化，其封盖能力往往是动态的。

1.5.2　盖层稳定性

地层注入天然气后，地层压力会增加，当压力增加到一定程度后，易诱发盖层中潜在的微裂缝或裂隙产生，从而降低封闭性。如果盖层过薄易被注入的气体突破，造成天然气逃逸（谭羽非，2003）。因此，盖层质量的优劣直接影响天然气地质储存的有效性与安全性，盖层是否逃逸也成为判定天然气地质储存安全性的重要标志之一。

对于含水层型储气库，地层（包括盖层和储层）中的孔隙压力将随着气体的注入而增加，过大的孔隙压力会导致地层应力重分布，大大降低地层的承载能力，导致上覆地层隆起或者塌陷。盖层一般是非均匀的，存在一些小裂缝，甚至有长达上千米的大裂隙，这些缺陷使得气体埋存后盖层的稳定性大大降低（Yang et al.，2006；Lei et al.，2000），主要体现在：①若注入压力过大，裂隙会产生扩张甚至贯通，渗透率大大增加。②应力沿扩张裂隙的重分布会引起进一步的应力集中，导致地层内部增生裂隙甚至滑裂面的出现，甚至引起地质灾难。③如果储层上方的盖层有足够的弹性和非渗透性，那么随着地层内压力的升高，超过静水压力后，上覆岩层就会隆起，地层压力重新分布，这时气体的渗透条件发生变化。④盖层很小的岩石变形，也可能导致套管与水泥的黏合和水泥与岩石的黏合的破裂，发生岩层接触界面逃逸。

盖层逃逸的方式主要有 4 种：盖层渗透逃逸、盖层扩散逃逸、盖层裂隙逃逸以及岩层接触界面逃逸（盖层与含水层）。盖层渗透逃逸取决于盖层的突破压力和注入气体的压力，若注气压力大于突破压力，气体会在盖层孔隙内流动，从而突破盖层，其逃逸快慢与盖层渗透率、突破压力、注气压力和盖层厚度等因素有关；盖层扩散逃逸主要取决于盖层气体扩散系数、盖层上下气体浓度以及盖层的厚度等因素，由于储气库形成的气藏时间短，可以忽略；盖层裂隙逃逸取决于注入压力、裂隙尺度、裂隙周围的应力条件、裂隙渗透率等；岩层接触界面逃逸取决于盖层与含水层之间的黏结强度、界面渗透性以及注入压力等。

从力学角度来看，天然气逃逸主要包括以下几个过程：天然气与地层水在地层中的多相渗流过程、流体与岩石间的耦合过程、地层应力变化过程等。气体的注入会改变地层的应力状态，使得岩层发生变形，引起岩层渗透率的变化，变形和渗流相互作用最终可能导致岩层沿地质薄弱带产生大的位移甚至破坏，特别是对于含裂缝的岩层将产生大的形变，从而可能形成高渗透率的气体裂隙通道、大范围的岩体间滑动断裂、地层沉降等。目前，气体注入引起的地层破坏方面，主要考虑在较高的气体注入压力下引起的两种破坏形式：

第一种情况是岩体发生水力劈裂，开始产生裂隙；第二种情况是含裂缝的岩层裂隙的发展甚至岩体沿裂隙滑动。由于岩石中裂缝的存在，当气体侵入裂缝时，若有足够大的压力，则能克服岩石的侧压，将裂缝撑开并从地层-储集层逸出。将裂缝压紧的力，取决于该力的分布和岩石的侧向压力。岩石的侧向压力是岩石静压的一部分。裂缝的分布越靠近垂直线，岩石的可塑性越小，在其他条件相同时，岩石的压缩性就越小，向储气库注气的压力就越低。

多相渗流过程主要分为两种情况：一种情况是渗透率较低的储层以及渗透率很低的盖层中孔隙内的渗流，这种渗流是一个缓慢的过程，是现场注入天然气设计和进行天然气逸逸分析的重要因素（突破压力）；另一种情况是盖层中存在裂隙时的高渗透，它取决于天然气的黏滞性、裂隙尺度、裂隙周围的应力条件、裂隙渗透率、压差等（张旭辉等，2010），在高压条件下还涉及岩层劈裂或者小裂缝扩展贯通、气体爆发性突出等问题，而目前储气库在这方面的研究资料很少。气体在岩石孔隙中的多相流体中的分布形式和微观渗流特性以及在岩石裂隙中的渗流特性，是储库圈闭评估和最大运行压力计算，以及引起的地层应力变形等问题分析的关键。但是目前气体在低渗透以及沿裂隙渗透的微观机理尚不清楚。针对气体的储存，需要重点研究能够尽可能多地注入气体而又对圈闭损害尽量小的注入方式，即保持足够高的注入压力，同时又防止高压气体导致地层开裂甚至盖层的贯通性裂隙。储存区存在较大的孔压，很容易形成劈裂破坏，导致渗透性急剧增加。一般来说，盖层或者是不连续的，或者存在尺度不同的断层、裂隙等，而且这些断层和裂隙会随着气体注入后压力的变化而变化。因此对盖层的评价需要对多相渗流、热、岩土骨架等的耦合变形进行一系列的分析。

对于气体逸逸问题，需要考虑盖层渗透逸逸、盖层裂隙逸逸等方面的参数，因此，储存的气体对盖层逸逸的主要影响因素有：盖层突破压力、注入压力、盖层渗透系数、盖层裂隙分布、盖层力学特征等。另外，地下储气库在循环注采运行过程中，内部流体压力的周期性变化，使净上覆岩层压力也处于周期性的变化状态，而盖层的渗透率、孔隙度的变化规律不容忽视。因此，针对气体的逸逸问题，还需要针对地层中的交变应力、渗透性的变化规律以及裂隙的扩展等问题开展更深入的研究。

目前关于地下储气库的这些基础科学问题尚局限于先导性和试验性研究阶段，在天然气地质储存安全性和稳定性评价的理论和技术方面认识还很不完善。而在与之密切相关的对高压气体注入过程中储层和盖层岩石地质力学响应和评价方面，国外一些学者进行了初步探索，取得了一些重要的研究成果，特别是初步建立了一些相关的地质力学模型和储存模式。但是已有的地质力学模型都不够具体，特别是运用岩石断裂力学的理论和试验方法进行储存天然气安全性和稳定性评价的相关研究还很欠缺，有待于更多岩石力学专家进行深入的探索性研究（谭羽非和林涛，2006；康永尚等，2007；王保辉等，2012；赵斌等，2012；黄继新等，2005；赵仁保等，2010；孙建平等，2010）。

1.5.3　圈闭稳定性

对地下储气库的圈闭稳定性评价，实际上是一个气、液、固三相耦合的非常温、非线性、非均质的复杂问题，其显著特点是固体区域与流体区域互相包含、互相融合，形成重叠在一起的连续介质，并且不同相的介质之间可以发生相互作用，难以明显区分开，如介质变形导致的孔隙渗透通道发生变化的问题等（Peter，1967；Wang and Holditch，2005；Hawkes et al.，2005；Khan et al.，2010）。储气库在正常运行时，不断地进行注、采，导致储层孔隙压力发生变化，固相应力重新分布，这会导致储气库产生压力脉动，当这一压力脉动达到一定值时，储气库所在地层的构造应力、结构特点也相应地发生变化，最终导致地层岩石骨架变形及孔渗条件发生改变。马成松和周士华将储气库的力学因素归纳为四个方面（马成松和周士华，2000）：①储气库的盖层稳定性；②储层的围岩应力；③储气库的力学稳定性；④最大储气压力和最小储气压力。

　　储气库要求在较短时间内反复强注强采，同时为了增大库容和提高单井产能（国外有些地下储气库的工作压力上限高于原始地层压力40%），对储气库的圈闭条件就提出了更高的要求（王建秀等，2013；刁玉杰等，2012）。一般来说，储气库所在层位应该是构造简单，断层不发育或断层具有良好的封闭性，构造幅度大，圈闭闭合面积大，埋藏较浅等。压力是决定盖层封闭性能的核心因素，不论是高压还是低压对储气库工作气的保存都不利，高压气库工作压力太大，气体容易贯穿盖层而渗透，而低压常伴随裂隙使工作气或垫气产生加速运移。在没有断裂存在或者断裂不发育的区域，天然气发生的逃逸主要取决于盖层突破压力与储气库工作压力之差。断层封闭性是储气库圈闭完整性的关键性因素，断层对气库中天然气的逃逸往往决定着储气库建设的成败，断层的性质、破碎、紧结程度以及断层两侧岩性组合间的接触关系等，对储气库的密封系统和注采系统都有重要的影响（阳小平等，2013；周文等，2008；任森林等，2011；罗胜元等，2012）。断层封闭性研究包括两个方面：①断层对盖层的破坏程度；②断层对储层的侧向封堵能力。断层的垂向封闭性就是盖层的有效性；断层的侧向封闭性则是依据断层两侧岩性变化及油气水分布情况，确定断层的封闭性，防止由于断层附近的井强注强采而造成断层面活化而引起泄漏。以往储气库断层评价通常采用定性评价方法，只能从宏观上描述区域断层的整体密封情况，而定量评价方法是从微观上掌握断层各个区域的密封性，目前定量评价断层封闭性常用泥岩涂抹因子计算方法和断层泥质比率法。对储气库而言，断层跟踪评价应贯穿地下储气库整个注采生命周期，通过动态监测外围监测井压力变化和油气水界面的变化，实现储气库生产过程中断层的长期动态监测，确保储气库高效、经济和安全运行。因此，对于断层与储气库圈闭的关系，应从多方面考虑。

　　储气库圈闭天然气逃逸通道可以分为人为逃逸通道、地质构造逃逸通道以及跨越盖层和水力圈闭逃逸通道三类（张森琦等，2010）。在天然气储存场地勘探阶段，应加强区域水文地质条件的调查和研究，查明区域性含水层与隔水层的分布以及各地下水系统之间的关系，不仅要重点研究盖层的力学稳定性与封闭性，也要高度关注盖层上部多层结构承压水含水层各个隔水层的封闭性，特别应高度重视断裂系统对各地下水含水层之间的潜在输导关系。天然气潜在的逃逸路径（图1-1）：①如果天然气能突破盖层毛细管的吸附压力，那么可以通过盖层的孔隙系统逃逸；②通过盖层中断层和裂缝通道系统逃逸；③通过人为因素，如对废弃井或现有钻井的不封闭处理进行逃逸；④通过储层与周围岩层的水文动力系统进行逃逸。逃逸方式有侧向泄漏（断层、跨越水力圈闭、溢出点）、通过盖层散失

（扩散、裂隙）和通过井筒泄漏（封井泥浆、井壁腐蚀）等（江怀友等，2008）。

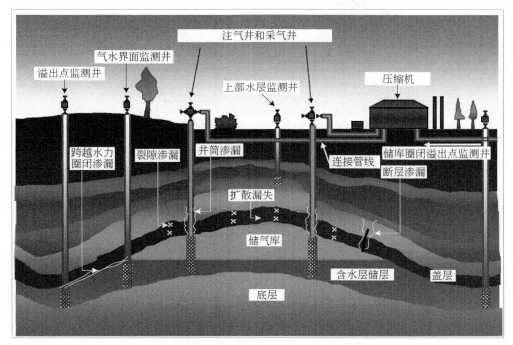

图 1-1　储气库可能泄漏通道示意图

　　断裂以及与之衔接的裂隙网络系统破坏了岩层的连续性，降低了盖层的横向完整性和连续性，使区域封闭性能整体降低，被认为是天然气逃逸的主要构造通道。断层封闭的实质是指，断层的存在使注入的天然气在纵、横向上都被封闭而不致逸散。纵向上断层的性质和产状影响其封闭性，压应力作用产生的断层在断裂带表现为紧密，且具有相对封闭性；而张应力产生的断层易起通道作用。此外，断面缓倾较断面陡倾封闭性相对较好，塑性较强的地层中产生断层时，会在断层面形成致密的断层泥涂抹。横向封闭性取决于断距的大小，以及断层两侧岩性组合的接触关系，若断层两侧的渗透性岩层不直接接触就可起到封闭作用。试验表明，当岩层和断层内孔隙流体压力增大时，将削弱岩层之间的剪切力，利于岩层沿断层面滑动；受压扭作用的断层，断裂带接触比较紧密，利于封堵，而张性断层则恰好相反（Bert et al.，2005；许志刚等，2008）。人为逃逸通道主要包括注采井、监测井和场地原有废弃井等。据报道，2005 年在美国大约有 470 个天然气储集工程在运行，其中有 9 个发生了泄漏事故：5 个是与井的完整性有关系，3 个是由盖层泄漏的，还有一个是早期选择规划错误造成的（Bert et al.，2005）。李小春等（2003）指出，地层的长期力学稳定性是地下隔离安全性评价的关键，要实现长期、安全的埋存目的，则地质埋存过程中的安全性的研究极为重要，必须考虑以下因素：①地质构造；②盖层的完整性、渗透性及厚度；③岩石矿物组分及地层水的组成。目前，岩石矿物组成及沉积条件对封存效果影响的室内研究鲜有报道。

　　在储气库最大运行压力方面，俄罗斯确定最大允许压力的理论依据是假设当岩层中压力达到出现张开的细微裂缝和气体向上一层水平岩层移动的迹象时，应用水力压裂理论确定，这个压力可能会超过最初的水静压力的 60%~70%，并且俄罗斯实践证实了这一结论。储气库的工作容积，即储气库的技术经济指标，在很大程度上取决于储气库内的最大压力（梁卫国等，2008），这个压力越高，其容积就越大，在相同的条件下，向圈闭的注气速率也越快。但是，提高压力可能会导致储气库盖层破裂，使气体进入地层的上层以及窜出地面。在研究向含水层中注气的最高压力时，研究者一般都求助水力压裂理论（Chen，2012；贾善坡等，2012；韩文君等，2011；章定文等，2009）。在承认这种做法的正确性时，也应该指出，由于含水层地层的渗透率比较高，又由于注入气体的黏度不大，实际上在井底区域不可能产生足以引起地层真正意义上的水力压裂压差。另外，确定储气库的最高允许压力时，不能根据岩石的静压，而是根据岩石的侧压，并且认为，在盖层中有垂直裂缝的存在。盖层岩石可以分为不含水和含水两种，前者包括盐岩、硬石膏、石膏和少孔隙的致密泥岩、不渗透致密灰岩；后者为较致密的孔隙性泥岩。盐岩和石膏具有较高的塑性，在数百米深处就具有封闭能力，硬石膏在 800~1000m 深处是可靠的盖层，如果构造上的盖层由塑性泥岩或非裂缝性灰岩和石膏组成，则在 300~1000m 深处，厚度5~15m 即可。必须有一定厚度的不渗透盖隔层才能防止天然气上、下运移渗漏，通过它能确定储气库的最大承压能力。

储层所能承受的最大注气压力及最大库容量等基本参数需要经过一定的注采周期才能确定，所以储气库常分期建成，一期工程带有探试性，经试注试采，取得必要的数据后，再决定是否进行二期工程。在确定最大注气压力时，既要充分利用储层的储气能力，又要保证储气层圈闭的密封性。而根据国外的经验，实际最大注气压力和相应的最大储气容量应通过注气的实践才能确定。在地下储气库投运的前几个注采周期内，最大注气压力一般取最大允许压力理论值的 70% 左右，通过几个注采周期，在观测、分析和评价储气层圈闭的密封性的基础上，再确定最大注气压力以及相应的最大储气容量。

最低采气压力与储层的最低压力是一致的，它与下列参数密切相关。垫层气是指采气结束后，为维持一定的地层压力而留在储气层中的那部分气，这个"一定的地层压力"应能满足最低采气压力的要求，还能控制地层中底水的上升；有效气则指每年注入储气库，并从中采出的那部分天然气，又称工作气。垫气量越大，它所维持的地层压力越高，就能减少采气井井数（因总供气量一定），并为采出气提供较高的压力能，但随着垫气量的增加，储气库的有效气量就相应减少，即储层有效容积相对减少，而且用于垫气的那部分费用（含垫气本身的成本费和注入地层的费用）也会增加。采气井井数取决于储气库的日供气量和单井产气量。前者由整个输配气系统的供、需物料平衡来确定，后者则与采气压力密切相关。显然采气压力越高则单井产量越高，在总供气量一定的前提下，采气井井数就可以减少，钻井费用、井场及气井管网设施的投资均可相应减少，但最小采气压力是靠垫气来维持的，要减少采气井井数就得增加垫气量，所以采气井井数同最小采气压力一样，与垫气量之间存在相互制约的关系。因此，地下储气库的最小采气压力、垫气、有效气、注采井井数等基本参数是互相关联、互相制约的，它们与输配气的大系统也直接或间接地发生联系。

储气库本身的地质风险必须高度重视，根据上述分析，地质风险主要表现在 4 个方面：① 地震或地质灾害引起断层开启活动而导致天然气泄漏；②注采交变应力诱导断层开启而导致天然气泄漏；③超压注气导致盖层破裂或突破盖层封堵而导致天然气泄漏；④高速注气导致天然气沿着高渗透带从溢出点泄漏。为了应对储气库的地质风险，应加强储气库的地质评价和监测，对超原始地层条件注采进行充分试验和论证。

1.5.4　井筒完整性

储气库注采周期和储气库类型及注采井技术的进步关系密切。岩穴储气库单穴库容小，具有较强的循环能力或较大的库存周转率，适合应急调峰供气，而枯竭油气藏型和含水层型储气库规模一般相对较大，库存周转率相对较小，注采周期相对较长。提高储气库的注入和采出能力，从而缩短储气库的注采周期，对于枯竭油气藏型和含水层型储气库效果尤其明显，主要表现在水平井的应用、增加注采井数、提高压力等方面。

储气库钻井设计一般遵循"大进大出"的原则，尽可能提高气井供气能力，发挥最大的产能。一般采用常规钻井工艺即可，相比油气田开发钻井设计有以下几个方面特点：

（1）钻井过程重视储层保护工作，最大限度地保护储层。

（2）受循环注、采气压力反复变化，防止气体泄漏和使用寿命等因素影响，储气库完井要求较高的固井质量。注采井完井各层套管的固井水泥全部上返至地面，防止气体泄漏，同时延长注采井的寿命。

（3）已建成储气库多采用常规直井，部分采用水平井。井型设计一般根据储气库建库地质条件、地层渗流条件和钻井投资等因素确定。

在老井处理方面，主要是针对枯竭油气藏改建储气库情况，对不再利用的老井采取封堵措施，把水泥返高以上的套管全部套铣回收后对整个井眼进行水泥密封。

储气库另外的安全风险主要来源于储气库注采井的安全与否。随着地下储气库的投产，所有的地下储气库注采井的井筒都将面临注采过程中温度和压力的周期性变化，井筒完整性面临巨大挑战。储气库井筒安全风险主要包括以下几个方面：①地震或地质灾害造成的套管变形、套管错断和固井质量下降；②注采交变应力造成的井下设备损坏和固井质量下降；③设计缺陷、设备缺陷及疲劳损伤；④油套管等井下设备的腐蚀；⑤井下作业事故；⑥第三方破坏或机械损坏；⑦洪水等自然灾害造成的井口破坏；⑧周边环境影响；⑨违章指挥与违章作业。为保证储气库注采井的安全，应保证建井质量，加强注采井的监测和安全评估，根据安全评估及时制订风险井的处理方法，建立一套有效的井筒完整性评价标准体系对地下储气库的安全运行至关重要。

1.5.5　圈闭监测系统

由于储气库采取高速注采且注采频繁交替，不同的注采周期内注采速度和注采量会有差异，加上储层非均质性的影响，每个注采周期内，地下油气水分布都不可能完全相同，因此加强储气库监测是及时了解储气库动态与安全状况、做好储气库运行管理必不可少的环节。

为了对储气库圈闭完整性进行监测，需在储气库周围布置一定数量的观察井，主要用于检查盖层密封性、监测地层水活动等，保证储气库安全运行。含水层型储气库需要设置的观察井最多，占储气库总井数的三分之一，枯竭油气藏型储气库设置的观察井占总井数的五分之一以上。

储气库监测体系一般包括储气库盖层密封性监测、断裂系统密封性监测、上覆浅层水监测、储气库内部温度压力及流体组分监测、储气库气-液界面及流体运移监测、储气库周边及溢出点监测（图 1-2）。监测内容主要是常规压力、温度、地层水烃类含量、地层流体组成和气-液界面，有时根据需要采用示踪剂或气体同位素等进行监测。对于注采井的检测，一般包括固井质量检测、井下设备腐蚀与损坏检测、套管外气体聚集检测。固井质量检测主要通过测井方法实现，井下设备的腐蚀与损坏情况主要通过磁脉冲探伤测井仪检测，套管外气体聚集情况主要通过高灵敏温度测井仪检测。

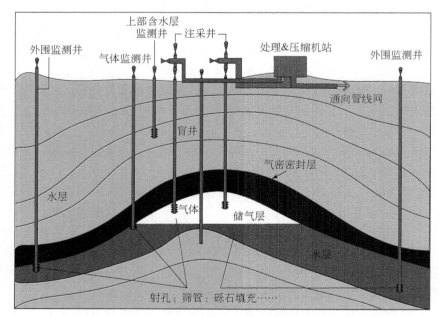

图 1-2　典型储气库监测体系

1.6　储气库建设发展趋势

纵观国外储气库建设历史过程，一般经历初期、快速和平稳发展三个阶段。我国储气库建设经过多年努力，刚刚进入快速发展初期，调峰保供作用已经凸显。2020 年，国内气藏改建地下储气库技术已基本成熟，已有 20 余座储气库成功运行，实践证明现有储气库库址选择合理，建库过程中各种工程技术得到了应用，并形成了部分特色技术，但在储气库监测、储气库安全管理等方面还存在不足之处。枯竭油藏改建地下储气库技术正在摸索之中，技术发展亟待完善。含水层型储气库方面的研究刚开始起步，急需继续深入，水层目标也在筛选之中。

地下储气库建设周期长，投资大，从选址、评价到建成投运需要几年甚至几十年的时间。即使是欧美等发达国家，储气库建设也是由长期实践经验积累而成的。从国外经验看，地下储气库建设一般要经过立项、前期评价、设计、施工、周期性运营和达到产能 6个阶段，且地下储气库的规模越大，建设周期越长。例如，俄罗斯的卡西莫夫含水层型储气库建库扩容经历了 30 多年。因此，我国储气库建设还要经历较长时间发展。今后一个时期，我国储气库建设任务艰巨，主要表现在建库技术的不完善和建库目标资源的缺乏与市场需求之间的矛盾，这种矛盾给中国地下储气库建设带来以下挑战：

（1）中国东部地质条件复杂，利用复杂储层油藏改建储气库的经验尚不成熟，改建地下储气库难度大，如何针对东部复杂断块油气藏改建地下储气库是面临的技术挑战之一。

（2）中国东部南部气藏少，没有足够的气田用于建库，建库地质目标资源匮乏，而东部南部地区是天然气主要消费区。

（3）南方中小型盆地储-盖组合复杂，使含水层型储气库建设面临很大困难，低幅度小构造水层建库技术面临挑战，油气勘探中对水层构造研究不深入，给水层构造的研究带来许多困难，增加了勘探的难度，延长了建库周期。

开拓储气库新领域，发展新技术提高储气库效率和价值也是未来中国储气库建设发展的趋势，主要表现在以下几个方面：

（1）开拓油藏型库址普查，重点对东部高渗透油藏建库目标筛选评价。

（2）突破含水层库址建库，重点开展环渤海、松辽盆地和南方地区浅层水层建库库址普查与勘探，进而实现含水层型储气库调峰保供。

（3）开展火山岩等复杂岩性储气库选址和建设。

（4）适时开展矿坑型库址筛选，开展废弃矿坑储气目标评价与开发利用。

（5）地下储气库技术应用于非天然气储存领域，如压气蓄能、氢气储存等各种类型的气体存储领域，还有天然气水合物存储、储气库与 LNG 的协调运行等方面。

（6）在节能减排方面，将储气库技术与 CO_2 地下储存结合并共同发展，以实现减少 CO_2 排放的目标。

2 地下储气库选址技术与评价方法

2.1 引 言

建设地下储气库是一个综合复杂的系统工程，库址的选择受很多因素制约，不仅要考虑圈闭构造地质条件，还要考虑资源、环境保护、区域发展等因素的影响；同时，库址筛选作为储气库建设项目的第一步，可为后期节省大量时间和资金。实施储气库建设工程至关重要的第一步就是储气库库址的选择和综合评价，选址的成功与否决定着储气库的使用寿命和安全性等一系列关键问题，若选址失当，将会带来诸多不利影响，甚至造成难以弥补的损失。

国内含水层型储气库的研究工作刚开始起步，尚无工程实践，研究亟待深入。国外关于含水层构造改建地下储气库基本上已经形成了一整套包括含水层筛选、钻完井、勘探评价和气藏工程的配套技术（丁国生等，2014；Katz et al.，1959；Tek，1989；Katz and Lee，1990；Kneeper，1997），在库址筛选方面，已从盖层密封性能、储层储集性能、圈闭完整性以及注采气能力四个方面建立了相应的评估标准（Katz et al.，1958；Gober，1965；Tek，1987；Allen et al.，1981），而针对库址技术指标体系、指标权重等方面的研究较少（Tabari et al.，2011；Muonagor and Anyadiegwu，2014；Behrouz et al.，2014）。国内对含水层型储气库运营期的注采运行参数优化、气体渗漏控制、多场耦合模拟等理论方面的研究较多（苗承武和尹凯平，2000；谭羽非，2007；郭平等，2012），而对具体的含水层型储气库候选目标评价的相关研究很少（贾善坡等，2015）。李景翠等（2009）建立了含水层型储气库建设和运行的数值模型和求解方法。杨帆（2005）研究了含水层型储气库的圈闭选择、储气库参数设计及优化，并将其实现了软件化。丁国生等（2014）、谭羽非（2007）、郭平等（2012）对含水层型储气库选址和储气库形成机理等关键技术问题进行了分析研究。阳小平等（2012）从库址类型、圈闭、断层封闭性、储层物性、埋深等方面，提出了孔隙型储气库库址的优选指标。含水层型储气库选址涉及的因素众多，且选址阶段资料相对匮乏，很多指标的评价标准难以准确量化，应以大量的实地调研和案例样本为基础，才能获得较准确的优选结果。

2.2 气藏型地下储气库影响因素

可用于建设地下储气库的油气藏可细分为以下几种：用气驱方式开采的气藏、用弹性水压驱动方式开采的气藏、用枯竭方式开采的凝析气藏、用枯竭方式开采带油环的凝析气藏、用弹性水压驱动方式开采的凝析气藏、用弹性水压驱动方式开采带油环的凝析气藏、用枯竭方式开采的油气藏、采用注水方式开采的油气藏、采用溶解驱动方式开采的油藏、采用弹性水压驱动方式开采的油藏。气藏型储气库的地质对象是已开发过的油气田，人们对其地质情况，如油气藏面积、储层厚度、盖层密封性、原始地层压力和温度、储层孔隙度、渗透率、均质性以及气井运行制度等已经准确掌握，不用进行地质勘探。气藏型储气库的最大问题是储层中的孔隙容积过大，会残留大量气体，从而增大储气成本，通过研究，人们提出解决这一问题的办法有：用惰性气体或空气或废气代替天然气作垫气；在地层中进行部分注水以缩小储气面积，使孔隙容积缩小到经济上和工艺上都合理的程度。

储气库布局应因地制宜，重视重点消费区，兼顾区域调配，优先部署在天然气进口通道、长输管道沿线、消费市场中心附近。筛选气藏型储气库库址的总原则是经济性原则，此外也要考虑储气库将在国家能源平衡和生产中起怎样的作用，可提高供气系统的可靠性。

分析国外地下储气库建库情况（表2-1），一般应按以下标准进行储气库选址。

（1）气藏型储气库一般按以下次序选择库址：枯竭气藏、枯竭油气藏、枯竭凝析油气藏。

（2）尽量选用背斜构造，具有一定的构造幅度和圈闭面积，断层少且密闭性好。

（3）储气库的埋深一般应在 2000m 以内，最好在 500～1200m 及以内。

（4）盖层、隔层岩性要纯（泥岩、膏岩等），密封性要好，厚度大于 5m，渗透率小于 10×10^{-3} mD，能封闭住天然气，能够承担 90%～115% 原始地层压力的注气压力。

（5）储层厚度大于 4m，分布范围广、稳定，有足够库容量，储层物性条件要好，孔喉连通性好，孔隙度大于 15%，渗透率大于 100mD。

（6）注采气井应具有足够产能，满足短期内大量注采气的需要，气井储层不能出砂，不能大量出水。

表 2-1　国外典型储气库储层物性表

序号	名称	国家	类型	工作气量/亿 m³	类型	深度/m	平均孔隙度/%	平均渗透率/mD
1	Severo-Stavrolskoe II	俄罗斯	气藏型	200	砂岩	1000	26	700
2	Kas imovskoe	俄罗斯	含水层	111	砂岩	759	29	5000
3	Stepnovskoe（Ⅰ+Ⅱ）	俄罗斯	气藏型	51	砂岩	2099	18	200
4	Yelshanskoe	俄罗斯	气藏型	30	灰岩、砂岩	760	18	2100
5	Punginskoe	俄罗斯	气藏型	35	砂岩	1650	20	600
6	Peschano-Umetskoe	俄罗斯	气藏型	24	灰岩、砂岩	1070	20	560
7	Inchukalns	拉脱维亚	含水层	23	砂岩	700	26	1500
8	Zsana	匈牙利	气藏型	21	砂岩	1800	13	400
9	Nevskoe	俄罗斯	含水层	20	砂岩	1050	20	2600
10	Hajduszoboszlo	匈牙利	气藏型	16	砂岩	830	28	600

注：数据来源于中国石油内部资料

国外地下储气库建造技术较为成熟，Katz 及其合作者（Katz et al.，1958，1959；Katz，1971；Katz and Witherspoon，1971；Katz and Tek，1981；Katz and Lee，1990）对地下储气

库进行了一系列研究，取得了较为丰硕的研究成果。建造地下储气库一般要实现如下 3 个目标：①预防储气库泄漏；②提高储气压力以达到设计的库容量；③加强储气库供气和调峰能力。

枯竭油气藏型储气库和含水层型储气库因储层特征相似，被统称为孔隙型储气库，两者具有一定的相似性，但后者对库址要求更高（贾善坡等，2015）。

国外枯竭油气藏型储气库的库址筛选主要围绕以上 3 个目标开展，但储气库泄漏风险是枯竭油气藏型储气库选址评价首先要考虑的关键问题（Azin，2008a；Bennion et al.，2000；Chen et al.，2013）。圈闭密封性评价的主要内容为盖层突破压力、盖层的断层或裂缝评价以及井筒完整性 3 个方面（Thomas et al.，1968；Azin，2008b；Chen et al.，2013），由于枯竭油气藏地质构造情况相对比较清楚，盖层的密封性或断层的封闭性是已知的，圈闭的密封性程度相对较好，安全可靠程度高，而废弃井或老井的完整性评价是一项非常重要的内容（Kneeper，1997），主要是因为气藏开发的井数较多且开发时间较长，气体沿井筒的渗漏不可避免。提高储气压力，一方面可增加库容量，另一方面可提高输气速度和气井的单井产能（Teatini et al.，2011），增强气库的调峰能力，但却增加了储气库泄漏的风险，因此，储气压力是储气库选址评价的一个重要参数。改建储气库前，气藏经过长时间开发，资料较为丰富，改建储气库后，其库容较易预测。储层的供气能力是储气库设计的重要内容，为了满足调峰要求，储气库在冬季的供气能力是在选址阶段需要考虑的一个重要因素（Anyadiegwu，2013），主要是根据以往的开发资料对采气井网进行部署及对气井产能进行评估。

储气库地质特征参数主要包括以下几部分（赵颖等，2003；赵玉民等，2003）。

（1）圈闭构造特征：构造类型、形态特征、分布范围、边界性质（封闭或不封闭）等。

（2）储层特征：储层岩性、厚度、储渗类型、物性参数、纵向和平面非均质性等。

（3）盖层及断层密封性、内部隔层分布状况及密封性：岩性、物性、发育特征及封闭条件等，必须有一定厚度的不渗透盖隔层才能防止天然气的上、下运移渗漏，盖（隔）层的封闭性是储气库建库可行性的重要论证指标，通过它能确定储气库的最大承压能力。

（4）流体分布及油气藏类型：气、油、水的性质分布及横向变化，以及气水、油气、油水的界面和深度。

（5）温压系统：储层压力、温度及其梯度等。

（6）库容量：包括总库容量和有效库容量等。总库容量，即总储气能力，指储层压力达到最大限度（一般定为原始地层压力的90%~110%）时储气库所能容纳的天然气总量，对于气藏储气库，通常认为等于原始天然气储量，总库容量相当于垫气、工作气和未利用能力三部分的总和。垫气包括原气藏中已有的残存气和后注入的一部分气，用途是将地下储气库的地层压力保持在基准压力之上，垫气在气库运行过程中不被采出。工作气也称有效气，是在一个注采运行周期中注入和采出的气，即调峰气量，用于满足消费市场的需求。工作气量通常与垫气量大致相等，各占总库容量的50%左右。未利用能力也称未动用能力，指气库因没有达到满载而未被利用存储天然气的一部分能力。库容利用率即为工作气量占总库容量的百分数。

（7）地质力学特征：储气库在运行过程中，不断进行周期性注采活动，导致储层孔隙压力发生周期性变化，产生相应的压力脉动，储气库所在地层的地应力、结构特征也相应发生变化，最终导致储层和盖层岩石骨架变形及孔渗条件发生变化，断层封闭性也随之发生变化。

进行储气库库址筛选所需要的地质参数如图 2-1 所示。

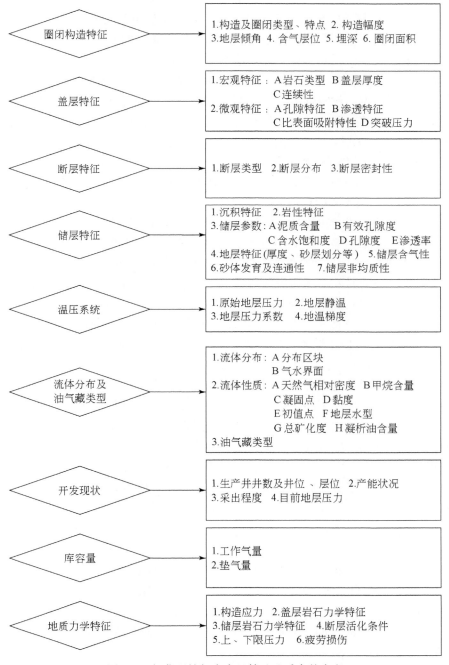

图 2-1 气藏型储气库库址筛选地质参数参考

对地下储气库进行地质力学分析，实际上是一个气-液-固三相耦合的非常温、非线性、非均质的复杂问题，其显著特点是固体区域与流体区域互相包含、互相融合，形成相互重叠在一起的连续介质。地下岩体构造所处部位不同，其力学性质也不同，地下储气库在运行过程中，会不同程度地对原有地层结构产生破坏，从而引起相应部位岩层的应力变化。例如，在注气井最高压力下，气库内气体密度增大，压力升高，储气量剧增，气体对构造高部位盖层产生内压，当其超过盖层岩石破坏强度时，会产生破裂而发生气体泄漏；同样，在最大采气压力下，库内气压随之降低，砂岩储层可能会出砂，影响储层稳定性；在注采交变应力条件下，断层可能会活动而影响储气库圈闭密封性。国外针对力学因素对储气库的影响的研究较少，我国也尚处于刚刚起步阶段。

国外学者研究认为，对气藏型储气库库址的筛选，要综合考虑以下因素：合理的地理位置、合理的储层深度、密封性完好（包括气井、储层或地层）、合理的储气量、合理的生产能力和工作压力等。国内在枯竭气藏改建地下储气库方面已有一定的实践经验，在选址技术评价方面已基本成熟，20余座已建储气库实践证明了现有储气库选址的合理性（阳小平等，2012；贾善坡等，2015）。本书综合国外研究成果和国内20余座储气库建设的成功经验，归纳出枯竭油气藏型储气库选址影响因素（表2-2，表2-3）。

（1）地理位置：储气库应远离人口稠密区、重要工商业区，避免储气库泄漏威胁其安全，Ikuko（1991）认为储气库距离大城市中心150~300km更为有效；国内在储气库选址时认为距离大城市或用户集中地150km左右为宜（谭羽非，2007；阳小平等，2012）。

（2）盖层密封性：盖层密封条件是已知的，重点关注是否可承担90%~115%原始地层的注气压力，目前的研究多从盖层的岩性、厚度、排替压力等方面对盖层的密封性进行评估（阳小平等，2012；丁国生和王皆明，2011）。

（3）断层封堵性：气藏的断层本身就是封闭的，否则无法形成油气藏，改建储气库后，研究重点是90%~115%原始地层的注气压力是否会影响断层本身的封堵性（Chen et al.，2013；马小明和赵平起，2011）。

（4）老井封堵条件：老井或废弃井是天然气泄漏途径之一，选址时需查明库址范围内老井及废弃井的固井质量，不满足储气库固井质量要求的废弃井或老井，需对其进行直接封堵或修复（Kneeper，1997）。老井的封堵或修复是影响储气库建设经济性的重要因素之一，老井或废弃井越多，投资成本越高（贾善坡等，2015）。

（5）储层物性：储层的物性条件要好（孔隙度>15%，渗透率>100mD），没有大范围的非均质性，气井储层不能出砂，储层岩石与所储存的气体不发生化学作用，严格控制气体中的含硫量，含量小于0.03%（谭羽非，2007；郭平等，2012；杨帆，2005；阳小平等，2012；贾善坡等，2015；丁国生和王皆明，2011；马小明和赵平起，2011；杨毅等，2005）。

（6）储气规模：应根据所需调峰气量选择具有合适库容量的库址（阳小平等，2012；贾善坡等，2015；杨毅等，2005），储气库应具有一定的储气规模，以满足强注强采的需要，库容量应不小于$2×10^8m^3$。

（7）气藏埋深：埋深范围一般在2000m左右，目前储气库的最大深度为3500m（阳小平等，2012；贾善坡等，2015）。

（8）注采气能力：储层注采气能力较强，气井产能高，能够满足储气库强注强采的需要（Anyadiegwu，2013；丁国生和王皆明，2011）。

（9）力学因素：盖层稳定性、储层稳定性、断层稳定性、交变应力、上限压力等。

（10）其他因素：投资费用、储气压力、流体边界封闭性等（阳小平等，2012；贾善坡等，2015；Chen et al.，2013；Teatini et al.，2011；马小明和赵平起，2011）。

表 2-2 国内外储气库典型地质情况

国家	类型	储气库	典型地质特点
中国	水侵砂岩气藏	呼图壁	大型多层水侵砂岩900m巨厚泥岩盖层
		板南	枯竭零散断块气藏砂泥岩薄互层
	碳酸盐岩气藏	相国寺	狭长高陡（30°）逆冲构造枯竭薄层角砾状云岩气藏
		苏桥	超深（5000m）低渗透率，微裂缝碳酸盐岩储层
	带油环气藏	双6	带大油环复杂断块气藏
	含硫气藏	陕224	碳酸盐岩岩性圈闭低渗透率含硫气藏
比利时	碳酸盐岩气藏	Loeahout	背斜构造碳酸盐岩，裂缝和孔隙发育，埋深为1080m
荷兰	盐岩气藏	Zuidwending	大面积（15km²），厚层（大于200m）盐层背斜构造圈闭

表 2-3 我国典型枯竭油气藏型储气库储层物性表

序号	储气库		类型	工作气量 /亿 m³	埋深/m	平均孔隙度 /%	平均渗透率 /mD
1	呼图壁		砂岩	45	3470	20	65
2	相国寺		白云岩	22	2400	11	327
3	陕224		白云岩	5	3475	6	1（基质）
4	双6		砂岩	16	2275	16	224
5	华北	苏20	砂岩	0.7	3340	17	252
6		苏49	碳酸岩	4.5	4700	4	15
7		顾辛庄	碳酸岩	4.0	3160	6	26
8	大港	板G1	砂岩	1.8	2930	15	170
9		白6		1.94	2720	22	233
10		白8		0.53	2860	22	72

2.3 含水层型地下储气库选址的原则

含水层型地下储气库应当满足"气体存得住、注得进、采得出，地下决定地上，地下顾及地上"的选址思路与建设理念，形成的人工气藏中地层压力系数多超过1.4，含水层型储气库依靠注入的高压气体将水排走，其安全风险远高于枯竭油气藏型储气库。含水层型储气库选址原则如下。

1）安全性原则

安全是含水层型储气库选址的首要原则。含水层型储气库的库址要位于地质构造稳定的地区，地震、火山、活动断裂不发育，所储存的气体泄漏可能性微小，并且工程场地的地面地质条件较好（贾善坡等，2015）。

2）经济性原则

含水层建造地下储气库是一次性投资巨大、投资回收期较长的项目。与枯竭油气藏改建储气库相比，建库信息更少，没有详细的地质资料和已知的生产历史来证明圈闭的密封性，其可行性研究和圈闭描述更加复杂，需要较高的勘探成本和较长的建设周期。

含水层型储气库要求可储 50 年以上，并且有效储量越大越经济，从理论上讲，使用时间越短，单位天然气地质储存的费用就越高，因此，储气库使用年限在选址时就给予充分考虑。库址距用户地的距离也将直接影响配套储气管道的建设费用及运营期天然气的输送费用，库址距离天然气长输管线或目标城市较近便于天然气的存储与输送，达到季节性调峰的目的。因此，在保证储气库安全性的同时，以合理的技术、经济方案，实现天然气的含水层圈闭储存，是现阶段含水层型储气库选址的经济原则。

3）环境保护原则

含水层改建地下储气库既要有可注性良好、足以使用 50 年以上的地质储存系统，又要有稳固的盖层，且储气库地面工程不受外部不良地质因素影响，源汇匹配合理，并符合当地工农业发展规划，满足相关法律政策和环境保护要求。另外，库址应远离人口稠密区、重要工商业区、环境保护区等敏感地区，使其避免遭受储气库泄漏威胁。

4）战略性原则

含水层改建地下储气库属于国家能源战略储备的配套设施建设，必须考虑国内经济发展和天然气需求，应与国家其他的能源项目相协调，符合国家的宏观战略要求。

2.4　含水层型储气库影响因素分析

含水层型储气库的选址一般要求如下：

（1）适合聚集天然气的地下构造，如背斜构造，构造内无断层；

（2）储气岩层孔隙度通常不小于 15%，渗透率大于 100mD，合适的储层类型为砂层、石灰岩和白云岩等；

（3）有一个充满水的低渗透盖层；

（4）含水层深度一般大于 300m；

（5）地下水完全包围储气空间；

（6）含水层与生活/工业用水或其他水源不联通，对地面水体及环境不会造成不良影响和污染。

含水层型储气库选址应用的技术资料越多，可用信息的品质和数量越多，评价结果就越可靠。在选址阶段，枯竭油气藏型储气库地质构造清楚，资料丰富，盖层及其圈闭具有良好的密封性，而含水层构造由于勘探程度较低且资料有限，其地质构造、断层封堵以及盖层的密封性并不清楚（贾善坡等，2015）。含水层型储气库的主要缺点是勘探风险大、气水界面难控制、投资成本高，因此，库址筛选极其重要，决策如果出现错误则会导致巨大经济损失（丁国生等，2014；贾善坡等，2015）。相比枯竭油气藏型储气库，含水层型储气库的选址对圈闭的构造完整性、密封性以及储层的物性和分布有更严格的要求（图2-2）。

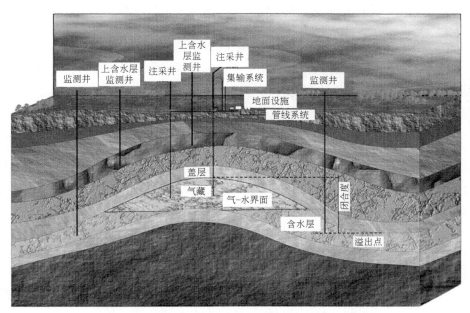

图2-2 含水层型储气库基本结构示意图

国外含水层型储气库的库址评价与枯竭油气藏型储气库具有一定的相似性（Katz et al.，1959；Tek，1987；贾善坡等，2015），主要从圈闭的密封性、库容预测以及供气能力等方面开展，但侧重点不同，含水层型储气库的选址更重视对构造完整性、盖层的密封性、注气扩容水体的运移以及侧向密封性的评估。

1）圈闭的密封性

与枯竭油气藏型储气库不同，含水层构造由于钻井数量少，且多是新井，选址时较少涉及对井筒的完整性的评估（Tek，1987），重点关注的是盖层质量（突破压力、裂隙发育以及断层的封堵性）（Thomas et al.，1968）。对于含水构造建库，盖层一般要能承受1.4倍静水柱的储气压力（贾善坡等，2015），因此，圈闭的密封性和完整性评估是一项极其重要的内容。

由于含水层构造的勘探程度低且钻探的井数少，盖层的密封性是未知的。盖层的密封性一般通过室内测试结果进行评估，开展的试验为突破压力测试和渗透率测试。考虑到室内岩心测试的局限性，许多学者采用间接的方法对盖层的密封性进行定性评估。采用间接法评价盖层的密封性还存在一定的争议，Tek（1987）认为利用盖层上覆岩层和含水层的压力水头和水化学特性可以定性反映盖层密封性，Bays（1964）、Katz等（1959）通过实践调查研究发现，上下含水层的压力水头和水化学特性存在差异并不能保证盖层具有密封性，而上下含水层的压力水头和水化学特性无明显差异也不能推断盖层不具密封性，工程中出现过上下含水层的压力水头和水化学特性存在差异，但盖层却不具有密封能力的实例。

评价盖层密封性的另一个重要因素为连续性（断层或裂缝的存在）。一般通过地质、地球物理以及岩心分析评价盖层的连续性。Bennion 等（2000）认为泥页岩的厚度超过 3m 即可作为天然气的有效屏障和盖层；Tek（1987）认为 1.5m 厚度的泥页岩可有效封存气体，并指出盖层的厚度主要与其连续性有关。评价盖层密封性最有效的方法是现场干扰试井试验（Witherspoon and Mueller，1962；Knepper and Cuthbert，1979；Crow et al.，2010），通过向目的储层注水或抽水，监测上下含水层的地层压力或水头的变化，根据压力变化规律来评估断层的封堵性、井筒的完整性以及盖层的密封性，但选址阶段一般缺少这类现场资料，被确定为候选库址后，在勘探评价阶段才会开展干扰试井试验，干扰试井试验耗资巨大，需要较长的试验周期（一般要超过 80 天）。

2）库容

构造闭合是含水层圈闭能否改建为储气库的关键因素之一，含水层圈闭必须具备构造高点和溢出点（丁国生等，2014；贾善坡等，2015），为减少底水锥进和气体横向气窜的危害，构造闭合度应不小于 50m。库容主要是根据圈闭面积及其闭合度来估算圈闭岩石体积，然后再根据有效孔隙度、含气饱和度以及上限压力等参数来估算工作气量。

含水层的储气空间主要是通过压缩水体或驱替水体来实现，储层岩石及其内部的地层水压缩性较低，例如，地层压力升高 1MPa 时，岩石和地层水的压缩性所产生的体积仅占 0.1%（Katz et al.，1959）。因此，圈闭溢出点之外的流体边界条件对于改建储气库十分重要（Katz，1999）。对于开启型流体边界来说，水体较易排出，适宜建库；对于封闭型流体边界，水体运移受到限制，高压注气致使地层压力迅速升高，对盖层不利，需要在圈闭边部布置较多的排水井腾出空间来实现。枯竭油气藏型储气库选址时较少涉及对储层内水体的评价，而水体规模及大小的评价是含水层型储气库选址评价的一项重要工作。

储层的均匀性对库容有重要的影响。气体在含水层的运移前缘并不是均匀的，主要由非均匀性和重力效应引起。在注气阶段初期，气体倾向于沿着高渗透性的薄岩层运移（储层为沉积砂岩），当气体横向运移到溢出点后就会向圈闭外溢出，此时圈闭内的气量并不高。另外，从微观角度来讲，气体的驱替水的效率并不高，20%～40% 的地层水仍残存在储层中，并未被气体完全驱替（Katz et al.，1959；Tek，1987）。

工作气量是反映建库经济性的重要参数，工作气量越大，调峰能力越强，建库越经济（贾善坡等，2015）。上限压力是反映工作气量的一个重要参数，Katz（1999）认为含水层的盖层所能承受的最大压力要远大于设计的上限压力才能保证盖层的完整性。在不破坏储气库圈闭封闭性的原则下，增大储气压力一方面可增加工作气量，另一方面可提高输气速度和单井产能，增强储气库的调峰能力。

3）注采气能力

为了满足调峰需求，冬季供气能力是选址阶段需要考虑的一个重要内容，储气库应能满足强注强采的要求（Tek，1987；Anyadiegwu，2013）。影响含水层型储气库注采气能力的参数主要为储层渗透率、孔隙度、有效厚度等。储层砂层分布稳定、物性好、具有较高的连通性，单井具有较高的产能以满足配注或配产的要求。不同于枯竭油气藏型储气库，可以根据以往的静动态开发资料对储气库的注采气能力以及单井产能进行有效评估，而含水层型储气库的储层资料相对较少，这也给库址筛选带来了风险。

综上所述，含水层型储气库与枯竭油气藏型储气库建设存在较大的差异性，两类储气库的对比如表2-4所示。

尽管孔隙型储气库选址的诸多因素具有一定的相似性，但在流体边界方面存在较大的差异，对于油气构造成藏的气藏，宜选择边水、底水强度弱的定容气藏储层建库，而对于含水层构造建库，宜选择边部开启型水藏，另外，含水层型储气库选址一般不考虑老井的封堵问题。含水层型储气库和枯竭油气藏型储气库均要考虑圈闭的密封性，枯竭油气藏型储气库上限压力一般不超过原始地层压力，但前者要评估的高出原始地层压力40%~80%的注气压力是否会破坏盖层的密封性和断层封堵性（苗承武和尹凯平，2000；贾善坡等，2015），前者对圈闭条件要求极高。根据国外储气库建设经验（丁国生等，2014；Katz et al.，1959；Tek，1989；Katz and Lee，1990），含水层型储气库和枯竭油气藏型储气库，两者在选址影响因素方面存在一定的差异，含水层型储气库选址重点考虑的影响因素为：构造完整性、闭合度、圈闭的密封性、含水层的物性、流体边界、库容量、上限压力、埋藏深度、地理位置等。

表2-4 含水层型储气库与枯竭油气藏型储气库建设优缺点对比

储气库	优点	缺点	关键问题	建设周期/年
含水层型	钻井一次到位	勘探风险大、成本高、垫气不易采出、气水界面难控制	构造完整性、盖层、含水层、上限压力、注气达容等	10~12
枯竭油气藏型	地质构造清楚、圈闭密封性好、静动态资料丰富、原注采井网可用、风险小、建库周期短、残留气体可作垫气	老井、废弃井处理费用高	圈闭密封性、井筒完整性等	5~8

2.5 国外含水层型储气库选址标准与评价体系

2.5.1 相关选址标准

具体专门针对储气库设计、建设、运行的标准或规范，目前只有欧洲（BS EN 1918、2016）、加拿大（CSA Z341-02）和欧盟（CCS指令）具有相应的法规和标准，其中CCS为二氧化碳地层存储规定标准，对含水层型储气库有一定的参考价值。BS EN 1918标准和CSA Z341-02标准主要目标包括：①对所储存气体能够长期防漏，必须在勘探期间完成泄漏风险论证，在建设和运行时必须保持防漏措施的完整性。②环境保护目标，确保已经详细了解周围的地层情况，并且保护得当，没有不可接受的地表变动或影响，不会对地下环境造成不可接受的影响。③不会为公众带来不可接受的安全风险，采取措施降低爆裂或泄漏所带来的风险和不良后果。④必须制定监测系统和程序。

1）BS EN 1918（2016年）

该标准是一个指南（功能建议）而不是真正的标准，共包含5个部分（含水层、油气藏、岩穴、岩洞、地面设施），适用于勘探、设计、建设、试验、调试、运行和维护。该标准规定：①储气库设施设计时要确保安全、满足长期运行要求；②需要"充足"的关于地层和场地地质认识；③获得与储气库建设和运行的"所有相关资料"；④水动力系统完整性要得到证实；⑤圈闭内不受其他任何设施影响。

在选址评价方面有如下要求。①地质：首先要验证储气库是否可行，其次要分析运行压力、储层流体影响、纵向和横向压力分布、气–水界面。②模型：基于地震资料、井资料和区域对比，建立模型研究浅含水层和断层对地层的影响，同时可用于后期注采运行模拟。③井：勘探井，钻井时没有明确要求，如果后期用作注采井，则必须遵守井位、套管、完井和安全阀相关规定。

2）加拿大标准协会 CSA Z341-02（2003 年）

加拿大于 1915 年开始建设地下储气库，是地下储气库建设的最早国家。该国制订了《地下碳氢储存》国家级标准，于 1987 年开始起草，分别于 1993 年、1998 年和 2003 年三次修改。标准分为三大部分：孔隙型储库、盐穴储库、矿穴储库。该标准主要对储库的地下部分做出规定，而地面设施主要采取引用标准。该标准广泛引用了勘探和生产行业中的众多标准，整体与 BS EN 1918 标准保持一致。

对储气库勘探、建设、运行和废弃进行了相关规定，也包含了诸如套管、采油树、安全阀等相关设备的规定和要求。该标准通过如下几个技术内容来评价工区是否适合建设储气库：①储层、盖层特征；②地表、地下现今/过去活动情况；③断层/断裂/应力状态/构造活动分析；④岩心分析和建模；⑤建立估算体积（溢出点之上）和分析运移、油井动态、产液量的计算机模型；⑥围岩密封性。

该标准要求在地下储库设施的设计、维护、应急响应时要考虑到地质、地形、物理条件、地表设施、人口居住等问题。对储库井的间距、储库距地表的铁路、公路、电线、居民区等均做出了要求。

另外，美国对于储气库勘探没有明确的规定和要求，但在进行地下所有活动时，都要符合批准的程序，避免违背资源和环境保护原则，听证会和专家评估是参考标准。

2.5.2　相关评价体系

建设含水层型储气库可以缓解供需矛盾的加剧，增加用气高峰时期的可供气量，也可应对天然气地区性供应中断或短缺时的应急之需。含水层构造的选址：首先，在需要建设储气库的区域范围内，对已有的地下资料进行分析，并开展相关的地质调查研究，初步确定含水层构造的有利区块或目标。然后，开展建库可能性评价，主要包括 4 个方面的否定性因素，研究证实含水层圈闭的完整性、库容以及储层的注采气能力等，同时对盖层的密封性进行研究，若某一因素不满足要求，则放弃该圈闭。最后，综合使用地球物理勘探、地质、钻井、岩心试验和现场试验等方法，对圈闭地质特征、密封性、水体和储层连通性等进行经济可行性评价。

Tek（1987）首次提出了含水层型储气库的选址评价流程，如图 2-3 所示。含水层型储气库的选址评价分为 3 个阶段：第一阶段为含水层构造有利区域或目标初选；第二阶段为建库可能性评估；第三阶段为经济可行性研究。另外，Bennoin 等（2000）提出了枯竭油气藏型储气库筛选技术流程，但未对含水层型储气库的选址进行专门介绍。

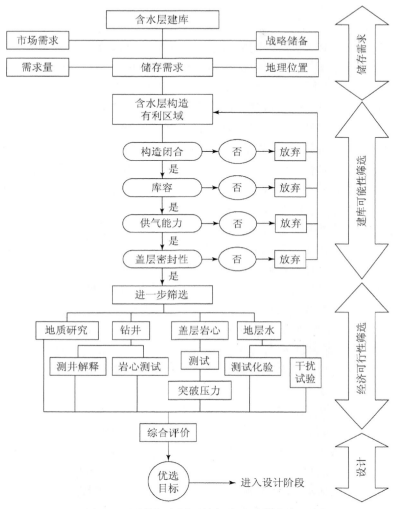

图 2-3　国外含水层型储气库选址技术流程

2.6　含水层型储气库的评价体系建立

　　针对国内对地下储气库的紧迫需求，在对含水层型储气库和枯竭油气藏型储气库选址影响因素的差异性分析基础上，改进 Tek 等提出的含水层型储气库选址"三阶段"流程（Tek，1987；Bachu et al.，2009；Grataloup et al.，2009），将其合并为一个阶段，即选址阶段，从否定性因素、能力性因素、控制性因素和经济性因素 4 个方面综合构建含水层型储气库选址评价体系。

2.6.1　评价指标优选

1. 否定性因素

否定性因素是指决定含水层圈闭能否进行实际勘探和建库的关键参数，一旦满足某一排除标准（Ⅳ级），则该含水层圈闭基本不具有勘探价值。选取构造完整性、盖层密封性及断层封堵性作为否定性因素的二级评价指标。

含水层型储气库圈闭的选址要避开地震活跃带，储盖组合完整，储库工作压力达到高于原始地层压力的 40%~80%，对圈闭条件有极高的要求（苗承武和尹凯平，2000）。为减少底水锥进和气体横向气窜的危害，圈闭闭合幅度应不小于 50m（丁国生等，2014）。理想圈闭类型是构造范围大、形态陡，形态完整的背斜构造，其次为古潜山圈闭、断鼻圈闭或砂岩透镜体岩性圈闭（贾善坡等，2015）。对于断块构造，如果断层具有较强的封堵能力，也可以将其改建成含水层型储气库。

含水层构造的盖层密封性是未知的。储气库的盖层一般应满足如下三个条件（丁国生等，2014；苗承武和尹凯平，2000；谭羽非，2007；郭平等，2012）：①盖层岩性单一、均匀，较理想的盖层为盐岩、膏岩，含水层构造盖层多为泥岩，泥质含量是反映盖层质量的重要参数，常规气藏盖层评价多将泥质含量下限值定为 25%（傅广等，1995；赵军龙和高秀丽，2013）。②盖层分布稳定，要具有一定的厚度，Bennion 等（2000）、Tek（1989）认为 1.5~3.0m 的泥岩能有效封住气体，而俄罗斯的储气库实践经验表明，泥岩盖层厚 8~10m 可满足密封性要求（谭羽非，2007）。③盖层要具有一定的封气能力，多通过盖层的渗透率值和排替压力或突破压力值进行评价。Bennion 等（2000）认为有效盖层的渗透率值应小于 1×10^{-6} mD，而 Katz（1999）则认为盖层的渗透率不超过 1×10^{-4} mD 即具密封能力。丁国生等（2014）采用盖层岩石与储层岩石排替压力差的方法将盖层划分为 4 级，认为 0.1MPa 为其下限值，而马小明和赵平起（2011）采用渗透率（k）和突破压力 P_d 联合法评价盖层的封气能力，将其分为 4 级，即：$P_d > 10$MPa 且 $k < 0.001$mD 为优，5~10MPa 且 0.001~0.01mD 为良，1~5MPa 且 0.01~0.1mD 为中，$P_d < 1$MPa 且 $k < 0.1$mD 为差。相关研究表明（贾善坡等，2015），盖层厚度与其渗透性或排替压力无相关性，但盖度厚度越大圈闭的密封性条件越好，考虑到含水层构造泥岩盖层成岩作用较弱、非均质性较强以及断层对盖层连续性的破坏作用，将盖层的厚度下限定为 50m，并且还应包含单纯厚度至少 10m 的优质泥岩层以满足密封性要求。

断层封闭性主要表现在两个方面（罗胜元等，2012）：一是断层对盖层的穿透能力，实际上就是盖层的有效性；二是断层对含水层的侧向封堵能力。泥岩涂抹系数大小可以反映泥岩涂抹层空间分布的连续性及其断层侧向封闭性的好坏，大量实践证明，泥岩涂抹系数为 4 可作为断层侧向封闭性的判别标准（Yielding et al.，1997；高先志等，2003）。断层的封堵性是含水层型储气库评价的关键性因素，也是最难确定的因素，只有在储气库建成，并且在成功投入运行之后，这个问题才能弄清楚。在选址阶段，由于探井数量较少，地质资料相对缺乏，只能借助前期相关地震、钻探资料进行初步评估。

综合上述分析，提出含水层型储气库选址否定性因素的分级标准，见表 2-5。

表 2-5　含水层型储气库否定性因素评价标准

分级	构造完整性	盖层密封性				断层封堵性
		岩性	厚度/m	连续性	封气能力	
I	构造完整、闭合度>50m，背斜构造	盐岩、膏岩或泥质，泥质含量>75%	>300	连续、稳定	$k<0.001\text{mD}$ $P_d>10\text{MPa}$	—
II	构造完整、闭合度>50m，古潜山或断陷构造	泥岩，50%<泥质含量≤75%	150~300	较连续、稳定	$0.001~0.01\text{mD}$ $5<P_d<10$	侧向大套泥岩封堵，泥岩涂抹系数≤2
III	构造完整、闭合度>50m，断块构造	含砂泥岩，25%<泥质含量≤50%	50~150	有一定的连续性、较稳定	$0.01~0.1\text{mD}$ $P_d<5$	泥岩涂抹断面封堵，2<泥岩涂抹系数≤4
IV	构造不完整或闭合度<50m或断层活跃	泥质粉砂岩、泥质砂岩，泥质含量≤25%	0~50	厚薄变化大、连续性差	$k<0.1\text{mD}$ $0<P_d<1$	封堵能力一般，泥岩涂抹系数>4

2. 能力性因素

能力性因素是含水层构造建库可行性的重要论证指标，是关系到储气库指标设计的重要参数，也是衡量含水层型储气库气藏优劣的重要因素。选取储集层条件、地层水特征作为能力性因素的二级评价指标。

储气库储层一般为砂岩、碳酸盐岩、火成岩等具有孔、缝或洞等储集空间的地层。法国已建含水层型储气库关键参数统计如表 2-6 所示，适宜建设含水层型储气库的储层应具备岩性单一、相带稳定、孔渗性能高、分布范围广、厚度大，具有较强的积聚气体能力。储层具有较高的孔隙度可以储存更多的气体，国内在枯竭油气藏型储气库选址评价时多将孔隙度下限范围定为 10%~15%，渗透率下限范围定为 10~100mD，有效厚度下限定为 4m（杨帆，2005；阳小平等，2012）。丁国生等（2014）认为埋深为 1000m、储层有效厚度为 20m 的适中条件下，含水层的渗透率小于 50mD 时储层基本不具备注气能力，但国外已建的储气库中也有储层渗透率仅为几毫达西的成功案例（Tek，1987；Bontemps et al.，2013）。通过统计全球已建含水层型储气库数据库可知（贾善坡等，2015；Bontemps et al.，2013）（图 2-4，图 2-5）：储层孔隙度多分布在 15%~35% 之间，仅 1 个储气库的储层孔隙度小于 5%；储层渗透率大于 100mD 的约占 80%，储层最小渗透率约为 2.6mD；储层净厚度大于 10m 的约占 55%，净厚度小于 5m 的约占 20%。考虑到国内对地下储气库的迫切需求，结合京津冀地区含水层有利目标的实际物性特性，将含水层的孔隙度下限定为 5%，渗透率下限定为 10mD，有效厚度下限定为 10m。

深部含水层多为承压含水层，如果地层压力过高，对储气库提高库容不利，导致注气技术要求提高的同时增加了安全的风险性。一般地层水压力相对较低的盆地多发育于大陆内部、靠近稳定大陆板块边缘或位于板块碰撞带的山后地带，含水层原始地层压力应不大于静液压力（贾善坡等，2015；孙亮和陈文颖，2012）。考虑到储气压力要高于静液压力的 40%~80% 才能达到储气的目的（贾善坡等，2015；Bruno et al.，2000；Katz and Shah，1984），将含水层原始地层压力系数的下限值定义为 1.15。

表 2-6　法国已建含水层型储气库关键参数（丁国生等，2014；Bontemps et al.，2013）

储气库参数	Beynes Profond	Beynes Supeneur	Chemery	Soings-En-Sologne	Germigny-Sous-Coulombs
日期	1975	1956	1968	1981	1983
深度/m	740	395	1086	1140	850
盖层厚度/m	150	9	120	78	306
闭合度/m	25	25	90	34	36
储层厚度/m	37	30	39	28	40
储层孔隙度/%	25	27	20	18	18
储层渗透率/mD	1000	5000	300~5000	300	10~500
温度/℃	38	27	54	54	35
地层压力/bar	78	38	116	122	83
上限压力/bar	98	49	155	155	123
库容/$10^6 m^3$	800	475	7000	820	2800
工作气量/$10^6 m^3$	370	210	3780	220	880
储气库参数	Cerville-Velaine	Saint-Clair-Sur-Epte	Gournay-Sur-Aronde	Saint-Illiers-La-Ville	Cere-La-Ronde
日期	1970	1979	1976	1965	1993
深度/m	470	700	720	470	910
盖层厚度/m	80	130	165	180	150
闭合度/m	85	45	70	121	50
储层厚度/m	70	44	30	30	20
储层孔隙度/%	16	20	20	25	20
储层渗透率/mD	200~1000	400~2000	100~1000	1000~3000	300~5000
温度/℃	30	38	35	30	44
地层压力/bar	44	82	78	47	95
上限压力/bar	61	105	106	69	130
库容/$10^6 m^3$	1500	1160	3100	1500	1200
工作气量/$10^6 m^3$	650	750	1150	690	570

注：$1bar = 10^5 Pa$

地层水化学特征主要是指地层水矿化度、水型及其变化分布规律，在一定程度上可以反映圈闭的保存条件。$CaCl_2$ 型分布区是区域水动力相对阻滞带，这种水化学环境反映了圈闭的良好性质，对天然气的保存是一种有利条件。如果地层透水性不佳或含水层没有泄水区，水不能泄出，地层水便具有较高的矿化度；如果地层水与地表水相通，则水的自由交替使地层水淡化（刘士忠，2008）。地下淡水是指总矿化度小于 2.0g/L 的地下水（王洪辉，2002；邓惠森，1992），将此值定为矿化度指标的下限值。

综合国内外研究成果，对储集层条件和地层水特征两个方面共 6 个评价指标进行了分级，如表2-7所示。

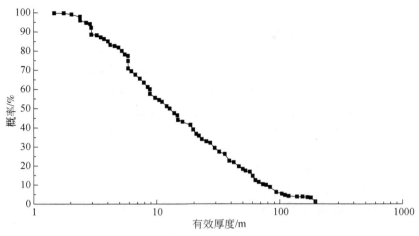

图2-4　含水层有效厚度范围分布

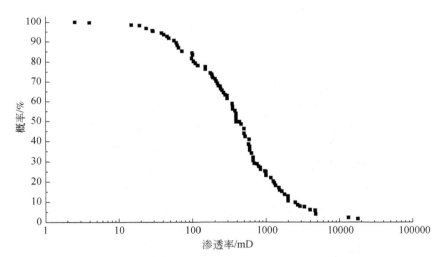

图2-5　含水层渗透率范围分布

表 2-7　含水层型储气库能力性因素评价标准

分级	储集层条件				地层水特征	
	孔隙度/%	渗透率/mD	厚度/m	均匀性	地层水压力系数	地层水化学特征
I	> 25	> 100	> 80	好	< 0.95	CaCl$_2$ 型，矿化度>10g/L
II	15 ~ 25	50 ~ 100	30 ~ 80	较好	0.95 ~ 1.05	CaCl$_2$ 型或 NaHCO$_3$ 型，5g/L<矿化度≤10g/L
III	5 ~ 15	10 ~ 50	10 ~ 30	一般	1.05 ~ 1.15	NaHCO$_3$ 型，2g/L<矿化度≤5g/L
IV	0 ~ 5	0 ~ 10	0 ~ 10	差	> 1.15	NaCl 型，矿化度 ≤ 2g/L

3. 经济性因素

经济性因素直接关系含水层型储气库的勘探开发成本，选取圈闭埋深、闭合度、闭合面积及地理位置作为其二级评价指标。

统计全球已建含水层型储气库数据库（贾善坡等，2015；Bontemps et al.，2013），储气库埋深（地面至库顶）在 1000m 以内的约占 90%，最大埋深约为 2100m，最小埋深约为390m。目前，枯竭油气藏型储气库最大深度约为 3500m（阳小平等，2012；贾善坡等，2015），综合考虑储气库关键技术指标（单井产能、库容量、工作气量）、注采气井的钻采工艺技术以及地面设施能力等因素，将 3500m 和 390m 定义为含水层型储气库的深度界限值。

构造闭合度的大小对于圈闭密封性勘探评价及注气过程中气水前缘的运移和控制都会产生重要的影响。溢出点决定了含水层型储气库注气的最低位置，若能找出溢出点的具体位置，就能较好地防止天然气越过溢出点流失（贾善坡等，2015）。如果闭合度较小，则对圈闭密封性的勘探工作量将显著增加，同时注气过程中地层非均匀性和气水流速差异会引起气体黏性指进而极易发生气体从构造溢出点溢出，使得建库难度加大、建库周期延长。另外，上限压力系数也对闭合度临界值影响较大，压力系数越大，所需的闭合度临界值也越大（丁国生等，2014）。对于埋深为 1000m 的含水层圈闭，当圈闭闭合度低于 50m时，建库注气风险较大，增压系数（上限压力系数）越大、圈闭埋深越大，要求闭合度临界值越大（丁国生等，2014）。Storengy 公司认为闭合度临界值取决于储层物性及其非均质性，优质储层的构造闭合度可以比差储层小（Bontemps et al.，2013）。若储层质量优良，水平含水层也能改建储气库，如俄罗斯 Gatchinskoe 储气库。考虑到国内含水层构造有利区埋深较大（大于 1600m），将构造闭合度的下限值定为 50m。

含水层圈闭应具有一定的储气规模，以满足储气库强注强采的要求。含水层圈闭以构造高点和溢出点为界，闭合面积越大，储存天然气气量越大，建库越经济。中国已建枯竭油气藏型储气库的圈闭面积多在 1.78~18.1km² 、闭合幅度在 140~277m 之间，高点埋深在 800~3000m 范围内（阳小平等，2012）。李玥洋等（2013）统计了国外多个储气库地层参数，圈闭面积分布在 9~64km² 之间。考虑到含水层型储气库的建设成本较高，从经济性的角度出发，将含水层有效圈闭面积下限定为 5km²。

储气库应远离人口稠密区、重要工商业区，避免泄漏威胁其安全，距离人口集中区30km 以外为宜。含水层型储气库多作为调峰型储气库，考虑输送及管道建设成本，距离长输管道距离不宜超过 150km（谭羽非，2007；阳小平等，2012；贾善坡等，2015；Ikoku，1991）。

综合上述分析，提出了含水层型储气库经济性因素的等级划分标准，如表 2-8 所示。

表 2-8　含水层型储气库经济性因素评价标准

分级	埋深/m	闭合度/m	闭合面积/km²	地理位置/km
Ⅰ	390~1000	> 150	> 20	30~50
Ⅱ	1000~2100	100~150	10~20	50~100
Ⅲ	2100~3500	50~100	5~10	100~150
Ⅳ	> 3500 或 < 390	< 50	< 5	> 150

4. 控制性因素

控制性因素是指影响含水层圈闭是否进行勘探与改建储气库的外部约束因素，选取上限压力系数、工作气量及水动力条件作为选址优选参数。

储气库上限压力是反映储气库建设规模的一个重要参数，增大储气压力一方面可以增加库容、多储气，另一面可提高输气速度和气井的单井产能，增强储气库的调峰能力（Briggs and Katz，1966；Rzqczynski and Katz，1969；Wang and Holditch，2005）。储气库上限压力取决于断层的封堵性、盖层的可靠程度、固井质量、注采气设备的适用性以及储气过程中的工艺要求，一般用上限压力系数来表示，即储气库最大工作压力与静水柱压力的比值。在已建的含水层型储气库中（贾善坡等，2015；Bontemps et al.，2013），上限压力系数小于 1.2 的储气库比例约为 15%，上限压力系数大于 1.5 的储气库比例约为 15%，最小上限压力系数约为 1.05，最大上限压力系数约为 1.8（图 2-6）（苗承武和尹凯平，2000）。根据上述统计分析，结合有利目标区块的实际原始地层压力水平，将上限压力系数的下限值定为 1.2。

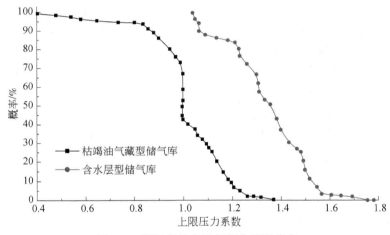

图 2-6 储气库最大运行压力范围分布

储气库库容量包括垫气量和工作气量。垫气量是储气库压力降低到无法开采时的气库内的残存气量，而工作气量是在一个采气周期内的总采气量，由循环周期中气库能够稳定提供气体的压力范围决定，它反映储气库的实际调峰能力。由于在选址阶段资料相对匮乏，仅能进行初步估算，即

$$Q_a = \frac{V h_r \varphi S_g \lambda}{B_g} \qquad (2-1)$$

式中，Q_a 为工作气量；V 为岩石总体积；h_r 为储层有效厚度与总厚度比值；φ 为孔隙度；S_g 为含气饱和度；B_g 为天然气地层体积系数；λ 为工作气量与总储气量比值。

在已建含水层型储气库中（贾善坡等，2015；Bontemps et al.，2013），工作气量与总储气量的比值小于 1/3 的储气库数量约占总数的 80%（图 2-7），在目前存在不确定因素的情况下，将工作气量/总储气量保守地定为 30%，可以根据总储气量推测出工作气量。

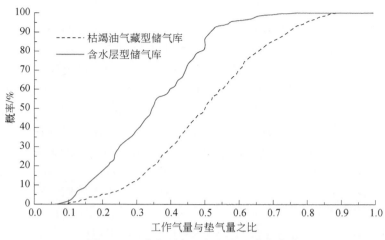

图 2-7　工作气量与垫气量之比分布曲线

在选址阶段，岩石物性具有一定的不确定性，一般仅根据单井数据进行确定。对于孔隙度小于 2% 的含水层，气体基本无法进入最小孔喉，若含水层为裂隙型储层，裂缝孔隙度小于 0.5% 时，含气饱和度 S_g 可不予考虑。参考 Storengy 公司经验（Bontemps et al.，2013）：对于砂岩含水层，含气饱和度可取为 50%；对于潜山含水层，若地层孔隙度大于 6%，其含气饱和度可取为 40%，若地层孔隙度在 2%~6% 之间，其含气饱和度可取为 25%。通过统计欧洲 30 余座已建含水层型储气库可知（丁国生等，2014；Bontemps et al.，2013），储库工作气量分布在 0.3 亿~90 亿 m^3 之间，工作气量大于 10 亿 m^3 的储气库比例约为 30%，工作气量小于 2 亿 m^3 的储气库比例约为 23.2%，工作气量小于 1 亿 m^3 的约占 6.7%。丁国生等（2014）将库容为 5 亿~10 亿 m^3 的储气库定义为中等规模含水层型储气库。根据国外已建含水层型储气库的统计分析，为了客观反映建库实际的地质条件优劣，避免人为地提高一些地质条件一般、储气库规模较大的含水层构造的优先等级，将有效工作气量的下限值定义为 1 亿 m^3。

含水层建库注气体积的大小与周围水体体积大小有一定的关系（Bontemps et al.，2013）。注入气体依靠两种方式：一是压缩周围水体和岩石孔隙体积，二是靠驱替压差和重力分异作用，把水体驱出圈闭。尽管水体压缩系数很小，但在水体体积很大，且储层物性较好的情况下，第一种方式不能忽视。对于含水层型储气库目标优选而言，宜选择边部开启型水藏且水体规模相当大的圈闭，不宜选择定容封闭型水藏。将含水层圈闭有效半径定义为预注气形成气泡区对应的半径，水体大小可以采用含水层半径与圈闭有效半径之比来表示，水体半径比值越大，含水层圈闭越易形成库容规模较大的储气库。Storengy 公司以 D5 二叠系储层物性参数进行数值模拟发现，当水体半径比值大于 8 时，水体大小对地下储气库效能影响很小（Bontemps et al.，2013）。丁国生等（2014）认为随着含水层埋深和上限压力系数的增加，建设含水层型储气库所需的水体规模逐渐减小，以形成 5 亿 m^3 的中等规模储气库为例，当上限压力系数为 1.3 时，埋深为 1000m 的含水层所需的水体规模为 15.13 亿 m^3，而埋深为 2000m 的含水层所需的水体规模约为 3.78 亿 m^3。考虑到含水层有利目标埋深相对较深，将水体半径比值为2定为水体大小的下限值。另外，对于开启型水藏，应避免与其他地下储气库或在产油气田之间的压力干扰，如果储气库选址在一个在产油气田或另一个地下储气库附近，则可能会因为压力平衡失效导致气体溢出，以及压力干扰导致地下储气库的性能受到影响。

根据上述分析，提出了含水层型储气库控制性因素等级划分标准，如表2-9所示。

表 2-9　含水层型储气库控制性因素评价标准

分级	上限压力系数	工作气量/$10^8\,m^3$	水动力条件
I	> 1.50	> 10	开启型水藏，水体规模大，水体可控，水体倍数 ≥ 8
II	1.35 ~ 1.50	5 ~ 10	开启型水藏，水体基本可控，5 ≤ 水体倍数 < 8
III	1.20 ~ 1.35	1 ~ 5	2 ≤ 水体倍数 < 5
IV	< 1.20	< 1	水体规模较小的封闭性水藏或水体不可控的开启型水藏

2.6.2　评价体系建立

通过对上述各因素的分析，共确定了4个一级指标（准则层）、19个二级指标（指标层和子指标层）用于对含水层型储气库圈闭进行优选评价，层次结构分析模型如图2-8所示。

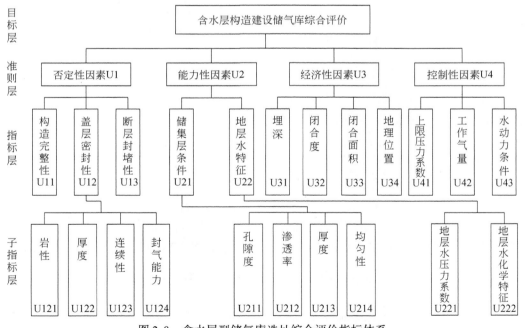

图 2-8　含水层型储气库选址综合评价指标体系

2.7　综合评价方法

2.7.1　权重确定方法

层次分析法（AHP）是一种定性和定量相结合的决策分析方法，是确定权重的有效方法。AHP 的基本原理是把复杂问题分解成若干影响因子（或评价指标），将这些因子按支配关系组成有序的递阶层次结构，通过两两比较的方式确定层次中诸因子的相对重要性，然后决策出诸因素相对重要性的顺序。它通过将模糊概念清晰化，从而确定全部因素的重要次序。

建立目标层次结构模型后，需对各个影响因素进行量化分析。为了便于定性到定量的转化，确定比较权值向量，根据 Saaty 提出的"1~9"标度法——p_{ij} 取值 1，2，…，9 及其倒数 1，1/2，…，1/9。其中，p_{ij} 表示第 i 个因素相比于第 j 个因素的比较结果，1/9 代表重要程度低，1 代表重要程度相同，9 代表重要程度高，比较法则如表 2-10 所示。

表 2-10　因素相对重要程度对比

值	相对重要性	说明
1	同等重要	p_i 与 p_j 比较，两者对目标的贡献相等
3	略微重要	p_i 与 p_j 比较，前者比后者稍微有利
5	重要	p_i 与 p_j 比较，前者比后者更有利
7	重要得多	p_i 与 p_j 比较，前者比后者有利，且优势明显
9	极端重要	p_i 与 p_j 比较，前者比后者绝对有利

以任一层次的某个要素 D 及其隶属的几个要素 D_1，D_2，…，D_n 为评价目标，针对 D_1，D_2，…，D_n 的重要性，两两比较，所得判断矩阵为

$$\boldsymbol{P} = (p_{ij})_{n \times n} = \begin{bmatrix} p_{11} & p_{12} & \cdots & p_{1n} \\ p_{21} & p_{22} & \cdots & p_{2n} \\ \vdots & \vdots & \ddots & \vdots \\ p_{n1} & p_{n2} & \cdots & p_{nn} \end{bmatrix} \tag{2-2}$$

对于每一判断矩阵 $\boldsymbol{P}$，先求出最大特征值及其对应的特征向量，该特征向量即为各评价因素的权重。计算因素权向量 $\boldsymbol{\omega}$、最大特征值 λ_{max} 以及随机一致性比率 CR 的方法如下：

$$\bar{\omega}_i = (\prod_{j=1}^{n} p_{ij})^{1/n} \quad (j = 1, 2, \cdots, n) \tag{2-3}$$

$$\omega_i = \omega_i / (\sum_{j=1}^{n} \bar{\omega}_j) \quad (i = 1, 2, \cdots, n) \tag{2-4}$$

$$\lambda_{max} = (\sum_{i=1}^{n} ((\boldsymbol{P\omega})_i / \omega_i)) / n \tag{2-5}$$

$$CR = \{ (\lambda_{max}-n) / (n-1) \} / RI \qquad (2-6)$$

式中，RI 为随机一致性指标，当 n 为 3～8 时 RI 取值分别为 0.58，0.94，1.12，1.24，1.32，1.41。

当 CR<0.1 时，即可认为判断矩阵 P 具有满意的一致性，说明权值分配合理；否则就需要重新形成判断矩阵，直到取得满意的随机一致性为止。

2.7.2　评价模型

1. 综合适宜度

在对各个单项指标进行评价标准的确定之后，采用多因子综合评价方法，构建库址综合评价公式：

$$Y = \sum_{j=1}^{m} (\sum_{i=1}^{n} C_i\omega_i) B_j \qquad (2-7)$$

式中，Y 为评分总得分；C_i 为单项指标的得分，等级优、良、中、差分别取值为 10 分、8 分、6 分、4 分；ω_i 为单项指标权重；B_j 为准则层权重；i、j 分别为单项指标个数和准则指标个数。

参照单项指标评价方式，将库址的综合评判也分为 4 级。一级：库址状况优，综合指数为 $9<Y\leq10$，很适宜建库，且安全性高，经济性好。二级：库址状况良，综合指数为 $7<Y\leq9$，比较适宜建库，但必须在建设期开展储气库圈闭安全评估投资。三级：库址状况中，综合指数为 $6<Y\leq7$，基本适宜建库，但建设期需预留专门款项用以评价和维护圈闭的安全性。四级：库址状况差，综合指数为 $Y\leq6$，不适宜建库，另选其他库址。

2. 可拓学评价模型

可拓学是由蔡文教授于 1983 年创立的一门新学科，从定性和定量两个角度去研究和解决不相容问题，其核心是将矛盾问题通过物元理论进行变换和运算，使其相容化。

1）经典域的确定

按照上述评价标准，将储气库选址评价指标划分为 j 种评价等级（$j=1$，2，$\cdots$，m）。可拓理论中经典域 R_j 的定义为

$$R_j = (N_j, C, V_j) = \begin{bmatrix} N_j, & c_1, & \langle a_{1j}, b_{1j} \rangle \\ & c_2, & \langle a_{2j}, b_{2j} \rangle \\ & \vdots & \vdots \\ & c_n & \langle a_{nj}, b_{nj} \rangle \end{bmatrix} \qquad (2-8)$$

式中，N_j 为经典域所描述的事件；c_i（$i=1$，2，$\cdots$，n）为第 i 个评价指标；$v_{ij} = \langle a_{ij}, b_{ij} \rangle$ 为评价指标 c_i 相对于事件 N_j 的取值范围。

2）节域的确定

储气库选址评价的节域物元，实质上是各评价指标对应的从最低值到最高值的取值范围，节域可表示为

$$R_p = (\boldsymbol{P}, \ \boldsymbol{C}, \ \boldsymbol{V}_P) = \begin{bmatrix} \boldsymbol{P}, & c_1, & \langle a_{1P}, \ b_{1P} \rangle \\ & c_2, & \langle a_{2P}, \ b_{2P} \rangle \\ & \vdots & \vdots \\ & c_n & \langle a_{nP}, \ b_{nP} \rangle \end{bmatrix} \qquad (2\text{-}9)$$

式中，$\boldsymbol{P}$ 为事件所有表现形式或类型的全体；$V_{iP} = \langle a_{iP}, \ b_{iP} \rangle$ 为评价指标 c_i 关于物元 $\boldsymbol{P}$ 所取的量值范围（$i=1, \ 2, \ \cdots, \ n$）。在含水层型储气库库址评价中，物元 $\boldsymbol{P}$ 表示库址优劣等级的全体。

3）待测物元

对于待评事物（储气库选址目标优劣等级），将收集到的数据或分析结果用物元表示，即可得到待测物元：

$$R = (\boldsymbol{P}, \ \boldsymbol{C}, \ \boldsymbol{v}) = \begin{bmatrix} \boldsymbol{P}, & c_1, & v_1 \\ & c_2, & v_2 \\ & \vdots & \vdots \\ & c_n & v_n \end{bmatrix} \qquad (2\text{-}10)$$

式中，v_i 为评价指标 c_i 的实际取值。

4）评价指标的关联度

各单项评价指标 v_i 关于各类等级 j 的关联度 $K_j(v_i)$ 可表示为

$$K_j(v_i) = \begin{cases} \dfrac{\rho(v_i, \ V_{ij})}{\rho(v_i, \ V_{iP}) - \rho(v_i, \ V_{ij})}, & \text{当} \ \rho(v_i, \ V_{iP}) \neq \rho(v_i, \ V_{ij}) \\ -\rho(v_i, \ V_{ij}), & \text{当} \ \rho(v_i, \ V_{iP}) = \rho(v_i, \ V_{ij}) \end{cases} \qquad (2\text{-}11)$$

式中，$\rho(v_i, \ V_{ij}) = \left| v_i - \dfrac{a_{ij}+b_{ij}}{2} \right| - \dfrac{a_{ij}-b_{ij}}{2}$；$\rho(v_i, \ V_{iP}) = \left| v_i - \dfrac{a_{iP}+b_{iP}}{2} \right| - \dfrac{a_{iP}-b_{iP}}{2}$。

5）多因素综合关联度

权系数是反映评价标准重要程度的量化系数，其大小对于评价的准确性具有举足轻重的作用，不同权系数会得到不同的结果。

多因素综合关联度是指待评目标关于各评价等级的归属程度，可表示为

$$K_j(P) = \sum_{i=1}^{n} \omega_i \cdot K_j(v_i) \qquad (2\text{-}12)$$

式中，ω_i 为评价指标的权重值，由层次分析法计算得到，且 $\sum\limits_{i=1}^{n} \omega_i = 1$。

6）确定评价等级

若 $K_{j\max}(\boldsymbol{P}) = \max \left\{ K_j(\boldsymbol{P}) \mid_{j=1,2,\cdots,m} \right\} = K_{t_0}(\boldsymbol{P})$，则评价 $\boldsymbol{P}$ 属于等级 t_0。$\boldsymbol{P}$ 的等级变量特征值可表示为

$$\bar{t} = \frac{\sum\limits_{j=1}^{m} j \cdot \overline{K}_j(\boldsymbol{P})}{\sum\limits_{j=1}^{m} \overline{K}_j(\boldsymbol{P})} \qquad (2\text{-}13)$$

式中，$\overline{K_j}(P) = \dfrac{K_j(P) - \min K_j(P)}{\max K_j(P) - \min K_j(P)}$。

从 $\overline{t}$ 的数值可以看出储气库候选目标偏向某一级的程度，例如，$t_0 = 2$，而 $\overline{t} = 2.2$，则表示 P 位于第Ⅱ级和第Ⅲ级之间，偏向第Ⅱ级，严格来说是属于 2.2 级。将根据式（2-13）计算得到的建库目标等级值 $\overline{t}$ 代入表 2-11 中进行对比，即可得出该建库目标的评价等级，并根据相应的应对措施建议考虑建库的可行性。

表 2-11　含水层型储气库建库目标评价等级表

等级变量特征值	$1 \leqslant \overline{t} < 1.5$	$1.5 \leqslant \overline{t} < 2.5$	$2.5 \leqslant \overline{t} < 3.5$	$\overline{t} \geqslant 3.5$
评价等级	Ⅰ级 最佳库址	Ⅱ级 适宜库址	Ⅲ级 基本适宜库址	Ⅳ级 不适宜库址
应对措施建议	很适宜建库，且安全性高，经济性好	比较适宜建库，但须在建设期加强储气库圈闭安全投资	基本适宜建库，但建设期需预留专门款项以评价和维护圈闭的安全性	不适宜建库，应该考虑放弃该项目，另选其他库址

2.8　华北地区含水层目标筛选

通过对上述各因素的分析，共确定了 4 个一级指标（准则层）、19 个二级指标（指标层和子指标层）用于对含水层型储气库圈闭进行优选评价（郭波等，2008），采用层次分析法确定了各指标相对权重（表 2-12）。

按照上述选取的评价指标，对华北地区断陷盆地的 D5、G2、DC2、D5 南、G8、G6、ZHZ 背斜等 11 个含水层圈闭进行了评价。

表 2-12　含水层型储气库评价体系和指标相对权重值

一级指标	一级指标组内权重	二级指标	二级指标组内权重	三级指标	三级指标组内权重	三级指标权重
				同级同类指标组内指标相对权重		
否定性因素 U1	0.3636	构造完整性 U11	0.4934	构造完整性 U111	1	0.1794
		盖层密封性 U12	0.1958	岩性 U121	0.0713	0.0051
				厚度 U122	0.3132	0.0223
				连续性 U123	0.1522	0.0109
				封气能力 U124	0.4633	0.0331
		断层封堵性 U13	0.3108	断层封堵性 U131	1	0.1130

续表

同级同类指标组内指标相对权重						三级指标权重
一级指标	一级指标组内权重	二级指标	二级指标组内权重	三级指标	三级指标组内权重	
能力性因素 U2	0.2795	储集层条件 U21	0.6667	孔隙度 U211	0.3718	0.0693
				渗透率 U212	0.2414	0.0450
				厚度 U213	0.2335	0.0435
				均匀性 U214	0.1534	0.0286
		地层水特征 U22	0.3333	地层水压力系数 U221	0.7500	0.0698
				地层水化学特征 U222	0.2500	0.0233
经济性因素 U3	0.1859	埋深 U31	0.2390	埋深 U311	1	0.0444
		闭合度 U32	0.3397	闭合度 U321	1	0.0631
		闭合面积 U33	0.2808	闭合面积 U331	1	0.0522
		地理位置 U34	0.1404	地理位置 U341	1	0.0261
控制性因素 U4	0.1709	上限压力系数 U41	0.3108	上限压力系数 U411	1	0.0531
		工作气量 U42	0.1958	工作气量 U421	1	0.0335
		水动力条件 U43	0.4934	水动力条件 U431	1	0.0843

注：受四舍五入的影响，表中数据稍有偏差

　　根据华北地区以往的地质勘探和开发研究成果，对 11 个含水层构造的地质特征和勘探现状进行了分析，圈闭关键地质数据如表 2-13 和表 2-14 所示。

表 2-13　华北地区含水层型储气库目标圈闭条件

筛选目标	埋深/m	圈闭类型	闭合度/m	圈闭面积/km^2	储气规模/10^8 m^3	破坏程度
D5	2275	断背斜	225	11.9	10.5	被 2 组较小规模断层切割
D5 南	2050	断背斜	250	20	15.3	被多条断层贯穿
DC2	1700	断背斜	600	32.8	46.2	被多条断层切割
G2 K	1650	断鼻	150	22	26.6	被 2 条反向断层控制
G2 P1x	2700	断鼻	150	21	54	被 2 条反向断层控制
G6	3300	断鼻	300	25	14.7	被 1 条反向正断层控制
G8	1875 ~ 1950	断鼻	50 ~ 125	25.5	32.4	被 1 条反向正断层控制
SH Ek2	1700	断背斜	600	30	72.4	被多条断层切割
SH Jxw	3000 ~ 3400	断鼻	200 ~ 500	13.8	10.5	被 2 条断层控制
ZHZ I	1870	背斜	20	10.8	5.7	——
ZHZ II	2220	背斜	30	12.9	3.3	——

注：储气规模指在现有资料基础上的工作气量估算值

表 2-14 华北地区含水层型储气库目标储盖层条件

筛选目标	储层孔隙度/%	储层渗透率/mD	储层厚度/m	盖层岩性	盖层厚度/m	盖层封闭性	侧向遮挡条件
D5	6.7~9.2	3.74~11.9	143	泥岩,夹泥质砂岩	125	渗透率 10^{-4} mD,突破压力大于 10MPa	大套泥岩遮挡
D5 南	12	18	111	泥岩,夹泥质砂岩	125~247.5	渗透率 10^{-4} mD,突破压力大于 10MPa	遮挡性一般,风险大
DC2	11	25.5~74.2	20~150	铝土质泥岩	80~150	直接盖层 15m,封气能力较强	泥岩涂抹遮挡
G2 K	15.1	29.1~46.35	188	泥岩	40	泥岩盖层较薄,封气能力一般	泥岩涂抹遮挡
G2 P1x	10.6~13	1.6~17.12	387	泥岩	269	$CaCl_2$ 水型,矿化度高,封气能力较强	泥岩涂抹遮挡
G6	6	250	75	致密砂砾岩	57.5	砂砾岩为直接盖层,封气能力一般	泥岩涂抹遮挡
G8	16.9	46.8	99~356	泥页岩	160	有油气显示,封气能力较强	泥岩涂抹遮挡
SH Ek2	26.6	158.9	202~264	泥岩	250~581	泥岩集中发育,封气能力较强	大套泥岩遮挡
SH Jxw	6	250	101	泥岩	370	$CaCl_2$ 水型,矿化度高,封气能力较强	泥岩涂抹遮挡
ZHZ I	20.9	44.8	82.4	泥岩	70	最大单层厚度较薄,封气能力一般	—
ZHZ II	24.4	113.8	81.5	泥岩	22	最大单层厚度较薄,封气能力一般	—

依据表 2-5 和表 2-7~表 2-9 所示的分级标准,对各项指标进行打分:Ⅰ级(优)[100,90],Ⅱ级(良)(90,80],Ⅲ级(中)(80,60],Ⅳ级(差)(60,0]。定量指标可通过现场相关测试资料获得,以已建储气库中单项指标最优值作为参考标准,采用分段线性函数构建隶属函数的方法(唐庆宝,1985),计算隶属函数值;定性指标采取专家打分方式进行评价,将该指标获得的平均值作为模糊隶属度指标。11 个储气库目标的模糊评价矩阵 **R** 如表 2-15 所示。

表 2-15 华北地区含水层型储气库目标模糊隶属度矩阵

评价指标	D5	D5 南	DC2	G2 K	G2 P1x	G6	G8	SH Ek2	SH Jxw	ZHZ I	ZHZ II
构造完整性 U111	0.85	0.65	0.80	0.65	0.70	0.70	0.65	0.75	0.80	0.50	0.55
岩性 U121	0.80	0.80	0.85	0.80	0.80	0.60	0.85	0.80	0.80	0.70	0.70
厚度 U122	0.75	0.75	0.66	0.48	0.88	0.62	0.81	0.87	1.00	0.64	0.26
连续性 U123	0.90	0.90	0.65	0.60	0.90	0.70	0.70	0.90	0.90	0.65	0.60
封气能力 U124	0.90	0.90	0.85	0.70	0.80	0.55	0.80	0.80	0.80	0.55	0.55
断层封堵性 U131	0.90	0.55	0.65	0.60	0.65	0.60	0.70	0.60	0.60	0.95	0.95

评价指标	D5	D5 南	DC2	G2 K	G2 P1x	G6	G8	SH Ek2	SH Jxw	ZHZ I	ZHZ II
孔隙度 U211	0.66	0.74	0.70	0.80	0.74	0.62	0.82	1.00	0.62	0.86	0.89
渗透率 U212	0.47	0.64	0.85	0.82	0.50	1.00	0.78	1.00	1.00	0.77	1.00
厚度 U213	1.00	1.00	0.85	1.00	1.00	0.89	1.00	1.00	1.00	0.92	0.91
均匀性 U214	0.90	0.90	0.70	0.70	0.80	0.80	0.90	0.90	0.90	0.80	0.80
地层水压力系数 U221	0.90	0.90	0.90	0.90	0.90	0.90	0.90	0.90	0.90	0.90	0.90
地层水化学特征 U222	0.80	0.80	0.80	0.80	0.95	0.80	0.80	0.80	1.00	0.80	0.80
埋深 U311	0.77	0.80	0.84	0.84	0.71	0.63	0.82	0.84	0.64	0.82	0.79
闭合度 U321	1.00	1.00	1.00	1.00	1.00	1.00	0.68	1.00	1.00	0.27	0.36
闭合面积 U331	0.82	0.90	1.00	1.00	1.00	1.00	1.00	1.00	0.84	0.81	0.83
地理位置 U341	0.90	0.90	0.90	0.90	0.90	0.90	0.90	0.90	0.90	0.90	0.90
上限压力系数 U411	0.80	0.70	0.70	0.65	0.70	0.55	0.70	0.70	0.70	0.55	0.55
工作气量 U421	0.90	0.90	0.90	0.95	0.90	0.90	0.9	0.90	0.90	0.70	0.65
水动力条件 U431	0.65	0.60	0.70	0.70	0.60	0.60	0.60	0.60	0.70	0.50	0.60

将通过层次分析法获得的权重 $\boldsymbol{\omega}$ 与评价矩阵 $\boldsymbol{R}$ 进行分层模糊计算，即 $Q_i = \omega_i \times R_i \times 100$，即获得模糊综合评判的最后得分结果，11 个储气库目标综合评判结果如表 2-16 所示。

在 11 个储气库候选目标中，无 I 级有利目标，II 级较有利目标为 D5 石盒子组、SH 孔店组、DC2 奥陶系潜山，具备进一步勘探评价的条件，其余为 III 级，可作为候选目标。

表 2-16　各候选目标评价结果

候选目标	D5	D5 南	DC2	G2 K	G2 P1x	G6	G8	SH Ek2	SH Jxw	ZHZ I	ZHZ II
评价结果	82.32	75.69	80.03	76.76	77.57	74.38	77.11	83.29	78.27	70.45	71.69
库址等级	II	III	II	III	III	III	III	II	III	III	III
排序	2	8	3	7	5	9	6	1	4	11	10

2.9　有利含水层型储气库目标

上述 11 个含水层型储气库候选圈闭目标中，首批基本适宜建库的目标为 D5 石盒子组目标、SH 孔店组目标和 DC2 奥陶系潜山目标。综合分析认为，D5 石盒子组目标为相对完整型背斜、砂岩储层，成功概率最高，但储层物性相对较差，埋深较大，估算工作气量相对较小；SH 孔店组目标为复杂化断背斜、砂岩储层，埋深浅，储层物性好，估算工作气量最大，但圈闭被多条断层复杂化，建库风险为断层的封闭性，需要开展干扰试井试验，对断层的封堵性能做出精确判断，最终才能确定是否建设储气库；DC2 奥陶系潜山目标为断背斜、碳酸盐岩储层，埋深浅，储层物性好，估算工作气量较大，但直接盖层相对较薄，又被断层切割，封闭条件存在较大风险。但是，三个目标代表着背斜、断背斜和潜山三种不同类型的目标，都值得开展进一步的勘探评价。

2.9.1 D5 石盒子组目标

目的层为二叠系石盒子组砂岩类储层集中发育段。构造上为一北东向展布的背斜，被北西向和北东向两组小断层切割，背斜形态总体完整，高点埋深 2275m，闭合幅度 225m，面积 11.9km² （图 2-9）。

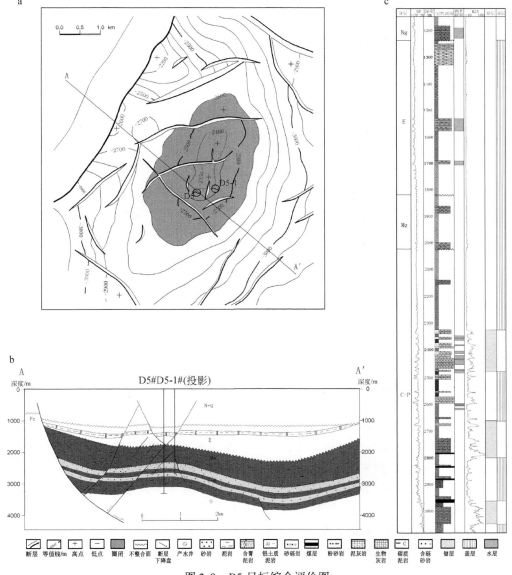

图 2-9　D5 目标综合评价图

a. C-P 砂岩顶面构造图；b. 过 D5 井地质剖面；c. D5 井综合柱状图

储集层特征，构造上已钻探 D5 和 D5-1 两口井，岩性以灰白色-灰色砂岩、含砾砂岩为主，次为砂砾岩，其中 D5 井石盒子组储层集中发育段 2325.8～2626.4m 测井解释水层 12 层 141.6m，平均孔隙度 9.2%，平均渗透率 5.52mD；D5-1 井石盒子组储层集中发育段 2342.53～2485.2m 测井解释水层 11 层 81.3m，孔隙度平均 6.7%，渗透率平均 3.74mD。66 个储层岩心样品测试分析：孔隙度最小 2.5%，最大 15.4%，平均 8.5%，渗透率最大 129mD，平均 7.4mD。盖层为灰色和紫红色泥岩，夹少量灰色泥质砂岩，横向分布稳定，13 个岩心样品测试分析：孔隙度 6.37%～26.29%，平均 16.18%；渗透率量级为 10^{-4}mD，突破压力均大于 10MPa。对 D5-1 井盖层段中的两个砂岩层段进行地层测试，日产水分别只有 0.006m³、0.026m³，折算渗透率仅 0.001mD、0.004mD，表明盖层封闭条件良好。控制圈闭的断层断距约为 50m，垂向断距小于盖层厚度，石盒子组储层对接其上部泥岩段，侧向封堵条件较好。工作气量按库容的 30% 估算为 10.5×10⁸m³。

2.9.2　SH 孔店组目标

目的层为孔店组二段的砂岩集中发育段。构造整体为一北东向展布的长轴背斜，又被北东向和北西向两组多条断层切割，形成了多个断鼻、断块，高点埋深 1700m，闭合幅度 600m，面积 30km²（图 2-10）。

储集层特征，据圈闭高部位已钻探的 H1 井及邻区钻探的 H15 井资料，砂岩集中段地层厚度 202.5～264m，其中 H15 井砂岩储层集中段 1892.5～2095m 测井解释水层 10 层 114m，单层最大厚度 22.8m，孔隙度平均 26.6%、渗透率平均 158.9mD，储集性能良好。直接盖层为集中发育的泥岩、膏泥岩、膏岩互层段，厚 250～581m，其中单层最大厚度 25m，盖层条件良好。工作气量按库容的 30% 估算为 72.4×10⁸m³。

2.9.3　DC2 奥陶系潜山目标

DC2 奥陶系潜山构造为一西翼较平缓、东翼陡倾的短轴背斜，又被南北和北东向两条主断层切割成三个断鼻、断块，圈闭整体为一断背斜构造，面积 32.8km²，高点埋深 1700m，闭合幅度 600m（图 2-11）。

储层特征，构造上已钻探井 DC2 井，该井钻至 1797m 时奥陶系古风化壳发生严重井漏，强行钻至 1820m，钻井液有进无出，其中钻进过程中漏失泥浆液 159.31m³，处理过程中又漏失 303.95m³，总漏失量为 463.26m³，测井解释 1669.0～1736.2m 水层 7 层 26.4m，储地比为 0.4，孔隙度平均 11%、渗透率平均 25mD，储层较发育。通过地震反演资料，潜山圈闭储层厚度 20～150m，由顶部向周围逐渐变厚。DC2 井潜山地层测试，自溢，日产清水 1000m³，储层物性较好。室内岩心测试分析表明（4 块样品）：储层平均孔隙度为 10.1%，渗透率平均值为 74.2mD。盖层条件，奥陶系上覆石炭-二叠系的泥岩及煤系地层，泥岩厚度 80～150m，砂泥比 0.5～0.7，泥岩占地层厚度的 60%～70%，由顶部向周围逐渐变厚，通过苏 4 潜山气藏区域类比，预测本区盖层具有一定的封闭性。DC2 井钻遇石炭纪煤系地层 115m，同时直接盖层为区域分布的风化壳铝土质泥岩，DC2 井钻遇厚度 15m，但潜山地层水总矿化度偏低，为 2727.75mg/L，水型为 Na_2SO_4，封闭性存在一定风险，且潜山被断层切割，断层的封闭性有待证实。工作气量按库容的 30% 估算为 $46.2 \times 10^8 m^3$。

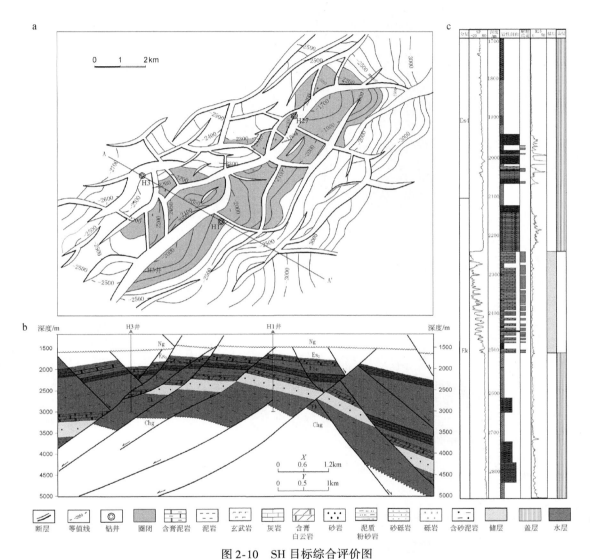

图 2-10　SH 目标综合评价图

a. SH 地区 Ek 砂岩顶面构造图；b. 过 H1-H3 井地质剖面；c. H1 井综合柱状图

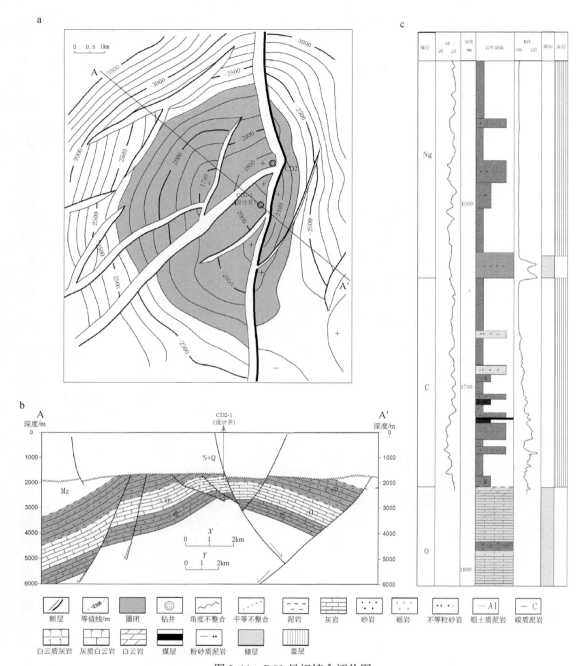

图 2-11　DC2 目标综合评价图

a. 奥陶系潜山顶面构造图；b. 过潜山高点地质剖面；c. DC2 井综合柱状图

2.10　储气库建设与地热开采相结合

地热资源作为一种可再生清洁能源，具有较大的开发潜力。地热资源按其赋存形式，主要可分为水热型和干热岩型两种（谢和平等，2014；辛守良等，2016）。水热型地热资源赋存于高温、高渗透率和富含水的岩层中，主要通过抽采方法对地热水进行开采，从而用于发电或者直接利用。干热岩型地热资源主要赋存于地下 3~10km 深度范围内结晶质岩层中，该种岩层温度高而干燥，渗透率低，缺乏高温流体。目前多采用增强型/工程型地热系统开采该类地热资源，即从地面钻井到达地下深部结晶质岩层，采用水力压裂等井下作业措施使原有岩体裂隙发育或在岩体中制造新裂隙，以增加热交换体积和原岩层的渗透性，然后在井中注入冷水，在冷水与高温储层库岩体充分热交换后，通过其他井（生产井）抽出，从而利用产生的地热蒸汽等进行发电。

含水层建库地热水利用可行性研究首先应该确定排出的水量是否能够满足地热综合利用的需要。根据水层建库设计安排，可以利用的地下热水主要包括两部分：① 储气库达容期间排出的地热水；② 储气库运行期间排出的地热水。

D5 区块含水层属于高地温异常区，地温梯度平均约为 3.5℃/100m，地层温度 83℃。根据邻区油田地热开发利用可行性研究以及现场试验结果，在井深和井底温度一定的情况下，井筒温度损失与流量成反比，即流量越大井筒温度损失越小。当流量大于 500m³/d 并连续采液时，井筒温度损失小于 5℃甚至更小，由此推算，D5 区块排水井井口出水温度约为 78℃。

数值模拟结果初步表明，D5 区块单纯依靠压缩水体来注气是不现实的，必须通过设置排水井的方式来进行注气。为达到目标库容，对每个周期的排液量进行了模拟。如表 2-17 所示，储气库达容分为 4 个周期，其中第 4 个周期的排液量最小，为 $20 \times 10^4 \text{m}$，折合日排液量为 2500m³；在达容的第 1、第 3 两个周期日排液量为 4500m³；在达容的第 2 个周期以及运行期日排液量为 5000m³。当单井排液量在 600m³/d 以下时，至少可以稳定生产 220d，可以满足储气库在达容和运行阶段的要求；当单井排液量在 700m³/d 时，只能稳定生产约 130d，之后排液量不断下降，只能满足储气库在达容阶段的要求。因此，设定单井排液量为 500m³/d。

表 2-17 D5 区块储气库达容周期表

阶段	注气量/10^8m^3	排液量/10^4m^3	天数/d	采气量/10^8m^3
1	1.28	45	100	—
2	5.21	50	100	5.16
3	10.80	45	100	1.53
4	5.00	20	80	—

在含水层改建储气库过程中，无论是储气库达容阶段还是运行阶段都要采出大量地层水并且回注，这部分采出的地层水温度较高、水量较大，如果直接回注到地层，就浪费了这部分清洁能源。另外高温地层水对地面注水管线和注水泵的密封也会造成损坏。如果利用地热水进行发电，发电后的水温控制在 60℃以下再回注，可以避免或者减小上述不利影响。按照发电机进口温度 78~80℃、出口温度 60℃计算，利用双工质发电技术，可以安装一台净发电功率约为 50kW 的地热发电机，每天净发电量 1200kW·h。由于储气库在达容阶段和运行阶段都不是连续排水，会对地热发电机的利用效率造成不利影响，在实际应

用中需要精心设计并合理部署。

目前国内有不少余热水回注的成功案例，回注温度一般约为 35℃，回注量为 40 ～ 150m³/h，回注层位为新近系或奥陶系，余热水回注不仅可以减少排放，也可以及时补充地层能量，实现循环利用。D5 区块发电后的余热水温度约为 60℃，这个温度的热水回注会对注水管线特别是注水泵的密封部件造成较大的损坏，但是由于 D5 区块距离市区较远，实现地热梯级利用存在一定的困难，回注也是目前较好的选择。该区块钻井资料显示，在 395m 处钻遇新近系，厚度 905m，在 2081m 处钻遇奥陶系，可以在这两个层位进行余热水回注，当储气库采气时，也可以作为注水水源。

利用地热水发电工程需要 5 个部分的投资：钻井（包括提液井和回注井）、提液和回注设备、地面集输管线、发电机组、运行成本。如果利用水层建库排出的地热水进行发电，除了发电机组的投资外，其他投资和成本可以不予考虑，因为在利用水层建库中，无论是在达容阶段以及运行阶段都要采出并且回注部分地热水，所以钻井、集输管线、注采设备条件等均已具备，这样不仅节约了大部分投资，还实现了这部分清洁能源的循环利用。

按照净发电功率 50kW 的设计，达容期共 300d，累计净发电量 36×10⁴kW·h；运行期间每年排液 220d，年净发电量可达 26.4×10⁴kW·h。地热作为一种可再生的清洁能源，利用水层建库排出的地热水发电既可以节约传统能源，也减少了污染物排放。利用水层建库排出的地热水进行发电，在大量节约投资和成本的前提下，实现了清洁能源的循环利用和节能减排，具有良好的经济效益和社会效益。

3 储气库泥岩盖层岩石力学特性及其评价

3.1 引　　言

泥岩是世界范围内沉积盆地的主要组成部分，泥岩盖层经历地质历史复杂，成岩阶段普遍较高，储气库对盖层的封闭能力要求苛刻，如何评价泥岩的封气能力，一直缺少非常有效的方法技术（贾善坡等，2016a，2016b）。

储气库注采交变运行，盖层微裂隙的渗漏是造成盖层有效性变差的主要因素，评价和界定盖层脆延性转化和微裂缝产生的条件是评价盖层有效性的关键问题。岩石三轴压缩试验获得的相关参数，如抗压强度、弹性模量、泊松比、黏聚力和内摩擦角等，可用于评价岩石在各种力场作用下变形与破坏规律。目前，三轴压缩试验用于盖层评价方面的研究比较少，气藏盖层的渗漏与其岩石力学性质有密切关系，目前存在不同力学参数定义的泥岩脆性指标，由于采用的力学参数不一致，脆性表达式也不一致，研究过程中难以取得统一的评价标准（林建品等，2015）。

脆性是评价天然气藏盖层质量的重要参数，目前还没有统一的定义。深部泥岩盖层的非均质性、钻井取心作业昂贵、泥岩取心困难且较难保存等原因，使得针对泥岩盖层脆性的实验室研究程度较低，对泥岩盖层的脆塑性特性了解较少，特别是对储气库盖层封闭能力起关键作用的力学分析还有待深入研究。

3.2 泥岩盖层岩石力学特征与封闭性关系

储气库要经历注采气周期运行，保存条件是建库的关键，特别是对盖层封闭性的评价是研究的难点。如何评价盖层条件，特别是评价变形过程中的盖层封闭性，是努力探索的方向。传统的以物性测试为主评价泥岩盖层，存在许多弊端，比如取样的代表性和微裂缝的影响等。天然气勘探实践也表明，引起气藏破坏的关键因素是断层和微裂隙。评价岩石产生破裂的风险性，对盖层研究有重要的意义，目前涉及盖层岩石力学试验的研究较少。不同于枯竭油气藏型储气库，盖层本身是密封的，单纯的盖层物性指标评价能够解决盖层封闭性部分。对于含水层型储气库，不同注采过程及圈闭变形环境中盖层力学行为研究显得更为关键。因此，在物性研究基础上，更应该体现盖层封闭性整体研究，特别是盖层变形行为研究。

从盖层密封性评价而言，断层和微裂隙发育程度是影响盖层封闭性能的关键因素。具有较高的毛细管压力和塑性变形能力是泥岩具备密封性的基础。从岩石力学角度而言，岩石的脆性一方面受到矿物性质的影响，一方面受到所处的应力条件的影响。

3.2.1　盖层岩石脆性矿物

　　岩石脆性程度是盖层力学评价、封闭能力和储气库最大允许压力确定的重要依据。脆性是指岩石在外力作用下没有明显变形或有很小的塑性流动就发生破裂的性质。近年来，油气地质领域对岩石脆性的研究越来越重视，在盖层评价方面，通过对泥岩的脆性的研究，评价盖层对油气的封盖能力。储气库注气使得盖层产生变形，一旦盖层产生裂缝，封闭能力明显变差。迄今为止，表征盖层岩石的脆性定义和度量还没有统一的说法。目前，主要有两类方法表征岩石脆性（周辉等，2014）：一是根据矿物组成来表征岩石脆性；二是岩石力学试验测量出的各种参数来表征脆性。利用岩石力学试验方法评价脆性的优点是数据可靠，缺点是泥岩钻井取心困难，试样制作过程中容易破碎，岩心试样难以满足试验要求，并且数据不连续（仅在取心井段有数据），实用性受到限制。为此，可以借鉴页岩气储层评价方法，通过分析脆性矿物含量评价泥岩的脆性程度。

　　在泥岩的常见脆性矿物中，石英和长石属于碎屑矿物，方解石和菱铁矿属于碳酸盐矿物，其中石英的脆性最强，方解石中等，黏土最差（刁海燕，2013）。在工作条件一定时，泥岩脆性的强弱，是泥岩矿物组成与结构的综合反映，随着石英、长石、方解石等脆性矿物含量增加，泥岩脆性提高，易形成裂缝和诱导裂隙，不利于天然气封存。

3.2.2　岩石成岩作用

　　成岩作用主要是压实作用、黏土矿物转化作用和压熔作用。压实作用使泥岩沉积物固结成岩，而且使岩石的成分、结构和物性都发生变化，是泥岩中最重要的成岩作用，泥岩孔隙度随深度的变化能反映泥岩的压实程度（唐颖等，2012）。黏土矿物转化作用是指泥质沉积物随着埋深的加大，压力和地温的增高，层间水的释放及层间阳离子的移出，引起了黏土矿物的重结晶和转化。压熔作用是指在压力作用下，泥岩内发生的溶解作用，包括物理作用和化学作用两方面。相关研究表明：压实作用和脱水作用经常是同时进行，几乎贯穿整个成岩过程；黏土矿物转化作用通常发生在成岩中、后期，主要按下列顺序进行演化，即蒙脱石→伊利石→绿泥石→高岭石，其中各过渡阶段出现混层矿物组合。

　　由于黏土或有机质对沉积的条件变化反映最灵敏，所以黏土沉积物和黏土质岩石（泥岩）常作为压力变化的良好标志；煤和碳质有机物（烃类）对温度变化最敏感，镜质组反射率和折射率常作为成岩、后生变化阶段细分的重要标志。

　　在泥岩的成岩阶段划分方面，前人做了大量的研究，主要有两类方法（王一军，2012）：一是考虑黏土矿物的转化、有机质成熟度、孔隙类型、古地温等几个方面划分；二是按照泥岩孔隙度随深度的变化规律进行划分。

　　成岩作用对于泥岩的封闭性影响规律存在一定的争议，相当一部分学者认为黏土岩由沉积至成岩演化经历了未固结→固结→致密化→变质过程，因此黏土质盖层与烃源岩类似也有一个未成熟→成熟→过成熟（无效→有效→失效）的演化历史。一般认为中等成岩程度对封盖最为有利，但有些高演化泥岩盖层仍可成为天然气藏的有效盖层，如中国南方寒武系和志留系的泥岩。高演化泥岩通常指埋深大、成岩作用强、有机质热演化程度高、地层老的泥岩（成岩阶段处于晚成岩 B 期以后的泥岩，R_o>1.3%、密度高于 2.4g/cm³、I/S 混层中蒙脱石含量小于 30%）。油气勘探实践表明深埋条件下高演化泥岩的封盖条件与泥岩成岩演化阶段的关系具有不确定性，但是成岩作用增加，泥岩塑性减弱，脆性增加却是不争的事实。当泥岩随着压实程度的增强，其内部富含结合水的蒙脱石含量减小，可塑性下降，内部异常高的孔隙流体压力逐渐释放，直至变为脆性，极易受构造应力作用产生裂缝，毛细管封闭能力变差。有专家认为埋深 3500m 是个界线，埋深大于 3500m，泥岩压实接近极限，脆性增加，含水量减小，产生微裂缝后很难愈合，封闭性变差（庞雄奇等，1993）。周文等（1994）认为，当泥岩埋深超过 1500m 后达到一定的成岩阶段，岩石塑性降低而脆性增加。可见，岩石的脆塑性与埋深之间的关系不明显。

泥岩在不同的成岩作用阶段，其矿物形态、黏土矿物组成及孔隙类型都有不同，从而使泥岩作为盖层的封闭性也不同（李双建等，2011）。

3.2.3　超固结比法

为了对泥岩的脆-延性转换给出合理评价，以便为储气库建设提供可靠指导，Nygard 等提出了定量研究泥岩盖层封闭性动态演化评价的超固结比（over consolidation ratio, OCR）法（Nygard et al., 2006）。OCR 即为泥岩的超固结比，为最大垂直有效压力和现今有效压力的比值，即

$$OCR = \frac{p_c}{\sigma'_{vo}} \qquad (3-1)$$

式中，p_c 为当前名义固结压力；σ'_{vo} 为当前有效固结压力。

当地层未受到抬升作用时，称为正常固结（normal consolidation, NC）泥岩；如果泥岩从地质历史时期的最大埋深抬升至地壳浅处时，称为超固结（over consolidation, OC）泥岩。持续埋深的 NC 泥岩具有塑性特征，抬升的 OC 泥岩逐渐由塑性变为脆性。OCR 越大，泥岩的脆性越大。

与土体不同，岩石的超固结特性不仅可以反映固结压力作用，而且也可以反映成岩作用。Nygard 等对不同地区的泥岩和页岩的三轴压缩等试验结果进行了对比分析，建立了 OCR 与岩石归一化剪切强度的关系：

$$\frac{q_u}{\sigma_3} = \alpha(OCR)^\beta \qquad (3-2)$$

式中，q_u 为三轴试验中对应的峰值主应力差；σ_3 为三轴试验中对应的围压；OCR 为泥页岩超固结比；α 为正常固结岩石的归一化剪切强度（OCR=1）；β 为拟合参数。

Nygard 等建立的泥岩和页岩的归一化剪切强度和 OCR 拟合关系如图 3-1 所示。

已有研究表明，对于遭受延性破坏的泥岩，由于后期的流变作用，其具有很强的自愈合能力和自封闭能力，可作为气藏盖层，而遭受脆性破坏的泥岩，其裂缝作为气体渗漏的通道。因此，必然存在脆性破裂下限值的概念。Ingram 和 Urain 提出由岩石的 OCR 值评价岩石脆性的方法（刘俊新等，2015），即

$$\mathrm{BRI} = \frac{(\sigma_c)_{oc}}{(\sigma_c)_{Nc}} \approx \frac{(q_u/\sigma_3)_{oc}}{(q_u/\sigma_3)_{Nc}} = OCR^{\beta} \tag{3-3}$$

式中，BRI 为反映岩石的脆度指标；$(\sigma_c)_{oc}$ 和 $(\sigma_c)_{Nc}$ 为超固结和正常固结岩石的单轴抗压强度。

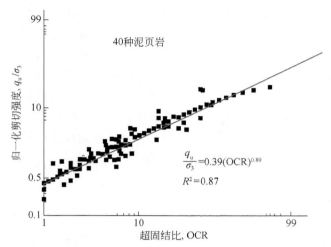

图 3-1　泥岩和页岩的归一化剪切强度和 OCR 的关系曲线

Ingram 和 Urain 认为当 BRI>2 时，岩石脆性程度随着 BRI 的增加而增加，根据上述归一化剪切强度和 OCR 的拟合曲线，可获得脆性破裂的 OCR 下限值为 2.25。

3.2.4　三轴加载试验法

1. 弹性参数脆性因子

岩石的弹性是岩石中物质组成、结构、孔隙和流体在一定的温度环境下的综合反映，可通过室内岩石力学试验和测井等地球物理手段得到弹性信息。岩石弹性参数与脆性在物理上具有一定的联系。脆性材料定义为在一定的应力作用下，发生较小的形变即发生断裂的材料。在一定的应力水平下，材料断裂时变形越小脆性越高，即弹性模量越大材料的脆性越大；当泊松比较大时，岩石在横向上较容易发生变形，即泊松比越小，岩石脆性越高。因此，利用岩石的弹性参数可以评价岩石的脆性，不同的弹性模量和泊松比组合表示岩石具有不同的脆性，弹性模量越大，泊松比越低，岩石的脆性越大。

脆性是岩石材料的综合特性，是在自身天然非均质性和外在特定加载条件下产生的内部非均匀应力，并导致局部破坏，进而形成多维破裂面的能力。

Grigg 通过对页岩力学性质的统计发现，高产页岩具有高杨氏模量和低泊松比特性（董宁等，2013）。利用杨氏模量和泊松比构建页岩弹性参数脆性指数公式为

$$\mathrm{BI}_e = \frac{1}{2}\left(\frac{E - E_{\min}}{E_{\max} - E_{\min}} + \frac{\mu - \mu_{\max}}{\mu_{\min} - \mu_{\max}} \right) \tag{3-4}$$

式中，BI_e 为弹性参数脆性指数；$E_{\max}$、$E_{\min}$ 分别为杨氏模量最大值和最小值；$\mu_{\max}$、$\mu_{\min}$ 分别为泊松比最大值和最小值。

Rickman 提出采用杨氏模量和泊松比来计算岩石脆性指数的方法，并认为岩石脆性指数 BRIT 大于 40 时，岩石是脆性的（郭海萱和郭天魁，2013）。

$$\begin{cases} \text{BRIT}_{EM} = \dfrac{E-10}{80-10} \times 100 \\[2mm] \text{BRIT}_{PR} = \dfrac{\mu-0.4}{0.1-0.4} \times 100 \\[2mm] \text{BRIT} = (\text{BRIT}_{EM} + \text{BRIT}_{PR})/2 \end{cases} \qquad (3\text{-}5)$$

式中，BRIT_{EM}、BRIT_{PR} 分别为杨氏模量和泊松比确定的脆性指数；E、μ 分别为岩石的静态杨氏模量和泊松比，E 的单位为 GPa。

2. 强度参数脆性因子

Goktan 采用岩石单轴拉伸和压缩强度来计算脆性指数（郭海萱和郭天魁，2013），即

$$\text{BI} = \frac{\sigma_c}{\sigma_t} \qquad (3\text{-}6)$$

式中，σ_c、σ_t 分别为岩石的单轴抗压强度和抗拉强度。

单纯利用弹性参数并不能完全判断盖层岩石的脆性，如部分岩石的弹性模量和泊松比相近，但是脆性差别较大，其中重要的区别就在于断裂韧性。断裂韧性是一项表征盖层裂缝形成难易程度的重要因素（袁俊亮等，2013）。在线弹性断裂力学中，根据其位移形态可将裂缝分为 3 类：张开型（Ⅰ）、错开型（Ⅱ）和撕开型（Ⅲ）。任何一种裂纹状态均可由这 3 种基本形式叠加得到，叠加的裂纹称为混合型裂纹。比较常见的裂缝为Ⅰ型和Ⅱ型，在地应力场或者岩性局部的地层有可能会出现混合裂缝。

K_{IC} 为Ⅰ型断裂韧性，是岩石阻止裂缝扩展的能力，是岩石本身的性质。断裂韧性的大小关系到裂缝延伸的难易，其值越小，裂缝越容易延伸，不利于盖层的气体封存。因此，可以选取盖层岩石的 K_{IC} 和 K_{IIC} 两类的断裂韧性值进行脆性评价，其值越小，岩石材料越脆。

3. 塑性参数脆性因子

从已有岩石三轴试验结果可知：即使是硬脆性极强的花岗岩、大理岩，当围压超过一定值后，岩石表现出较好的延性特征；对于泥岩盖层而言，若应力条件所赋予的延性可弥补成岩作用造成的岩性损伤，则盖层的密封性便不会丧失。

岩石破裂是影响盖层封闭性能的重要因素，岩石产生裂缝，将导致盖层封闭能力的极大削弱。泥岩密封性评价常常忽略了岩石的脆延性所依赖的应力条件。三轴压缩试验可以模拟盖层脆-延性转变的地质过程，理论上随着围压的降低，岩石有从塑性向脆性转变的趋势，塑性降低，岩石变脆，出现裂缝，将会降低泥岩的封闭性能。

泥岩盖层是国内外油气藏最常见的盖层。泥质粉砂岩和粉砂质泥岩，是较好盖层，随着岩石中石英颗粒含量的增加，岩石的硬度和脆性增大，可塑性降低。一般来说，随着含砂量的增加，含砂粒级的增大，岩石的封闭性能逐渐降低。杨传忠和张先普根据盖层力学性质测试资料（杨传忠和张先普，1994），采用岩石抗压强度、硬度和塑性系数，将盖层分为塑性、塑脆性和脆性三类六级，提出盖层力学性质的综合分类标准。从气藏盖层封闭性角度考虑，理想的盖层为软-中软的塑性或塑脆性岩石，如膏岩、泥岩等，中硬-硬的塑

脆性或脆性岩石，其封闭性相对要差些，但极软或极硬的岩石不宜做盖层。

泥岩的应力–应变曲线为典型的应变软化曲线，可将泥岩应力–应变过程分为线弹性变形阶段、应变硬化阶段和应变软化段。采用全应力–应变特征的方法描述盖层岩石的脆性和破坏力学机制（林建品等，2015），盖层岩石的破坏难易程度可用峰值应变大小来表示，泥岩脆性的强弱与峰后应力–应变曲线的斜率、残余强度有关。综合考虑岩石峰前和峰后的力学特性，岩石脆性评价分析过程如图 3-2 所示。

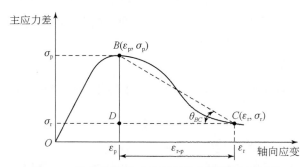

图 3-2　泥岩盖层岩石力学评价参数取值示意图

采用峰后曲线 BC 形态指数来描述岩石峰后曲线形态，计算方法为

$$\begin{cases} I_1 = \dfrac{\sigma_p - \sigma_r}{\sigma_p} \\[2mm] I_2 = \dfrac{(\varepsilon_f - \varepsilon_p) - \varepsilon_{maxf\text{-}p}}{\varepsilon_{minf\text{-}p} - \varepsilon_{maxf\text{-}p}} \\[2mm] I_3 = \dfrac{\theta_{BC} - 0°}{90° - 0°} \end{cases} \tag{3-7}$$

式中，σ_p，σ_r 分别为峰值强度和残余强度；ε_p，ε_f 分别为峰值应变和破坏应变；$\varepsilon_{minf\text{-}p}$，$\varepsilon_{maxf\text{-}p}$ 分别为峰值应变与破坏应变之差的最小值与最大值，分别取为 0.1%，2%。

峰后曲线形态指数 I_1 用来描述残余强度与峰值强度的差异性，两者越接近表明岩石呈塑性流动状态，岩石表现为塑性；峰后曲线形态指数 I_2 用来描述塑性流动变形的相对大小，塑性流动变形越大，岩石的塑性变形能力越强；峰后曲线形态指数 I_3 用来描述岩石的脆塑性及塑性，θ_{BC} 表示峰后曲线 BC 与 CD 的夹角，曲线 BC 趋于水平（$\theta_{BC} \rightarrow 0°$）时，岩石呈塑性流动状态，岩石变形为塑性，而当曲线 BC 较陡时，岩石表现为脆性。为了消除应力和应变的量纲差异，并对其进行系数标准化，θ_{BC} 的计算公式为

$$\theta_{BC} = \arctan\left(\frac{(\sigma_p - \sigma_r)}{100 \cdot (\varepsilon_r - \varepsilon_p)}\right) \tag{3-8}$$

式中，ε_r 为岩石残余应变；其中，应力的单位为 MPa，应变的单位为%。

3.2.5　三轴卸载试验法

三轴卸载试验可以实现恒定轴压卸围压的应力–应变过程，这与注入流体地层抬升过

程的岩石受力过程相似（袁玉松等，2011；李双建等，2013；周雁等，2011；陈劲人和彭秀美，1994）。理论上，同一岩石在同一水平应力场作用下，破裂的围压是恒定的。影响盖层封闭性的因素很多，完全仿真地层条件下盖层力学性质变化的试验测试需要更为精致的工作。利用三轴压缩试验可以模拟盖层脆延性转化过程，利用三轴卸载试验可以模拟地层抬升过程中盖层集中产生破裂的地质过程。

为了能更加接近地下条件，针对盖层在地层变动和抬升过程中的力学性质的变化，采用试验模拟了地层抬升过程中岩石破裂过程。其基本步骤是：首先估算出岩石的抗压强度，然后设定围压，加大轴压并使其接近岩石的极限强度，然后，保持轴压不变，逐渐卸去围压，观察岩石的破裂过程。

3.2.6 交变力学试验法

储气库周期性注气和采气交替变化，致使盖层承受交变荷载的影响。盖层岩石变形、强度特征及断裂损伤力学特性与所受的应力状态以及加载历史密切相关，同时岩石内部细观结构对宏观力学特性影响也很明显。近些年来中国大量建设地下储气库，研究盖层岩石循环加卸载条件下相关的宏细观力学特性及疲劳特性对保障储气库工程的安全稳定具有非常重要的理论意义和工程价值。

疲劳特性是材料在受到交变荷载或变形时，内部缺陷不断发展演化，最终引发失稳的过程，盖层岩石的疲劳特性是储气库设计和评估中非常重要的一项指标。循环载荷作用下，由于控制变量或因素的不同，岩石会展示出不同的力学表现。以砂岩为例，已有试验表明：砂岩岩石模量随循环次数增加而下降，模量衰减幅度及岩石损伤随循环次数的增大而增大（席道瑛等，2004）；动载荷循环幅度及频率影响岩石的疲劳强度及变形特征，随频率增大，岩石的疲劳强度降低但模量增大，而且在给定能量条件下，岩石在低频及低幅条件下更容易出现屈服（Bagde and Petroš，2004）；当在低于砂岩极限强度之内进行不同载荷水平、不同加载速率条件下的压缩试验时，岩石的加卸载变形模量不随循环次数变化，但加载应变速率影响岩石的弹性模量与变形特性（许江等，2005）。

作者开展了固井水泥石在单轴压缩条件下的交变力学试验，试验结果表明，岩石弹性模量随着循环次数的不断增加而不断增加（图3-3），而岩石强度随着交变次数的增加呈逐渐降低的趋势，对比未进行交变试验岩石的初始强度，交变50次后岩石强度降低了约17%。试样的弹性模量随交变次数逐渐增大，说明岩石弹性变形能力逐渐减小，弹性能力逐渐丧失，岩石脆性增强，更容易发生破坏。

一般地下工程需要对围岩进行开挖与支护，从而造成围岩卸载后再加载。然而，储气库存在下限压力，因此，储气库反复加卸载是在一定基础压力上进行的。在储气库正常使用过程中，由于周期性注采气，储气库盖层在一定范围内岩体遭受反复加卸载作用，但这一反复加卸载不同于一般地下工程。疲劳破坏试验应针对储气库实际注采工况条件进行设计，交变应力加载方式、交变范围和频率是试验设计的难点。目前已开展的试验采用定围压、变轴压的方式，使用围压模拟最大水平有效主应力（最大水平主应力减去气藏原始地层压力），轴压（即偏压，其为轴向应力与围压之差）交变范围根据气藏建库初步设计的

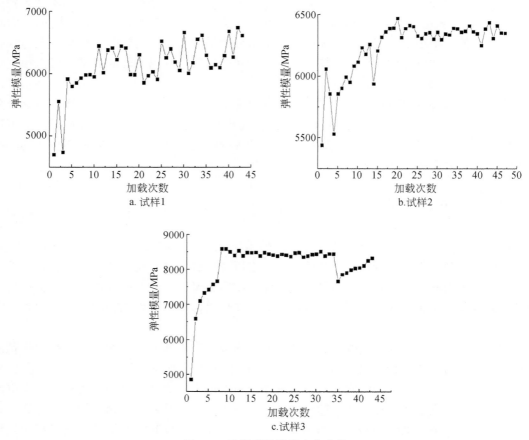

图 3-3　试样弹性模量变化曲线

运行压力区间确定。孙军昌等开展了泥岩室内三轴加卸载交变力学试验研究盖层岩石变形破坏特征（孙军昌等，2018），试验结果表明，随着交变次数的增加，循环加卸载引起的塑性应变持续变大，塑性应变从第 1 周期的约 0.04% 增长至近 0.12%，反映了储气库注采引起的地应力场扰动持续引起盖层微观孔隙结构的改变。

　　目前多在岩体工程中常见的岩体类型（砂岩、花岗岩、大理岩、盐岩等）进行循环疲劳试验研究，但对于泥岩的周期循环疲劳试验还缺乏系统的研究。因此，研究周期荷载作用下储气库盖层的疲劳变形、强度特性就显得尤为重要，影响盖层岩石疲劳破坏的因素很多，疲劳试验中的固体力学控制因素包括上限应力、下限应力、频率、幅值、循环次数和加载波形等，另外还需其他的物理场因素，如温度、孔隙压力、水文地质环境等，这些环境因素都对盖层的疲劳特性产生深刻影响。此外，储气库注气压力达到控制值后，直至采气之前，储气压力会维持一个平台期，或某些意外因素导致储库暂停注采活动，这些促使盖层在遭受疲劳荷载的同时掺杂了时间间歇，而间歇疲劳试验结果可能会与传统疲劳试验结果存在一定的差异。因此，储气库盖层疲劳破坏的评价指标及其下限的确定还有待在试验和理论上进行深入研究。

3.3 D5 区盖层岩石强度和变形特性试验

取 D5-1 井二叠系含水层构造盖层段的 8 块大岩心试样（直径 50mm）和 1 块小岩心试样（直径 25mm）进行岩石力学特征研究，盖层岩石力学测试 2 组：三轴压缩试验（包含单轴压缩试验）和巴西拉伸间接试验。

通过泥岩三轴压缩试验，确定了弹性模量和泊松比以及抗压强度等参数。盖层岩石的弹性模量为 5.59～9.13GPa，平均值为 7.18GPa；泊松比为 0.10～0.14，平均值为 0.11。对弹性力学参数来说，泊松比的相对差异较小，弹性模量的差异较大。

泥岩三轴压缩破坏模式如图 3-4 所示，单轴压缩条件下表现为脆性劈裂破坏，而在三轴条件下岩石整体上均表现为剪切破坏，其中 G16-8-2 试样（围压 40MPa）表面仅有一条微裂缝，试样外表并没有明显破坏特征，主要是内部结构破坏，试样发生的膨胀变形大于设定的允许值，致使试验停止，认为试样已经破坏。

a. 0MPa　　　b. 10MPa　　　c. 20MPa　　　d. 30MPa　　　e. 40MPa

图 3-4　不同围压下岩石破坏模式

泥岩在不同围压下的全应力–应变曲线如图 3-5 所示。泥岩岩样由于存在较强非均质性，试验结果存在一定差异，特别是峰值强度随围压的变化规律不一致，即围压越大抗压强度也越大；泥岩在围压为 10MPa 时，峰值强度对应的应变为 1.01%，随着围压的增加，峰值强度对应的应变逐渐增加，围压 20MPa 为 1.47%，围压 30MPa 为 2.48%，围压 40MPa 为 3.16%；应力–应变曲线规律与普通泥岩基本一致，即低围压下岩石破坏表现出脆性特性（围压<30MPa），当围压升至 30MPa 时，应力–应变曲线在峰前表现为应变硬化，峰后表现为应变软化现象；在围压达到 40MPa 时，泥岩表现为较明显的塑性流动现象，脆性向塑性过渡。低围压下泥岩的体积应变在峰值后区表现出较大的剪胀性，而在高围压下泥岩试验均表现为体积压缩状态，尽管岩石破坏后体积有一定的增大，但相比于初始体积而言，仍表现为压缩性。

对于含水层型储气库建造来说，注气致使盖层有上抬趋势，对应于岩石卸载，岩石围压降低，盖层岩石脆性是不利的，会影响盖层的封闭性。

试验测定的盖层岩石抗拉强度在 4.15～7.44MPa 之间，试件的拉伸强度具有一定的离散性，抗拉强度平均值为 5.52MPa。

另外，开展了盖层岩石水平向岩石力学测试（代表试样轴向与地层水平向一致），取盖层段的 9 块小岩心试样（直径 25mm，高度 50mm）进行岩石力学特征研究，盖层岩石

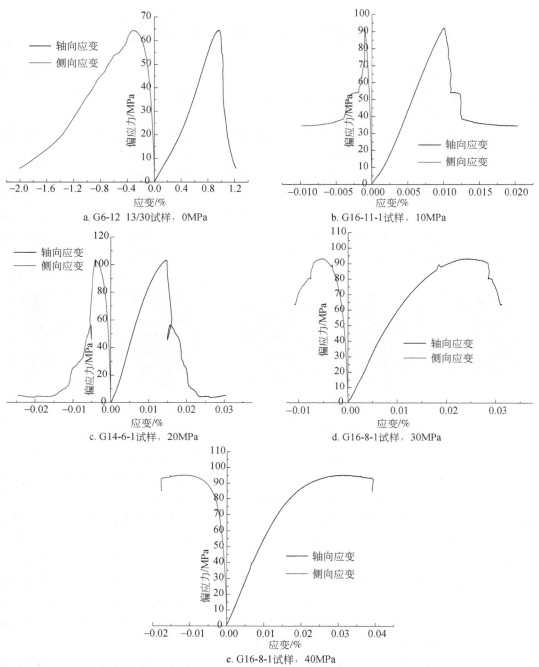

图 3-5　不同围压下岩石应力-应变全过程曲线（常温）

力学测试 2 组：三轴压缩试验（包含单轴压缩试验）和巴西拉伸间接试验。盖层岩石的弹性模量为 6.32～29.23GPa，平均值为 21.73GPa；泊松比为 0.16～0.21，平均值为 0.18。就弹性力学参数而言，泊松比的差异较小，弹性模量的差异较大。盖层岩石在不同围压下的全应力-应变曲线整体规律基本一致，即低围压下岩石破坏表现出脆性特性（围压

<20MPa），当围压升至30MPa时，应力-应变曲线在峰后表现为明显的应变软化现象；在围压小于40MPa时，泥岩的体积应变在峰值后区表现出很大的剪胀性，而在高围压下泥岩试验均表现为体积压缩状态，尽管岩石破坏后体积有一定的增大，但相比于初始体积而言，仍表现为压缩性。间接拉伸应力状态下峰值应力时的应变量在 $7×10^{-3} ~ 1.1×10^{-2}$ 之间，试件的拉伸强度具有一定的离散性，在 6.13 ~ 10.54MPa 之间，抗拉强度平均值为 8.53MPa。

泥岩的抗拉强度远小于抗压强度，储气库盖层的密封性失效多是由承受拉应力产生的张裂缝导致的，含水层型储气库作为一种特殊的异常高压气藏，短期内高压注气致使储层有效应力降低而产生膨胀变形，致使盖层呈上抬趋势，构造高部位易因裂隙扩展致使盖层渗透特性增强，对天然气的封存造成不利影响。

3.4　D5 区泥岩盖层脆性综合评价

地下储气库建设实践表明，导致储气库破坏的关键因素是盖层裂缝的发育，尽管有些盖层的物性条件很好，但仍不能起到封闭作用。国外学者很早就注意到泥岩的韧脆性变化，开展了很多泥岩岩石力学的试验，应用不同的参数定义了泥岩的脆性评价标准，但专门针对储气库泥岩盖层的研究比较少，而国内针对盖层脆性特征的研究更少。若泥岩盖层的脆度较高，盖层变形过程中易形成裂缝，对天然气封存不利，这与含水层型储气库强注强采的运行规律是相矛盾的。

3.4.1　脆性矿物含量评价

图 3-6 给出了 D5 井区二叠系泥岩两类脆性指数的关系。可见，两者具有一定的相关性，基本满足线性关系；石英脆度平均值为 38.4%，总脆度值基本上均大于 30%，其平均值为 49.6%。若按照北美泥页岩脆性评价标准（李延钧等，2013）：泥页岩脆性矿物含量的下限值为 30% ~ 40%（哈里伯顿推荐值为 40%，斯伦贝谢推荐值为 30%）。D5-1 井泥岩盖层脆性超过页岩气评价标准的下限值，属于脆性岩石（图 3-7），在向含水层注气过程中，盖层岩石因围压卸载容易产生微小的裂隙而泄漏。

石英矿物是二叠系泥岩盖层呈脆性的主要因素，脆度平均值为 38.4%，质地硬而脆，易于形成裂缝。

3.4.2　岩石力学评价

对于地下储气库盖层，其封闭性能更多地取决于盖层岩石力学性质，与常规气藏开发不同，储气库要求强注强采，盖层所受压力频繁变化，盖层的失稳、破裂才是导致储气库盖层失效的根本原因，盖层评价比常规油气藏要求要高。

1. 弹性参数

根据上述试验结果可知，泥岩盖层岩石的弹性模量分布范围为 5.59 ~ 29.23GPa，泊松比的分布范围为 0.10 ~ 0.21。经计算可知：盖层垂向岩石脆性因子分布范围为 0.38 ~ 0.57，平

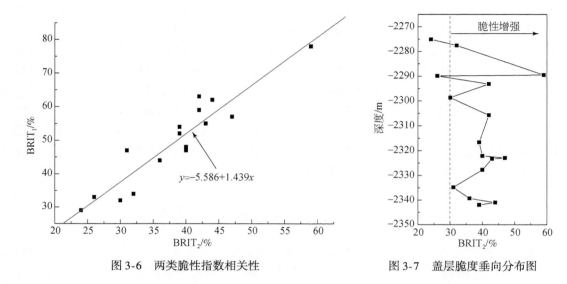

图 3-6　两类脆性指数相关性　　　　　　图 3-7　盖层脆度垂向分布图

均值为 0.46；水平向岩石脆性因子分布范围为 0.33 ~ 0.57，平均值为 0.46。与 Barnett 页岩 T. P. Sims 井页岩脆性因子 0.464 相比略低，比美国其他页岩脆性因子 0.52 偏低。

2. 强度参数

由于缺少泥岩钻井岩心，仅在盖层垂向方向上进行了岩石单轴压缩试验，单轴抗压强度值为 64.45MPa。盖层岩石抗拉强度在 4.15 ~ 7.44MPa 之间，平均值为 5.52MPa。参考 Goktan 提出的强度参数脆性评价因子，BI = 11.68，参照 BI 的等级评价（表 3-1）可知，D5 区泥岩盖层处于中等脆性等级。

表 3-1　岩石 BI 脆性等级划分

等级	脆性指数	脆性特征
I	>25	脆性很强
II	15 ~ 25	脆性
III	10 ~ 15	中等脆性
IV	<10	脆性很低

3. 塑性参数

提取盖层岩石应力-应变曲线中相关岩石峰后参数，即可获得与岩石塑性参数有关的脆性评价因子，以垂向试验结果为例，如表 3-2 所示。

表 3-2　盖层垂向岩石脆性指数计算结果

围压 /MPa	σ_p /MPa	σ_r /MPa	ε_p /%	ε_r /%	ε_f /%	θ_{BC} /(°)	I_1	I_2	I_3
0	64.45	5.85	0.96	1.22	1.22	66.107	0.909	0.915	0.734
10	92.11	38.42	1.01	1.26	2.03	65.064	0.582	0.515	0.722

续表

围压 /MPa	σ_p /MPa	σ_r /MPa	ε_p /%	ε_r /%	ε_f /%	θ_{BC} /(°)	I_1	I_2	I_3
20	103.20	4.31	1.47	2.39	3.05	47.091	0.958	0.221	0.523
30	93.18	63.63	2.41	3.12	3.12	22.608	0.317	0.678	0.251
40	95.21	92.89	2.99	3.94	3.94	1.399	0.024	0.552	0.016

定义基于塑性参数的岩石脆性评价因子 BI_p：

$$BI_p = \frac{I_1 + I_2 + I_3}{3} \tag{3-9}$$

通过上式可获得岩石围压与 BI_p 的关系曲线，如图 3-8 所示。盖层岩石的脆性基本与围压呈反比关系，即围压越小岩石越脆。就盖层岩石垂向方向取心岩石而言，岩石的脆性在地层条件下（围压 40~50MPa）较小，脆度值约为 0.2；而水平取心岩石在地层条件下的脆度值为 0.61~0.64，脆度偏高，岩石的非均质性较强。

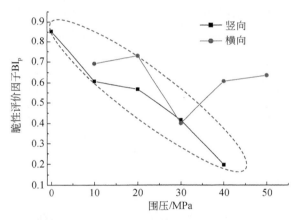

图 3-8 盖层岩石脆度值与围压的关系图

3.4.3 与邻区泥岩盖层对比

1. X9 气藏盖层

通过岩石力学脆性指数的计算结果可以发现：弹性 BI_e 脆性指数为 0.333~0.647，平均值为 0.5001；塑性 BI_p 脆性指数为 0.340~0.861，平均值为 0.483。

对比 D5 区盖层岩石力学脆性指数结果：D5 区弹性脆性指数平均值为 0.46，低于 X9 邻区泥岩盖层脆性指数，总体上来看，在地层条件下，其塑性脆性指数（垂向取心）也低于 X9，盖层脆性整体上比 X9 盖层略低，说明 D5 区的盖层岩石具有一定的塑性变形能力。

2. BX 803 井

BX 803 井位于板桥凹陷西北部地区（冒海军等，2010），选取相邻的 K3-16 井沙一中段泥岩进行了 X 射线粉晶衍射分析，共取样 40 种。从测试结果可以看出，沙一中段泥岩由粒状矿物与黏土矿物组成，粒状矿物主要包括云母、石英、长石、方解石与白云石等几种，粒状矿物含量最小为 18%，最大为 66%，一般小于 25%；黏土矿物含量一般为 50% ~ 80%。黏土矿物包括伊利石、高岭石与绿蒙混层 3 种，缺失蒙脱石；黏土矿物以绿蒙混层为主，其含量占黏土矿物比重最大，为 73% ~ 80%，伊利石和高岭石含量相对较小，为 20% ~ 27%。

选取 BX 803 井盖层段泥岩试样进行了三轴力学试验，弹性 BI_e 脆性指数为 0.082 ~ 0.155，平均值为 0.108，整体上岩石脆性较弱，BX 803 井盖层段泥岩质量优于 D5 区二叠系泥岩盖层。

3.4.4 泥岩盖层脆性综合评价

为了有效地对含水层型储气库盖层脆性进行评价，参考前人关于气藏盖层评价、岩石脆性等相关标准，根据盖层岩石力学测试成果，共确定 5 个评价指标，层次分析模型如图 3-9 所示，初步构建含水层型储气库盖层脆性评价标准如表 3-3 所示。

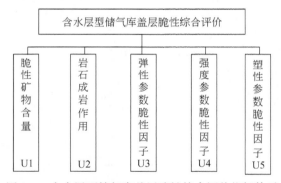

图 3-9 含水层型储气库盖层脆性综合评价指标体系

表 3-3 含水层型储气库盖层脆性评价标准

分级	脆性矿物含量/%	成岩作用	弹性 BI_e	强度 BI	塑性 BI_p
Ⅰ	>60	晚成岩阶段 $R_o \geqslant 1.3\%$	>0.6	>25	>0.7
Ⅱ	45 ~ 60	中成岩阶段 $0.9\% \leqslant R_o < 1.3\%$	0.5 ~ 0.6	15 ~ 25	0.6 ~ 0.7
Ⅲ	30 ~ 45	中成岩阶段 $0.7\% \leqslant R_o < 0.9\%$	0.4 ~ 0.5	10 ~ 15	0.4 ~ 0.6
Ⅳ	<30	早成岩阶段 $0.35\% \leqslant R_o < 0.7\%$	<0.4	<10	<0.4

注：表中脆性矿物含量指总脆性矿物含量，若考虑石英矿物含量，具体分级为 Ⅰ 级（>40%），Ⅱ 级（30% ~ 40%），Ⅲ 级（20% ~ 30%），Ⅳ 级（<20%）

利用层次分析法计算出各评价指标权重值，各指标（U1 ~ U5）相对权重分别为：0.1895、0.0656、0.1895、0.1895、0.3659。

为了便于将评价盖层脆性的具体指标进行定量化分析，根据上述相关评价指标的等级划分准则，分别将分级"Ⅰ"、"Ⅱ"、"Ⅲ"、"Ⅳ"量化为9~10分、7~9分、6~7分和0~6分。与储层质量评价方法类似，结合采用层次分析法得到的各指标所占的比重值 ω_i，即可获得盖层脆性的综合得分。将计算得到的综合得分值 M 代入表3-4中进行对比，即可得出盖层脆性的等级。

表3-4　盖层岩石脆性综合等级评价表

盖层脆性	指标综合值	应对措施建议
脆性很强	$9<M\leqslant10$	应考虑放弃储气库建设项目
脆性	$7<M\leqslant9$	盖层表现为脆性，注气过程已产生裂缝，影响盖层封闭性能，基本不适宜建库
中等脆性	$6\leqslant M\leqslant7$	基本适宜建库，但在建设期需预留专门款项用以评价盖层质量，在运营期须加强监测井投资和盖层密封性动态监测
脆性较低	$M<6$	盖层塑性性能优，适宜建库

为了评价 D5 区盖层岩石脆性，根据盖层岩心相关室内岩石力学试验成果，对影响盖层脆性的主要控制因素进行了研究：泥岩石英脆度平均值为38.4%，总脆度值基本上均大于30%，其平均值为49.6%；盖层岩石弹性脆性因子分布范围为0.33~0.57，平均值为0.46；强度参数脆性因子为11.68；盖层垂向岩心对应的塑性脆性评价因子平均值为0.53，水平向岩心对应的塑性脆性评价因子平均值为0.61。D5 区二叠系泥岩盖层岩石脆性相关的5项基本指标的得分依次为：8、6、7、6、7。最终得到盖层脆性综合得分为 $M=6.93$，对照表3-4可知，盖层脆性能力中等偏上，基本适合建库，但在建设期需预留专门款项用以评价盖层质量，在运营期须加强监测井投资和盖层密封性动态监测。

综上所述，盖层的封闭性除了与岩石的物性、岩石脆延特征有关外，更重要的是与盖层所处的环境条件有关，储气库注采过程导致盖层压力发生周期性变化，其内的应力为交变应力，盖层所受的温度和围压条件是变化的，其脆延变化和盖层的动态变化才是盖层评价的重点，建议后期加强盖层动态评价技术研究。

4 储气库盖层密封性评价

4.1 引　　言

　　盖层是储气库气藏形成和保存的重要因素之一，盖层质量的好坏直接影响储气库气藏的形成、规模以及保存。目前，关于常规盖层封闭性的研究已经取得了十分丰富的研究成果，而盖层密封性的动态演化研究，尤其是定量研究方面还很薄弱（贾善坡等，2016c；林建品等，2015）。储气库气藏的注气必然造成盖层与储层之间存在压力差，盖层有上抬变形趋势，即使盖层的渗透率再低，也会造成盖层和储层之间产生压力传递，造成盖层孔隙压力变化。一定范围盖层的孔隙压力和变形会受到储层压力的影响，影响程度与储盖层的孔隙度、渗透率和压缩系数等参数有关，盖层孔隙压力的降低将导致地层含水量的降低，进而导致地层强度参数发生明显变化，另外，盖层压力的变化也会引起地应力的变化，该过程是一个较为复杂的多物理场耦合过程。

　　目前对泥质盖层的研究尚处于定性评价和静态定量分析阶段，但盖层的密封性是动态演化的。已有的测试数据分析表明，盖层岩石的孔隙度随围压变化不大，但渗透率与围压之间的关系密切。通过测试渗透率与围压之间的相关关系，再将围压和注气量等参数进行关联，就可以获得盖层排替压力的演化规律。在注气阶段，类比地层卸压抬升，盖层可能产生微裂缝导致渗透率增大，排替压力减少，封闭性可能减弱，甚至破坏。因此，如何获取盖层排替压力与地应力之间的关系，是研究盖层动态演化特性的关键。

4.2 泥岩渗透性能变化特征

　　近几十年来，国内外学者在岩石渗透特性方面进行的研究较多，积累了丰富的研究成果和经验，主要包括室内试验、现场试验和渗透率演化模型研究。对于砂岩类岩石材料的渗透特性研究相对比较成熟，而对于泥岩材料本身研究较少，尤其是损伤后的渗透性演化研究十分匮乏。

　　岩石渗透性受岩石本身的孔隙、裂隙结构控制，在变形过程中，岩石的孔隙、裂隙发生变化，因此其渗透性也发生改变。岩石损伤本身是一个极其复杂的问题，仅从理论上研究损伤过程中渗流应力耦合是很困难的，主要的研究方式是进行试验研究。目前泥岩峰前渗透性试验研究比较多，得出的结论也基本一致：在弹性变形阶段，泥岩微孔隙、裂隙被压缩，渗透性减弱；随着应力的进一步增加，岩石微裂隙开始扩展，渗透性开始增强；围压限制了泥岩的侧向变形，减小了孔隙度，限制了裂隙扩展及宽度，随着围压的增大，渗透性降低。损伤过程中泥岩渗流特性很复杂，特别是在应力峰值后，已有的试验结果离散性较大，纵观国内外泥岩渗透性相关研究，泥岩损伤过程中渗透性变化大致分为3类：一是随着微裂隙的相互贯通，渗透性急剧增大，岩石在到达峰值以后，渗透性继续增加，在残余强度阶段达到渗透峰值；二是岩石在到达峰值以后渗透性略有增加，随后渗透性基本不变；三是渗透性在峰值前后附近有一个突跳增大的现象，峰后阶段由于岩性的影响以及部分通道被压缩与堵塞致使渗透率存在一定程度降低。目前，针对泥岩损伤后（特别是峰后）的渗透性试验研究较少，围压和水化效应不仅影响裂隙状态，从而影响其渗透性，同时也影响着岩石的损伤演化，对渗透性的影响比损伤前更为复杂。不少学者对盐岩的渗透性演化特征开展了一系列研究，可为泥岩渗透性演化试验研究提供参考，即：结合声发射测试、渗透率测试和盐岩体积应变测试，发现声发射数突然增大点、岩石扩容点和渗透率突变点具有一致性，加载过程中微观连通裂隙增多，将试样在120℃、30MPa静水压力下压密数天后，其渗透率有显著的恢复（贾善坡，2009）。在渗透性演化模型方面，主要集中在以下几个方面：①现有泥岩渗透演化模型研究主要集中分析渗透率与应力、应变或损伤变量的相互关系，建立渗透率与应力、应变或损伤变量的函数表达；②将逾渗理论引入岩石渗透率演化研究中，建立考虑渗透率突变的渗透性演化模型；③采用细观力学方法，建立损伤诱发的岩石有效渗透特性演化模型。

通过泥岩室内试验发现（贾善坡等，2016a），影响泥岩的渗透率的因素很多，如泥岩的结构、组成和成分、受力状况等，但其孔隙结构、裂隙密度、尺度、连通度及孔隙与裂隙的关系直接决定着渗透性。随着围压的增加，泥岩的渗透率迅速减小，在高围压条件下，泥岩渗透率的变化速率开始变得缓慢，渗透率减小的趋势满足指数型衰减。未损伤泥岩表现为孔隙渗流，泥岩产生损伤后以裂隙渗流为主，泥岩破裂时渗透率发生突跳性增大，渗透率升高2~3个数量级。损伤后泥岩渗流能力取决于裂隙张开度，当裂隙受到一定的正应力之后，裂隙闭合，渗透性有所减小，裂隙是否闭合与所受的应力状态密切相关。

泥岩的渗透率与其所处的应力状态及其损伤程度有关。大量试验结果表明，在弹性变形阶段，岩石的渗透性降低，但总体变化不大。在泥岩进入损伤状态后，由于微裂隙的逐步扩展和贯通，渗透性比起弹性状态有较大的提高；在宏观裂纹出现后，泥岩渗透性较开裂前突增，渗透率出现了很大的阶跃。通过引入量级增大系数 ξ 来描述泥岩损伤破裂过程渗透率的增大，建立如下关系式来反映损伤对泥岩渗透率的影响：

$$k_{\rm d}=k \cdot 10^{\xi(A'e^{-D/\alpha}+B')} \tag{4-1}$$

式中，ξ 用于描述泥岩破裂时渗透率升高的数量级，可通过试验确定，$2 \leqslant \xi \leqslant 4$；$A' = 1/(e^{-1/\alpha}-1)$，$B'=-1/(e^{-1/\alpha}-1)$；$\alpha$ 为经验参数。

有关学者对循环荷载作用下岩石的变形及渗透特性开展了研究，研究成果主要集中在煤岩和砂岩等类型。李晓泉等利用自行研制的热流固耦合三轴伺服渗流系统（李晓泉等，2010），进行固定瓦斯压力及不同围压情况下突出煤试样循环载荷下渗流试验研究，研究结果表明，煤样原有煤颗粒间隙被压实以及新裂纹或煤粒间发生错动发展，导致煤样在初始循环加卸、载阶段损伤变量增加迅速，产生不可逆变形，经过一定循环次数后，煤样损伤变量增速趋于稳定，处于缓慢稳定增加状态。渗透率变化率和损伤变量呈正相关变化，前几个循环变化较为明显，经过几个循环后，数值趋于稳定，这说明渗透率变化率受损伤变量影响较大，即与煤样的损伤程度有关。侯鹏等开展了室内模拟煤体脉冲气压疲劳试验（侯鹏等，2017），研究了脉冲疲劳次数对原煤煤样的力学特性及渗透率的影响，结果表明：在初始脉冲气压疲劳阶段渗透率比率急速增加，在某一脉冲疲劳次数后，渗透率比率增加量逐渐变小，表明煤样在脉冲气压疲劳过程中存在疲劳阈值，超过该阈值后，继续疲劳对煤样的内部结构改变很小。

地下储气库运行时具有多期注采的特点，多期次注入造成储层应力反复积累和消散，盖层也将呈现反复加载和卸载效应。关于循环荷载下泥岩的渗透特性鲜有报道，该试验用于研究储气库盖层岩石在循环加、卸载作用下的渗流特性具有现实意义。

4.3　泥岩渗透性与突破压力关系

用于盖层物性封闭能力评价的参数很多，但决定毛细管封闭能力的最主要参数是排替压力或突破压力。其他参数可以进一步分为两类：一类是排替压力的派生参数，即由排替压力计算得出，如最大连通孔径、最大封闭气柱高度等，这类参数与排替压力具有同等意义；另一类是相关参数，即与排替压力具有相关性，如渗透率、比表面、孔隙度等，或是排替压力的影响因素，如黏土矿物的类型与含量、平均孔径等。

4.3.1　泥岩盖层气体毛细突破机理

物性封闭是气藏型储气库盖层封闭中最普遍的机理，是由盖层与储集层之间的物性差异造成的。在注气阶段，气体逐渐在储气库圈闭储层中聚集，地层压力逐渐增大，气体要通过盖层进行运移，必须克服盖层内的阻力。

气体通过盖层岩石的毛细突破过程如图 4-1 所示。突破压力是一个有着多相孔隙系统的岩石的毛细封闭能力参数，它反映了气体的超压，以及气体连续不断地通过岩石的路径，这些路径为岩石内的最大连通孔隙，对应为毛细管位移的最小阻力。$P_{c,entry}$ 为具有浮力效应的气体初始渗入盖层岩石最大孔喉内的最小毛细管力，称为毛细入口压力或毛细启动压力；在这一阶段，气体的流动会专注或局限于相互联系的孔隙系统的一小部分。如果盖层下方的气体继续聚集，气体超压继续升高，岩石内的多余流动路径将会形成，致使气体的有效渗透率和饱和度增加，超压促使气体逐步进入岩石的最大孔隙。当盖层下方的气体超压促使其在盖层岩石系统形成贯通的连续流程时，气体突破盖层岩石，对应的毛细管力称为毛细管排替压力或毛细管阈值压力 $P_{c,th}$。若盖层下方的超压 $P_c = p_g - p_w$ 远大于 $P_{c,th}$ 时，气体逐渐进入岩石内较小孔隙，流动路径变得不再那么专注，流动路径分枝增加。

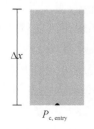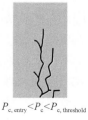

$P_{c,entry}$　　$P_{c,entry} < P_c < P_{c,threshold}$　　$P_{c,threshold}$　　$P_c \gg P_{c,threshold}$
　　　　　　　　　　　　　　　　　　　　　　　　$P_{c,breakthrough}$

图 4-1　气体突破盖层岩石的毛细过程

通过上述分析，在盖层岩石中，毛细管力阻止了非润湿相以缓慢达西流的方式进入盖层，当润湿相和非润湿相之间的压力差超过入口毛细管力时，非润湿相会沿最大孔隙或最大孔喉通道前行，当整个盖层的压差克服一系列相互连接的孔喉毛细管力时，非润湿相的连续细流就会形成，此时达西流也形成，这一压差也称为盖层的排替压力 p_d。排替压力是评价气藏圈闭盖层封闭能力的重要参数，是衡量非润湿相和润湿相界面性质的岩石最大孔隙直径的重要参数，其值取决于非润湿相最先突破的相互连通孔喉的最大毛细管力。

盖层垂向渗透率和排替压力主要通过岩石样品的试验测试进行确定，岩样可选取储气库本身的取心井或附近油田的取心井，但要保证岩样的代表性和完整性。储气库盖层封闭性评价需要评估的岩层的垂向渗透能力，要确保流体的渗流方向与地层流体的渗流方向一致。在进行渗透性和排替压力测试时，需要尽可能地保证岩样承受的温度和压力与地层一致，尤其是岩样承受的围压对渗透率和排替压力的测试结果具有极为明显的影响。岩石的毛细管入口压力和排替压力是非常难以确定的参数，对应着不同的测试方法、测试规程以及评价标准。即使是同一岩石样品，不同的测试方法对应的测试结果差异性也较大，这给盖层的密封性评价带来难度。

作为储气库盖层封气能力评价的主要参数，排替压力或突破压力是岩石封闭气体绝对能力的重要标志。排替压力和突破压力是两个不同的概念：排替压力是非润湿相流体（气体）进入多孔介质、驱替润湿相流体（水）发生流动的最小压力，它的大小取决于岩石最大连通孔径的大小；岩石的气体突破压力是岩石微观结构、矿物组成、流体性质、流体能力等特征的综合反映，按照石油天然气行业标准定义，岩石气体突破压力是指气体在一定的压差作用下，在液相饱和岩样中形成连续流动相时，对应的进出口压差。

目前，测试盖层封闭能力的试验主要分为两类：间接法和直接法（或标准测试法）（吕延防等，1993；王跃龙，2014）。间接法主要包括吸附法和压汞法。吸附法通常将测试的毛细管压力曲线上含气饱和度为10%对应的毛细管压力定为岩石的排替压力；压汞法通过绘制含汞饱和度和进汞压力曲线，将气/汞条件换算为气/水条件下的毛细管压力曲线，10%气/水饱和度所对应的压力作为排替压力。压汞法的主要缺点为：盖层岩石的状态非常关键，该法需要干燥，致使岩石的孔隙结构发生了变化；所测试的数据是在有效应力为零的状态下进行的。间接法将饱和度为10%时的毛细管压力定为岩石的排替压力并不一定合适，对应的毛细管压力并不一定是岩石真正的排替压力（图4-2）。

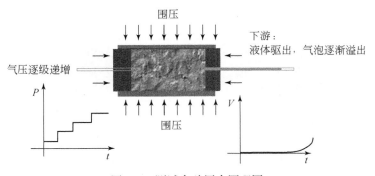

图 4-2　测试突破压力原理图

标准测试法（step by step）在 1968 年由 Thomas 最早提出，将岩心饱和地层水，气体在入口段与岩石试样表面接触，初始的时候气体压力与试样内的孔隙压力相同，然后逐级增加气体压力，每一级压力的增幅和测试时长取决于岩石的渗透率。当气体压力大于排替压力时，气体渗入岩石试样，水从试样中驱出，右端水的体积逐渐被测到，直至出现气泡，将气体突破岩样时对应的压力作为突破压力，若测试时间足够长，突破压力值接近岩石排替压力值（Boulin et al.，2013；高帅等，2015）。

在天然气储存工程中，渗透率小于 10^{-4} mD 的孔隙岩石可以起到盖层的作用，可以限制气体由气藏向外运移，盖层的封闭性主要取决于突破压力，该值与岩石纳米级孔隙产生的毛细管阻力有关，若气体的压力值无法克服毛细管阻力，则气体无法向盖层中渗透。

4.3.2　泥岩盖层封气能力评价标准

通过上述分析可知，测出的气体突破压力值通常大于岩石最大连通孔径对应的毛细管压力（排替压力），高估了岩石实际的排替压力值，目前，许多学者将排替压力与突破压力相混，得到了不同的结论和划分标准。

目前，如何评价气藏盖层封存能力的评价及分级标准尚未很好地解决，在国内外公开发表的文献中盖层评价标准有五六种之多，各人所用参数不同，即使参数相同，但数值相差较大，并不统一。表 4-1 中为目前国内外文献关于突破压力和排替压力的分级标准。

表 4-1　气藏型盖层突破压力或排替压力分级标准归纳

类别	I 级盖层	II 级盖层	III 级盖层	IV 级盖层	参考文献
盖层排替压力	>10MPa <0.001mD <2.5%	5～10MPa 0.001～0.01mD 2.5%～5%	1～5MPa 0.01～0.1mD 5%～8%	<1MPa <0.1mD >8%	马小明和赵平起，2011；李国平等，1996
	>2MPa <10^{-5}mD	0.5～2MPa 10^{-5}～$2×10^{-4}$mD	0.1～0.5MPa $2×10^{-4}$～10^{-3}mD	<0.1MPa >10^{-3}mD	郝石生和黄志龙，1991
	>15MPa <10^{-5}mD	10～15MPa 10^{-5}～10^{-4}mD	5～10MPa 10^{-4}～10^{-3}mD	<5MPa >10^{-3}mD	陈章明和吕延防，1990
	>5MPa	3～5MPa	1～3MPa	<1MPa	黄劲松等，2009；付春权等，1999
	>5.6MPa	1.8～5.6MPa	0.5～1.8MPa	<0.5MPa	GEOSTOCK/UGS（2011 年）
盖层突破压力	>30MPa <10^{-6}mD <0.5%	30～12MPa 10^{-6}～10^{-4}mD 0.5%～1.5%	12～8MPa 10^{-4}～10^{-3}mD 1.5%～2%	8～6MPa >10^{-3}mD >2%	庞雄奇等，1993
	>15MPa <2.5%	10～15MPa 2.5%～5%	5～10MPa 5%～15%	<5 >15%	游秀玲，1991；赵庆波和杨金凤，1994；吕延防等，1996
储盖层排替压力差	>2MPa	0.5～2MPa	0.1～0.5MPa	<0.1MPa	丁国生等，2014；卢双舫等，2002
	>4MPa	3～4MPa	2～3MPa	1～2MPa	王欢等，2011

相关研究表明（胡国艺等，2009）：我国大中型气田盖层排替压力绝大部分大于10MPa，排替压力在 10～20MPa 区间的气田约占 64%，排替压力小于 10MPa 的约占 11%，排替压力大于 20MPa 的约占 25%；气田盖层排替压力值最小的是柴达木盆地，盖层排替压力平均值只有 1.2MPa。

4.3.3　岩石排替压力与突破压力的关系

岩石突破压力的直接测量涉及润湿相被非润湿相取代，直接测量法测量致密盖层比较耗时，但这确实是目前最可靠的方法。试验中所测的突破压力一般要大于最大连通孔径的毛细管压力，气体开始排替岩石中的流体时，在有限的时间内，由于最大连通孔道所占比例较少，流体排出极少，很难观察到，当试验中看到气体突破时，试验中所施加的压力已经大于岩石排替压力，因此，模拟地层条件下实测的突破压力值必须进行校正，但模拟气体作用于盖层的时间几乎是不可实现的。大量试验数据表明（曹倩等，2012；范翔宇，2003），试验施加的压力越高，突破时间越短，施加压力越小，突破时间越长，当长时间进行试验时，其突破压力就会趋于某一定值，称为临界突破压力，这一数值比较接近岩石的排替压力。

对于指定的岩石试样，在一定的地层条件下（应力和温度），其排替压力是一定的，只有气体压力大于排替压力时，气体才能排替岩样中的饱和流体而突出岩样。泊肃叶定律表明（曹倩等，2012；范翔宇，2003；孔祥言，1999），气体在压差作用下通过岩石的排替速度为

$$\frac{\mathrm{d}x}{\mathrm{d}t}=\frac{r_0^2(P_c-P_{cd})}{8\mu(l-x(t)q)} \tag{4-2}$$

式中，r_0 为岩石内最大连通孔隙半径；μ 为流体黏度；l 为试样长度；q 为水动力弯度或孔隙迂曲度。

对上式进行积分，整理后可得

$$t=\frac{4l^2q^2\mu}{r_0^2(P_c-P_{cd})} \tag{4-3}$$

利用岩石排替压力关系式 $P_{cd}=\frac{2\sigma}{r_0}$，定义突破压力偏差率 ζ 因子为

$$\zeta=P_{cd}\cdot\left(\frac{q^2\mu}{\sigma^2}\right)\cdot\left(\frac{l^2}{t}\right) \tag{4-4}$$

式中，$\zeta=\frac{(P_c-P_{cd})}{P_{cd}}$。

对于特定条件下的饱和岩样来说，P_{cd}、q、μ、σ 均为定值，而岩样长度和试验时间对突破压力偏差率有影响。突破压力偏差率与突破时间的关系曲线如图4-3所示（$q=1.2$，$\mu=0.8\times10^{-3}\mathrm{Pa\cdot s}$，$\sigma=7.2\times10^{-2}\mathrm{N/s}$，$l=1\mathrm{cm}$），可以发现，在偏差率一定时，岩石排替压力越大，气体所需突破时间越长。突破压力偏差率与试样长度的关系如图4-4所示（$q=$

1.2，$\mu=0.8\times10^{-3}\mathrm{Pa\cdot s}$，$\sigma=7.2\times10^{-2}\mathrm{N/s}$，$t=120\mathrm{min}$)，在一定的试验时间下，试样长度越长，偏差率越大，呈 2 次正相关关系；排替压力越大，试样长度对偏差率影响越大。因此，在采用气驱法测试突破压力时，应考虑试样长度对其产生的影响，并做相应的修正。

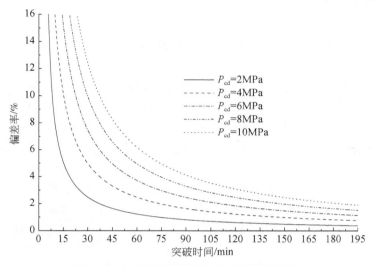

图 4-3　突破压力偏差率与突破时间的关系

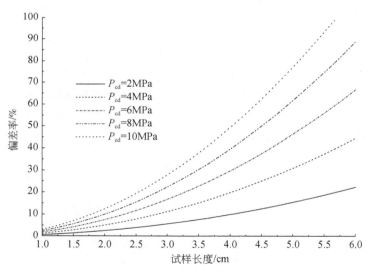

图 4-4　突破压力偏差率与试样长度的关系

通过式（4-4）可以发现，尽管岩石的突破压力值受恒压时间和试样长度影响，但若测试时间足够长，可以忽略试样长度的影响，即 $t\to\infty$ 时，突破压力值接近于排替压力（$P_\mathrm{c}\to P_\mathrm{cd}$），因此，突破时间是确定岩石排替压力的最关键因素。在实际突破压力测试过程中，由于测试时间过长，一般很难做到。

4.3.4　岩石排替压力与渗透率相关性

1. 岩石排替压力解析模型

Leverett 在研究多孔介质气–水两相流时采用量纲分析法提出了一个半经验的 J 函数（孔祥言，1999；张学文和尹家宏，1999；陈曜岑，1995），即

$$J(S_\mathrm{w}) = \frac{p_\mathrm{c}\,(k/\varphi)\frac{1}{2}}{\sigma \cos\theta} \tag{4-5}$$

式中，S_w 为湿相饱和度；k 为多孔介质渗透率；φ 为多孔介质孔隙度。

J 函数自提出以来，在多孔介质多相流研究中得到了广泛的应用，用这一函数可以把毛细管压力与饱和度的关系合并为一条曲线。由于 $S_\mathrm{w}=1$ 时的 J 函数值不易测定，利用式（4-5）无法直接确定岩石的排替压力 p_cd。另外，毛细管压力 p_c 正比于界面张力 σ，反比于孔喉当量半径 r，接触角 θ 也是决定毛细管压力大小的重要参数，但通常很少用式 $p_\mathrm{c}=\dfrac{2\sigma}{r}\cos\theta$ 来确定排替压力，因为孔喉当量半径很难确定。

假设岩心为理想多孔介质，由相同管径的毛细管束构成，孔隙面积为 φA，其他几何尺寸、流体性质、压差与真实岩心相同。流体流动速度缓慢，假设圆形毛细管内流体流动为层流状态，根据泊肃叶公式（孔祥言，1999），则流体的平均速度为

$$\bar{v} = \frac{d^2 \cdot \Delta p}{32\mu L} \tag{4-6}$$

式中，$\bar{v}$ 为流体平均速度；d 为毛细管直径；L 为毛细管长度；μ 为流体黏度；Δp 为压降差。

对于非圆形截面的毛细管，采用水力学中的水力半径 r_h 定义毛细管尺寸，式（4-6）变换为

$$\bar{v} = \frac{r_\mathrm{h}^2 \cdot \Delta p}{2\mu L} \tag{4-7}$$

式中，$r_\mathrm{h} = \dfrac{d}{4}$。

流体通过毛细管的真实长度并非直线，真实长度 L_e 远大于宏观长度 L，并对毛细管截面进行修正，流体的平均速度为

$$\bar{v} = \frac{r_\mathrm{h}^2 \cdot \Delta p}{\xi \mu L_\mathrm{e}} \tag{4-8}$$

式中，ξ 为毛细管截面修正系数，对于绝大多数的毛细管该值一般在 2~3 之间。

将平均流速变换为多孔介质表观流速形式，即

$$v = \frac{\bar{v}\varphi L}{L_\mathrm{e}} = \frac{\varphi r_\mathrm{h}^2 \cdot \Delta p}{\xi \mu L_\mathrm{e}}\left(\frac{L}{L_\mathrm{e}}\right) \tag{4-9}$$

根据多孔介质渗流的达西定律，渗流速度为

$$v = \frac{k\Delta p}{\mu L} \tag{4-10}$$

综合式（4-9）和式（4-10），即可转换为 Kozeny-Carman 方程，即

$$k = \frac{\varphi r_{\mathrm{h}}^2}{\xi}\left(\frac{L}{L_{\mathrm{e}}}\right)^2 \tag{4-11}$$

Wyllie 等采用岩石电阻系数的方法来确定 L/L_{e} 项，建立岩石电阻系数与长度的关系式，即

$$F = \frac{L_{\mathrm{e}}}{L\varphi} \tag{4-12}$$

式中，F 为岩石电阻系数，即饱和岩石电阻率与其中的流体电阻率之比。

假设岩石介质气-水驱替时接触角 $\theta = 0°$，采用式（4-7）中的毛细管水力半径描述岩石介质孔喉当量半径，由此可获得岩石排替压力计算公式：

$$p_{\mathrm{cd}} = \frac{\sigma}{r_{\mathrm{h}}} = \frac{\sigma}{F\sqrt{\xi} \cdot \sqrt{k\varphi}} \tag{4-13}$$

在排替压力计算式［式（4-13）］中，仅毛细管修正系数 ξ 无法测试，其余参数均可进行测定。

2. 泥岩盖层排替压力预测模型

气体贯穿盖层时上、下压力差称为盖层贯穿压力差，与气体驱替法对应的突破压力定义一致，苏联学者皮里普通过试验研究了盖层贯穿压力差与渗透率之间的关系（陈曜岑，1995），其关系式为

$$P_{\mathrm{c}} = \Delta P_{\mathrm{cd}} = 1.05 \cdot \left(\frac{1}{k}\right)^{0.33} \tag{4-14}$$

式中，ΔP_{cd} 为贯穿压力差，单位为 MPa；k 为渗透率，单位为 mD。

还有学者通过室内试验研究建立了泥岩排替压力与其渗透率之间的关系模型（Thomas et al., 1968；Katz and Tek, 1970），即

$$P_{\mathrm{cd}} = 5.082\times10^{-2} \cdot \left(\frac{1}{k}\right)^{0.43} \tag{4-15}$$

式中，P_{cd} 为岩石排替压力，单位为 MPa；k 为渗透率，单位为 mD。

Monicard（1975）同样针对室内岩心排替压力测试，研究了泥岩排替压力与渗透率之间的相关关系（Monicard, 1975），其拟合公式为

$$P_{\mathrm{ed}} = 5.750\times10^{-2} \cdot \left(\frac{1}{k}\right)^{0.51} \tag{4-16}$$

式中，P_{cd} 为岩石排替压力，单位为 MPa；k 为渗透率，单位为 mD。

将式（4-14）~式（4-16）与排替压力理论计算式进行对比，具有较好的一致性，因此，盖层岩石的排替压力预测模型可以表示为如下通用模式：

$$P_{\mathrm{cd}} = A \cdot \left(\frac{1}{k}\right)^{B} \tag{4-17}$$

式中，A 和 B 为模型参数，其中，$0.3 < B < 0.55$。

岩石排替压力与渗透率关系曲线如图4-5所示，可以看出，在同一渗透率情况下，皮里普模型［式（4-14）］预测排替压力值最大，高估了岩石实际的排替压力值；其次为 Monicard 模型［式（4-16）］，而 Thomas 和 Katz 模型［式（4-15）］预测的排替压力值最

小，偏于保守。

根据国外储气库盖层评价经验，若盖层岩石的渗透率值已知，则盖层的排替压力可以通过与渗透率之间的相关模型获得，目前盖层排替压力的预测行业内广泛使用的是由 Thomas 等和 Monicard 建立的两个相关性模型，并且这两个相关性模型已得到大量试验结果和多种盖层条件的支持，也是 Storengy 公司推荐使用的排替压力预测模型。因此，在渗透率值已知的情况下，利用 Thomas 等和 Monicard 建立的相关性模型能够合理估算出盖层排替压力水平。

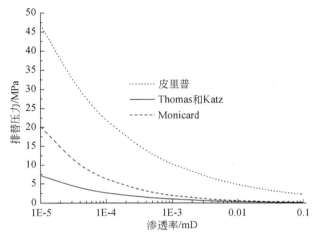

图 4-5 岩石排替压力与渗透率关系曲线

4.3.5 盖层岩石动态密封性

储气库盖层密封性评价不仅需评价其原始静态密封性，而且需预先考虑建库后周期注采交变应力下盖层弹塑性变形对其原始密封性的影响，准确评估长期交变载荷作用下的盖层动态密封性。地质构造越复杂，地应力场扰动对盖层密封性的影响越大，因此，建立盖层动态密封性评价技术应是复杂地质条件储气库选址需解决的首要问题。

由于储气库周期注采引起地应力场扰动，交变应力将导致盖层微观孔隙结构发生不同程度的弹塑性变形，改变其原始毛细管密封性，甚至注采扰动引起盖层局部损伤产生裂缝，渗透能力增大，影响盖层的封气能力。因此，储气库盖层动态密封性应从微观毛细管密封性和力学损伤两个方面综合评价。

盖层下方气体压力随着注入天然气的积累而增加，因此，盖层中存在着气体压力与孔隙水压力之间的压差，如果这个压差小于毛细管排替压力值，则不会发生气体渗流现象。当压差超过毛细管排替压力时，气体达西流动发生。气体开始驱替孔隙水，盖层内部发生两相渗流过程。同时，注入的高气压可能导致盖层内部微裂纹的扩大或重新打开，在这种情况下，盖层发生损伤，其力学性能变弱，致使盖层渗透性急剧增加，气体漏失量将会增大。如果气体逸出盖层，就会发生水力破坏。

当气体突破进入盖层时，气体驱替了孔隙或裂隙中的水，同时，盖层的力学效应也会随气体突破而改变。如果达到盖层微裂纹扩展准则，微裂纹的长度和张开度将增大，渗透率急剧上升，盖层材料的本构方程需要调整。气体突破盖层的概念模型描述了具有不同时间尺度的各种过程：①饱和水盖层内的气-水驱替（两相流）；②由于气体漏失逃逸而产生的盖层力学过程；③盖层岩石破坏区及损伤演化；④损伤演化及裂缝产生致使盖层渗透能力增强，加速气体漏失。

上述 4 个过程显著影响了盖层失效机制，包含上述过程的全耦合数值模型具体如下（图 4-6）：

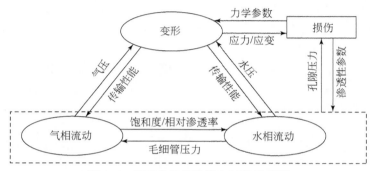

图 4-6　盖层内部多场耦合过程示意图

（1）气相和水相方程描述了水饱和盖层中的驱替过程，可以获得孔隙压力变化。

（2）变形方程描述盖层的力学过程。水力性质是有效应力的函数，因此变形方程也将水力性质转化为气、水流动方程。

（3）损伤变量可由损伤准则得到。当微裂纹开始生长时，损伤变量和塑性应变随微裂纹的长度和开口的增加而变化。根据更新的损伤变量和塑性应变，可以得到盖层新的应力状态。

（4）损伤影响盖层的水力性质，改变盖层内流体的渗流状态。

毛细管压力或排替压力限制了饱和多孔介质的气体容限能力。这种压力由孔隙几何形状和气/水/岩石润湿性决定，毛细管压力定义为

$$p_e = \frac{2\sigma\cos(\theta)}{r} \tag{4-18}$$

式中，r 为盖层岩石孔隙半径。

对于张开度为 b_i、间距为 s 的裂缝，张开度随变形的变化为

$$\Delta r = b_i\left(1 + n\frac{1 - R_f}{\Phi f_0}\right)\Delta\varepsilon_{ej} \tag{4-19}$$

式中，n 为尺寸；R_f 为应变比；Φf_0 为裂缝孔隙度；$\Delta\varepsilon_{ej}$ 为 j 方向的有效应变变化值。

初始毛细管压力为

$$p_{ei} = \frac{2\sigma_i\cos(\theta_i)}{b_i} \tag{4-20}$$

如果界面张力和润湿性不随变形而变化，则当前的毛细管压力演化方程为

$$p_e = \frac{p_{ei}}{1 + \left(1 + n\dfrac{1-R_f}{\Phi f_0}\right)\Delta\varepsilon_{ej}} \tag{4-21}$$

图 4-7 给出了不同类型岩石的毛细管压力（空气–水）与渗透率之间的相互关系
（Kameya et al.，2011）。一般来说，不同岩石的毛细管压力不同，特别是随着宏观孔隙度
的变化而变化（Bachu and Bennion，2008）。渗透率高的岩石整体毛细管压力较低，初始
进口毛细管压力一般在 0.1 ~ 48.3MPa 之间，但大多数在 5 ~ 12MPa 之间（Hildenbrand et
al.，2004；Tonnet et al.，2011）。

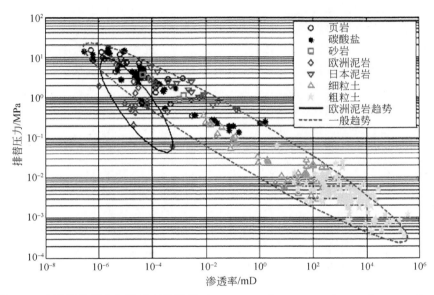

图 4-7　岩石排替压力与渗透率的关系（Kameya et al.，2011；Wang and Peng，2014）

突破压力是盖层毛细管密封能力最根本、最直接的评价参数，综合反映了岩性、泥质
含量、孔隙度、渗透率、微观孔喉分布等对毛细管密封性的影响。基于储气库周期注采特
殊工况，需要考虑盖层动态突破压力，即储气库周期注采交变应力引起盖层微观孔隙结构
改变和新产生裂缝损伤条件下的气体封闭能力，用以量化评价储气库周期注采工况下盖层
动态密封能力。动态突破压力测试流程为：① 对烘干后的盖层岩心抽真空加压完全饱和
非敏感性流体（如煤油等），按常规标准方法在模拟地层温–压条件下测试气体突破压力，
称为“静态突破压力”；② 对岩心再次完全饱和非敏感性流体，然后依据地应力测试和气
藏改建储气库初步设计的运行压力区间，仿真模拟储气库注采运行，对岩心开展三轴加卸
载交变应力损伤试验；③ 对交变应力损伤后的岩心再次测试气体突破压力，称为“动态
突破压力”。孙军昌等开展了盖层岩石动态突破压力测试工作（孙军昌等，2018），初步
证实经过交变循环后的盖层的突破压力值会有一定程度的降低，经过 50 次三轴交变应力
损伤后，仅 2 块岩心可测试动态突破压力，与交变应力损伤前相比分别减小了 27.5% 和
2.0%，2 块岩心突破压力平均减小幅度为 14.8%。

目前，现有的试验装置在进行测试盖层封闭天然气能力时，不能同时实现多周期交变

和三轴应力条件，使得试验结果难以反映真实的储气库盖层封闭天然气能力，为此需要设计和研制可施加三轴应力且可以施加交变疲劳荷载的突破压力测试系统，为了避免人为拆卸试验扰动产生的误差，岩样的饱和过程、应力加载过程以及突破压力的测试过程应在同一个三轴室内进行。

4.4 含水层型储气库盖层封气能力综合评价体系研究

泥岩的岩性种类广、组分离散强、地质差异大，一直是盖层评价研究的重点。泥岩由于地质赋存特性及黏土矿物含量的不同，渗透率的差异可达 6 个数量级，这就极大地增加了此类泥岩盖层封闭性能评价的难度和复杂性。

影响盖层封闭性的因素包括泥岩组分与内部结构、沉积环境、盖层厚度、成岩作用及盖层自身的渗透性能。泥岩盖层的封气性能主要取决于毛细管阻力及塑性、膨胀性两大方面，两者缺一不可。前者主要反映盖层细观结构的有关参数，如突破压力、孔隙率、渗透率、比表面积等；盖层的塑性、膨胀性评价主要与矿物组成、岩石力学性质及外界环境有关。许多学者开展了盖层岩石封气能力试验研究，包括渗透率测定、压汞、突破压力及其他微观孔喉结构试验等，但开展岩石力学测试及微裂缝渗透性测试方面的研究较少。

目前用于评价天然气盖层封盖能力的常规参数，主要有孔隙率、渗透率、扩散系数以及突破压力等，常用的这几种评价体系均存在一定局限性。例如，目前的评价体系较少涉及岩石的脆-延性等性能，仍以岩石静态分析为主，静态法较难系统地全面评价盖层的封闭性能，而采用动态-静态结合的分析方法有利于全面揭示盖层的动态渗透性演化以及盖层的实际封闭性能。如何综合成岩作用、构造演化、宏微观等指标参数对储气库盖层的封盖能力进行客观评价，已成为盖层评价中的一大难题。

4.4.1 盖层评价指标优选

1. 盖层岩性

1) 沉积环境

盖层的形成与一定的沉积环境有关，只有那些分布广泛、沉积水体深的湖盆环境才能形成最有效的区域盖层。沉积环境对盖层封闭性的影响，主要表现在盖层质量（泥质含量大小）、盖层厚度以及横向分布的连续性和稳定性。水体能力低、物源供给充足和沉积场所广阔时，能形成泥质含量高、厚度大且横向分布广泛、连续稳定的区域性盖层。同一埋深和演化条件下，三角洲前缘相和远端浊流相比河流相和近端浊流相泥岩纯，封盖性好；海相沉积环境中，盆地相和陆棚相沉积形成的盖层分布面积大，封闭性能好；陆相沉积环境中，半深湖相和深湖相沉积的盖层分布面积较大，封闭性能好；水动力条件相对活跃的环境，一般只能形成均质-非均质盖层，盖层质量相对较差。

2) 岩石岩性

常见的盖层岩类有黏土质页岩、泥岩、石膏、盐岩等蒸发岩。盖层按岩性分类可以分为蒸发岩类盖层、泥岩类盖层和碳酸盐岩类盖层 3 类。Grunau（2007）对世界 334 个油气田进行了统计研究，结果表明泥岩盖层占65%，蒸发岩盖层占33%，其他盖层仅占2%。封闭性能以膏盐岩最好，铝土质泥岩次之。可塑性是盖层岩性的一个重要特征，也是影响盖层封闭性能的重要因素。常见的塑性排列顺序是盐岩、石膏、泥岩、黏土质页岩、粉砂质页岩等，由此可以认为，对储气库而言，泥岩和蒸发岩是理想的盖层岩性。

3）泥质含量

泥质和黏土对泥岩孔渗结构有显著的影响。黏土一般是指各类黏土矿物的集合体，包括高岭石、伊利石、蒙脱石和绿泥石等由硅氧四面体和硅氧八面体形成的具有层状结构的黏土矿物。泥质是指由黏土矿物和一些细的粉砂质成分形成的充填于孔隙中间或附着于骨架上的极细粒成分。黏土作为泥质的一部分，是指颗粒的粒径小于$4\mu m$的黏土矿物的总称，其主要成分是各种黏土矿物。泥质中除了黏土以外的其他成分通常近似地认为与骨架相一致。因此，黏土的数量和成分是影响泥质性质的最主要因素。黏土矿物对岩石封闭能力的影响与下列因素有关：①黏土矿物的可塑性；②润湿性及吸水性。可塑性是影响盖层封闭性能的重要因素，可塑性大可抵制盖层变形中次生裂缝的发育，黏土矿物可塑性表现为蒙脱石>伊/蒙混层>伊利石>绿泥石>高岭石。吸水膨胀可缩小孔隙喉道半径，同时使气水界面与矿物颗粒接触角度变小，增加毛细管压力，使盖层的密封性变好，吸水性膨胀表现为蒙脱石>伊/蒙混层>高岭石>伊利石>绿泥石，蒙脱石的吸水性最强，吸附量可达$300mg/g$。

2. 盖层厚度

1）连续性

对于同一种盖层而言，盖层厚度越大，其空间展布面积越大，越有利于天然气的保存；相反，薄的盖层要大面积保持不破裂是相当困难的。盖层的横向分布连续性与盖层厚度有密切的联系，盖层厚度越大，横向分布的连续性越好，易形成区域性盖层。盖层的连续性是储气库风险评价的关键因素，对于盖层厚薄变化较大的地层，薄处地层易渗漏，因此，厚度评价应以盖层的最薄厚度为据。

2）最薄处厚度

对于深部成岩泥岩盖层而言，其封气能力取决于盖层的连通孔隙的发育程度，与厚度没有直接关系。从沉积角度分析可知，厚度大的盖层表明其沉积环境相对稳定，沉积物的均质性好，大孔隙不发育，封气能力较强；相反，若盖层厚度小，则沉积环境不稳定，沉积物均质性差，封闭能力差。大量研究成果表明，厚度与盖层封闭能力之间没有明确的关系，厚度不是决定盖层封闭性强弱的决定性因素，目前，对盖层的厚度要求没有统一的标准。已有的资料表明，厚度小于25m的薄层也可以充当油气藏盖层，如四川盆地的大池干井气田盖层只有15m。

3. 盖层渗透能力

1）裂隙发育程度

微裂缝对盖层封闭能力的破坏程度主要视其性质和发育程度而定，若盖层中的开启裂缝发育，且密度又大，改变盖层的孔、渗条件，则其封闭能力就低；若盖层中发育的是紧闭的裂隙，且密度又小，则其封闭能力较强。

2）动态测试

盖层实际的应力为三向应力状态，盖层的封气能力主要取决于偏应力条件下的渗透性，在储气库注气阶段，储层压力的升高使得盖层有向上抬升的趋势，盖层垂向有效应力减小，上覆压力卸载，偏应力增大，渗透率增大。实际决定储气库封气能力的条件为上限压力下的盖层密封性，另外，在注采循环过程中，应力发生交替变化，盖层岩石逐渐损伤，渗透性有增大的趋势。而常规的渗透率的测试仅为地层条件下的静态测试，并没有考虑偏应力和围压变化作用下的盖层动态渗透性。

3）渗透性

盖层岩石的渗透率是与岩石排替压力相关的参数，利用渗透率可以定量评价盖层的封闭能力，渗透率越低，盖层岩石的毛细管阻力越大，盖层的封闭性能越好。盖层封闭能力评价参数中有许多具有相关性，如渗透率、封气高度等与排替压力之间具有明显的函数关系，因此，可用渗透率评价盖层的封气能力。

4. 封闭能力

1）突破压力

排替压力是决定盖层封闭能力的有效参数，它是指盖层岩石中润湿相被非润湿相开始排替的最小压力，实质上是指岩石最大连通孔道的毛细管压力。过去实验室通常采用吸附法和压汞法间接地测定岩石的排替压力，但这两种方法所测得的排替压力是占岩石10%最大连通孔隙的毛细管压力，并不是真正的排替压力。目前主要采取直接排驱法测试盖层岩石的排替压力，将盖层岩石用油饱和，根据井深标定环向压力，用气体排驱，并定时加压，直至气体突破。用直接排驱法测得的突破压力比真正的排替压力略高，但当进行长时间试验时，岩石的突破压力基本接近排替压力。

2）地层水性质

地层水性质主要是指地层水矿化度、水型及其变化分布规律，可以定性反映盖层的封闭条件。$CaCl_2$ 型分布区是区域水动力相对阻滞带，这种水化学环境反映了盖层的良好性质，对天然气的保存是一种有利条件。如果地层透水性不佳或含水层没有泄水区，水不能泄出，地层水便具有较高的矿化度；如果地层水与地表水相通，则水的自由交替使地层水淡化。

5. 岩石力学性质

1）盖层脆性

岩石脆性程度是盖层封闭能力和储气库最大允许压力确定的重要数据。脆性是指岩石在外力作用下没有明显变形或有很小的塑性流动就发生破裂的性质。近年来，油气地质领域对岩石脆性的研究越来越重视，在盖层评价方面，通过对泥岩的脆性的研究，评价盖层对油气的封盖能力，储气库注气使得盖层产生变形，一旦盖层产生裂缝，封闭能力明显变差。

2）盖层构造应力

构造应力作用的结果主要表现为盖层水平应力大于垂直应力，盖层偏向应力明显，对盖层的封闭性不利。在储气库注气阶段，储层压力的升高使得盖层有向上抬升的趋势，盖层垂向有效应力减小，上覆压力卸载，偏应力增大，盖层易形成破裂裂缝，渗透性增大，气体易于泄漏。

4.4.2 评价体系的构建

根据含水层型储气库的盖层封闭性要求，将储气库盖层质量作为目标层，盖层岩性、盖层厚度、盖层渗透能力、封闭能力以及岩石力学性质5个因素作为准则层，再将细化的12项基本指标作为评价层，建立基于层次分析法的目标层次结构模型（图4-8）。

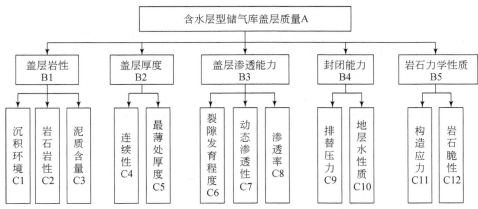

图 4-8 含水层型储气库的盖层质量综合评价指标层次结构图

考虑到我国含水层型储气库勘探刚刚起步、建库风险及保存条件，提出了含水层型储气库盖层各项评价指标分级标准（表4-2）。

表 4-2 泥岩盖层质量综合评价标准

评价参数	等级划分			
	好	较好	中等	差
沉积环境	半深-深湖相、盆地相、广海陆盆相	台地相、滨-浅湖相、三角洲前缘相	台地边缘、滨岸相、三角洲分流平原相	河流相、冲积扇相
岩石岩性	盐岩、泥岩	含砂泥岩、含粉砂泥岩	粉砂质泥岩、砂质泥岩	泥质粉砂岩、泥质砂岩
泥质含量/%	>75	50~75	25~50	<25
连续性	连续、稳定	较连续、较稳定	有一定的连续性、较稳定	连续性差、不稳定
最薄处厚度/m	>100	50~100	25~50	<25
裂隙发育程度	裂隙不发育	裂隙少量发育	裂隙有一定的发育，未形成贯通性裂隙	裂隙发育，存在贯通性的裂隙
动态渗透性	较强	强	一般	差

评价参数	等级划分			
	好	较好	中等	差
渗透率/mD	<0.001	0.001~0.01	0.01~0.1	>0.1
排替压力/MPa	>20	5~20	1~5	<1
地层水性质	$CaCl_2$ 型，矿化度高	矿化度较高	$NaHCO_3$ 型，矿化度一般	NaCl 型，矿化度低
构造应力	无构造应力作用	较弱	一般	强
岩石脆性	塑性	脆塑性	脆性	脆性较强

　　基于"1~9"标度法，面向研究地下储气库专家进行问卷调查以获得同级影响因素间相对重要性比值，构建各级判断矩阵（表4-3），计算出各评价指标的具体权重值，结果见表4-4。

表4-3　盖层质量判断矩阵

盖层质量	B1	B2	B3	B4	B5
盖层岩性 B1	1	1/2	1/5	1/7	1/5
盖层厚度 B2	2	1	1/2	1/5	1/3
盖层渗透能力 B3	5	2	1	1/2	1
封闭能力 B4	7	5	2	1	1
岩石力学性质 B5	5	3	1	1	1
一致性检验	$\lambda_{max} = 5.0566$，$CR = 0.0142 < 0.1$				

表4-4　权重值计算汇总表

准则层	准则层权重值分配	指标层	指标层权重值分配	相对于目标层的权重值（准则层权重×指标层权重）
盖层岩性 B1	0.0484	沉积环境 C1	0.110	0.005324
		岩石岩性 C2	0.309	0.014956
		泥质含量 C3	0.581	0.02812
盖层厚度 B2	0.0913	连续性 C4	0.333	0.030403
		最薄处厚度 C5	0.667	0.060897
盖层渗透能力 B3	0.2175	裂隙发育程度 C6	0.412	0.08961
		动态渗透性 C7	0.260	0.05655
		渗透率 C8	0.328	0.07134
封闭能力 B4	0.3705	排替压力 C9	0.6667	0.247012
		地层水性质 C10	0.3333	0.123488
岩石力学性质 B5	0.2722	构造应力 C11	0.2500	0.06805
		岩石脆性 C12	0.7500	0.20415

　　注：受四舍五入的影响，表中数据稍有偏差

4.5　D5区泥岩特征及其物性测试

泥岩的物性封闭能力强弱取决于突破压力大小,与其厚度没有直接关系,但盖层厚度较大可以弥补其质量的不足,并对其物性封闭能力有重要的补偿作用。盖层厚度越大,其空间展布面积越大,横向连续性越好,越易形成区域性盖层,有利于天然气的保存;相反,薄的盖层要大面积保持不破不裂是相当困难的。经统计,D5井区两口井的泥岩盖层厚度分别为125m和247.5m,直接单层厚度分别为15m和7m。地震资料表明,泥岩盖层横向分布连续,平面分布广。对比国外已建含水层型储气库最小盖层总厚度为9m,D5目标泥岩盖层厚度条件相对良好。

4.5.1　矿物组成

D5含水层构造盖层为二叠系石千峰组灰色泥岩与紫红色泥岩,呈块状构造夹少量薄层浅灰色粉砂岩与灰色泥质粉砂岩,泥岩单层厚度一般7~10m,最大27m。

本次试验岩石试样深度选取的范围为2275~2342m,厚度约为67m,二叠系盖层的岩性自上而下分别为泥岩、粉砂质泥岩、细砂岩、泥质粉砂岩以及泥岩,盖层成岩强度相对较低,中部粉砂含量相对较高,钻井岩心较为破碎。

共采集D5-1井2275~2342m深度范围内的16个盖层岩石样品和4个泥岩隔层岩石样品,通过X射线衍射全岩分析,确定了盖层岩石矿物成分。

泥岩矿物组成统计结果如表4-5和表4-6所示。二叠系泥岩盖层矿物主要包括黏土、石英、钾长石、斜长石、方解石、菱铁矿和赤铁矿等,非黏土矿物含量范围为29%~78%(平均50.75%),黏土矿物总量为22%~71%(平均49.25%)。非黏土矿物中石英所占比重最大,在24%~59%范围内变化,平均值为38.38%,其次为斜长石和钾长石,含量平均值分别为5.81%和3.63%。

表4-5　D5-1井盖层全岩矿物组成与含量

取值类别	石英	钾长石	斜长石	方解石	菱铁矿	赤铁矿	黏土
范围/%	24~59	0~6	1~11	0~6	0~6	0~6	22~71
平均值/%/样品数	38.38/16	3.63/16	5.81/16	0.94/16	0.88/16	1.13/16	49.25/16

表4-6　D5-1井盖层黏土矿物种类及相对含量

取值类别	高岭石	绿泥石	伊利石	蒙脱石	伊/蒙混层
范围/%	2~42	0~12	1~9	0~94	0~92
平均值/%/样品数	22.5/16	2.94/16	3.75/16	25.94/16	44.88/16

黏土矿物主要由蒙脱石、伊/蒙混层、伊利石、高岭石、绿泥石组成,黏土矿物总含量变化范围较大,反映了二叠系盖层在纵向上的非均匀性程度较高;黏土矿物以伊/蒙混层、蒙脱石和高岭石为主,其含量平均值分别为44.88%、25.94%和22.5%,伊利石和

绿泥石的含量相对较少。

4.5.2　常规物性参数测试

由于钻井岩心较为破碎，筛选 16 块有代表性的岩样进行了孔-渗测试。密度的变化范围为 2.34~2.61g/cm³，平均值为 2.45g/cm³，变化范围较小。盖层岩石孔隙度的变化范围为 5.88%~22.84%，平均值为 13.76%，属于高孔隙型岩石；样品 2 为弱胶结的粉砂质泥岩，孔隙度为最大值（22.84%），主要是由钻井岩心卸载以及加工岩样产生的裂隙引起，裂隙孔隙度占主要部分（图4-9）。

a. 样品5　　　　　　　　b. 样品11　　　　　　　　c. 样品13

图 4-9　部分岩样试验后照片

盖层岩石渗透率范围为 0.0122×10⁻³~375×10⁻³mD，变化范围较大，最大值与最小值之间相差 4 个数量级。样品 2 对应的渗透率最大（375×10⁻³mD），其次为样品 5、样品 1 和样品 13，对应的渗透率分别为 54.7×10⁻³mD、8.04×10⁻³mD 和 1.43×10⁻³mD，通过观察岩心发现，上述 4 个岩样均存在宏观裂隙，相对于岩样几何尺寸来说，裂隙尺度较大，属于裂隙渗流；样品 7 为细砂岩，内部无裂隙存在，但其渗透率值较大（8.66×10⁻³mD），属于孔隙渗流，渗透能力较强，该细砂岩层的存在破坏了盖层在纵向上的连续性，使得盖层的有效厚度变小；其余岩样的渗透率值均小于 1×10⁻³mD，渗透性较低。

4.5.3　盖层细观结构特征

泥岩主要由黏土矿物组成，黏土矿物从几何意义上讲可以粗略地看为二维的片状矿物（贾善坡等，2016a）。Power 把泥岩看作扁平矿物的堆积体，孔隙也就是这些扁平矿物之间的规则孔隙（黄传卿等，2013）。根据王秉海和钱凯的研究，泥岩的粒间孔隙并非为规则的扁平状，而是呈叶状、草状、花瓣状或揉皱的软纸状（王秉海和钱凯，1992）。孔隙形态也就是由上述不规则形状所围限的不规则空间，有的呈花瓣间孔状，有的呈蜂窝孔洞网络状，孔隙很多。

根据区域盖层的演化特征和破坏研究，将泥岩盖层分为三类（王一军等，2012）：孔隙性盖层、缝改盖层和断改盖层。在上述三类泥岩盖层中，孔隙性盖层最好，缝改盖层次之，断改盖层最差。

D5-1 井盖层连续取心 72.6m，主要是纯泥岩或者粉砂岩。现场取心发现，盖层位置存在一定的构造应力作用，取心后岩心破碎程度较高（约一半的岩心都破碎了），应力释放明显，生成了一些和地层相关的次生水平裂缝。盖层中存在一些裂缝、剪切面和断层（图 4-10），但这些节理总是被泥岩、方解石、白云石或一些暗色矿物充填，岩石较为致密。另外，盖层岩心描述也观察到一些细砂岩层，但其渗透率普遍较低，总体上不会影响盖层整体性。

a. 裂隙完全由方解石填充　　　　b. 裂隙完全由泥岩填充　　　　c. 剪切带

图 4-10　盖层裂隙观察图

对泥岩孔隙结构的研究一般从孔隙大小、孔隙类型、连通性等方面着手。由细小颗粒组成的泥岩，其孔隙几何形态可看作是由一系列狭小的喉道连通的或是孤立的不规则孔隙体系，其主要特征是孔隙十分狭小。目前还不能直接度量泥岩孔隙的三维空间大小，而只能凭借一些间接的方法来评估。

扫描电镜试验可以较直观地认识岩石的孔隙形状、喉道大小、颗粒表皮层和孔喉壁的结构等。不同位置泥岩扫描电镜结果如图 4-11 所示。根据岩石表面放大倍数小于 500 倍

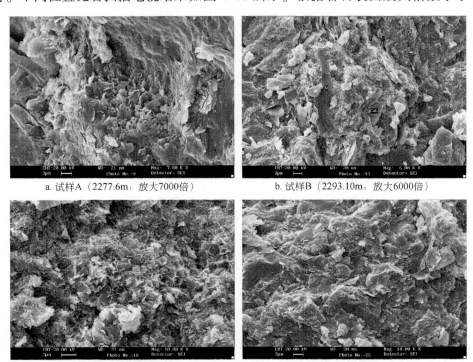

a. 试样A（2277.6m，放大7000倍）　　　　b. 试样B（2293.10m，放大6000倍）

c. 试样C（2298.65m，放大10000倍）　　　　d. 试样D（2316.60m，放大10000倍）

图 4-11　泥岩盖层岩石微观结构 SEM 图

的图像，岩石结构致密，颗粒结合紧密；放大倍数超过 2000 倍以上时，从扫描电镜图像可以看出岩石表面起伏不平，泥岩颗粒小，多呈片状、絮凝状结构，也有其他形状，并不固定，孔隙存在于片状、絮凝状结构之间，孔隙较多，基本上看不见溶蚀孔和裂缝，但可见颗粒之间的缝隙，矿物颗粒在胶结处接触，胶结联结使岩石的渗透能力降低，由此可见，盖层岩石是一种中-高孔低渗型岩石。从泥岩扫描电镜图像可以发现：试样 A 的黏土颗粒主要为伊利石、伊蒙混层和蒙脱石；试样 B 的黏土颗粒主要为蒙脱石、伊蒙混层；试样 C 的黏土颗粒主要为伊蒙混层、蒙脱石，夹杂部分高岭石；试样 D 的黏土颗粒主要为伊蒙混层。

4.5.4 加卸载条件下泥岩盖层渗透性试验研究

对 D5-1 井二叠系盖层 4 块低渗透岩样进行了测试（图 4-12），渗透试验条件如表 4-7所示。

　　a. G16-8-1　　　　　　b. G16-11-1　　　　　c. G16-4-1　　　　　　d. G16-7-1

图 4-12　盖层泥岩渗透率测试试样

表 4-7　盖层岩石渗透试验条件

岩心编号	试验类型	试样编号	高度/mm	直径/mm	测试方案
16-8/13	气体渗透	G16-8-1	93.89	50.02	测试不同围压下的渗透率，围压设定路径为：5MPa→10MPa→15MPa→20MPa→15MPa→10MPa→5MPa
16-11/13	气体渗透	G16-11-1	67.42	50.08	测试不同围压下的渗透率，围压设定路径为：5MPa→10MPa→15MPa→20MPa→15MPa→10MPa→5MPa
11-4/26	气体渗透	G11-7-1	57.26	50.31	测试不同围压下的渗透率，围压设定路径为：5MPa→10MPa→15MPa→20MPa→15MPa→10MPa→5MPa
11-4/26	气体渗透	G11-4-1	79.81	49.76	受仪器测试精度影响，只测了 10MPa

从渗透率测试结果可以发现，泥岩盖层的渗透率分布在 $1.9147 \times 10^{-6} \sim 1.9191 \times 10^{-5}$ mD，属于极低渗透介质，即使采用高效气藏盖层评价标准，也被认为密封性较好的盖层，渗透率数量级基本与盐岩一致，该区泥岩可作为储气库优良盖层，并满足储气库密封性要求；

受试验仪器测试精度所限，试样 G11-4-1 在围压高于 10MPa 下的渗透率已无法测出。

泥岩渗透率随着加载、卸载的变化规律如图 4-13 所示。在围压（静水压力）从 5MPa 至 20MPa 的加载过程中，渗透率基本呈负指数规律降低；从 20MPa 至 5MPa 的卸载过程中，渗透率逐渐增大，但渗透率值明显小于加载阶段同围压下的渗透率值，这是因为在加载过程中泥岩孔隙结构产生了不可恢复的压缩变形，由此可以推断，在储气库注采运行的过程中，在泥岩盖层不产生破裂及裂缝的条件下，多次循环加卸载可以逐渐使得泥岩孔隙结构趋于密实，绝对渗透率降低，有利于天然气地下封存。

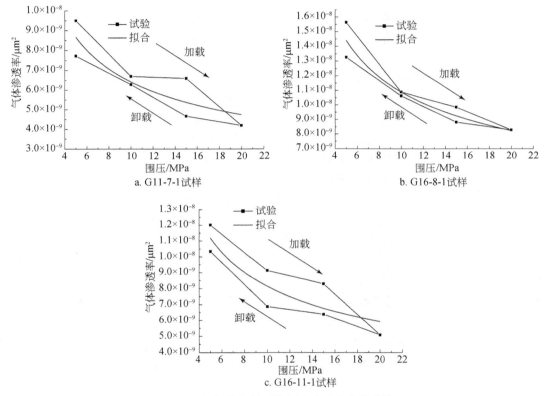

图 4-13　加卸载条件下的泥岩渗透率变化曲线

在围压处于 5 ~ 20MPa 的范围内，气体渗透率的数量级为 10^{-6} ~ 10^{-5} mD。当围压处于 5 ~ 15MPa 时，渗透率下降较为迅速；围压为 15 ~ 20MPa 时，渗透率下降较为缓慢且有趋于恒定的趋势。

含水层型储气库盖层由于注采运行处于一定变化的压力条件下，储气库注气时，储层地层压力升高，储层岩石骨架有效应力减小而产生膨胀变形，致使盖层有抬升趋势，对应于上述试验中的卸载条件；储气库采气时，储层地层压力逐渐降低，储层岩石骨架有效应力增加而产生压实变形，致使盖层有下沉趋势。因此，为了较真实地反映盖层的渗透特性，必须考虑不同应力状态对渗透率的影响。根据上述分析，渗透率随静水压力的增加而逐渐降低，表现出高度的非线性，可采用如下关系式进行拟合：

$$K=AP^{-B} \tag{4-22}$$

式中，K 为渗透率；P 为静水压力值；A、B 为拟合参数。

3 个试样的拟合结果，拟合参数 A 分别为 1.7443×10^{-8}、2.7558×10^{-8} 和 2.3410×10^{-8}；拟合参数 B 分别为 -0.4344、-0.4031 和 -0.4584。

静水压力对于盖层渗透率的影响，其实质为泥岩骨架结构对外荷载作用的响应。本次测试的试样均为泥岩类，孔隙度较高，随着静水压力的增大，岩体被逐渐压实，孔隙、喉道尺寸逐渐减小，流体介质流通的喉道逐渐缩减、阻力逐渐增大，进而致使渗透率逐渐下降。但泥岩孔隙和喉道的压密程度是有限的，当被压实到一定程度时，压密效果就会变得不明显，使得渗透率下降变得较为缓慢。泥岩属于高孔低渗型岩石，渗透率变化范围较大。本次测试试样的取样深度约为 2300m，对应的上覆岩层压力值（围压）远高于本次试验的最大围压值 20MPa，受仪器测试精度所限，真实泥岩试样的压密状态应大于本次测试条件的情况，而渗透率值也应在更低的数值范围。

储气库注气阶段，脆性盖层岩石容易形成微裂缝，导致渗透率增加。已有的泥岩渗透性测试数据表明（贾善坡等，2016a），泥岩损伤后产生裂隙，渗透性明显提高 1~4 个数量级，当裂隙受到一定的正应力之后，裂隙闭合，渗透性有所减小，裂隙是否闭合与所受的应力状态密切相关。围压增大（对应于采气阶段），裂隙的开启程度逐渐降低，渗透率也降低；但盖层抬升过程中（围压减小，对应于注气阶段），在开始阶段渗透率变化不大，当压力达到某一值时，渗透率突然变大，裂隙的封闭性能突然降低。

深部含水层型储气库的盖层处于三向压缩状态，地应力的三个主应力值一般都是不相等的，特别是高压气体的注入与采出，盖层的应力处于不断的变化状态（周雁等，2011；袁玉松等，2011），需要指出的是，高压气体的注入必然导致盖层内产生偏应力，过大的偏应力可能使地层产生裂隙错动、扩展、张开，形成剪切破碎带，该区称为损伤扰动区，导致盖层岩石的损伤，这对渗透率造成不利影响，渗透性可提高数个数量级。对于含水层型储气库而言，盖层下方的储层压力是变化的，盖层构造高部位容易产生较高的偏应力，高偏应力下的渗透率结果可用于反映构造高部位及盖层厚度突变位置的渗透演化规律，而低偏应力下的值则可以反映构造较低部位的渗透情形，这也是下一步需要开展的研究内容。

4.5.5　泥岩盖层突破压力试验

气驱法测的突破压力值往往高于岩石实际的排替压力值，在试验条件下，气体能否贯穿岩石除取决于排替压力外，还与恒压时间和试样长度有关，时间越长贯穿可能性越大，在一定的恒压时间内，试样越短，气体越易贯穿。一些学者认为盖层厚度与其封气能力有关（吕延防等，2000；袁际华等，2008；付广和许凤鸣，2003），分别对泥岩、人造石英砂岩等样品进行了岩样长度与突破压力关系的试验测试研究，结果表明，岩样长度越长，气体突破压力值越大，两者满足线性正相关关系。但也有学者认为突破压力值与岩石试样长度无关，俞凌杰等（2011）按岩样长度比例放大进口气压升压的间隔时间，通过测试不同长度粉砂岩样品，发现岩样突破压力值与样品长度无关。郝石生和黄志龙（1991）对泥岩气体突破压力进行了试验研究，研究发现，在一定的试样长度下，岩石中的流体被气体突破所需的时间随所施加的注气压力的减小而延长，而且时间越长，岩石孔隙中的流体被贯穿所需的压力也基本越来越小，岩石突破压力和突破时间满足一定的函数关系。

作为盖层密封性评价参数，突破压力应该是最直观有效的，通常所说的突破压力即指直接法测定的突破压力值，但该方法受试样长度、测试时间以及岩性等因素影响，测量值最大允许误差可达15%。目前，国内对于岩石气体突破压力的测定，往往遵循《岩石气体突破压力测定方法》（SY/T 5748—2013），其对测试中的恒压时间及压力增幅做了相应的规定（表4-8）。该标准仅单纯地按测试压力阶段划分，未考虑试样长度及岩性的影响，当试样长度一定时，如果突破压力等于或稍大于试验实际的排替压力，由于气体驱替岩石中的流体是个极其缓慢的过程，流体排除极少，则很难在恒压时间内观察到气体的突破，若继续提高注气压力，则测出的突破压力值将高于实际的岩石排替压力值。相关研究表明（俞凌杰等，2011），在试验测试过程中发现，恒压时间30~120min对于渗透率较高且较短的试样（<1.2cm）是合适的，对于渗透率较低的泥岩且试样长度较大时，相应的恒压时间应该延长。对于泥岩来说，如果采用恒压90min或120min，则导致前几个压力值就能突破，但由于恒压时间太短，压力递增到更高时才能突破，导致突破压力远高于岩石实际的排替压力值。突破压力值的测定，关键在于恒压时间的设定，长时间测试得到的突破压力基本可以接近排替压力。

表4-8　岩石气体突破压力试验的恒压时间和压力间隔

测试压力 p/MPa	恒压时间/min	压力间隔/MPa
$p \leqslant 2$	30	0.2
$2 < p \leqslant 5$	45	0.5
$5 < p \leqslant 10$	60	1.0
$10 < p \leqslant 15$	90	1.0
$p > 15$	120	1.5

苏伊士环能公司建议的盖层气体突破压力试验方案为：每步恒压时间为2d，试验压力间隔为0.5~1MPa。按照该实施步骤，一个试样的测试周期可能要超过15d。由于泥岩是低渗透介质，若想获得实际排替压力值，测试必须在低试验压力间隔、长时间条件下进行，显然，苏伊士环能公司建议的恒压时间和压力间隔要比国内规范严格得多。

盖层岩石突破压力变化范围为12.82~46.99MPa，平均值为34.32MPa。样品5-4/24和样品5-16/24的岩性均为泥岩，对应的突破压力值最小，综合分析认为是由泥岩试样难以加工、多裂隙共存、岩样长度短等因素引起。样品8-6/43为粉砂岩，内部存在一条宏观倾斜裂隙，测试的突破压力值为36.38MPa，接近未损伤粉砂岩突破压力值，但其渗透率值却比较大（54.7×10⁻³mD），气体突破后以裂隙渗流为主；样品8-38/43为泥岩，岩块非常致密，渗透率比较低（0.602×10⁻³mD），而测试的突破压力值为20.53MPa，综合分析认为是由岩样微裂隙发育、岩样长度短及测试误差引起。样品15-17/45内部也存在一条宏观裂隙，突破压力值为41.48MPa，裂隙在气体渗流方向上未贯通，在围压作用下，岩石仍具有较强的封气能力，接近于完好岩石的封气能力。

根据式（4-4）可以发现，在一定的恒压时间下（120min），岩石气体突破压力与试样长度基本满足2次正相关关系。从偏于保守角度考虑，认为本批泥岩盖层的突破压力均为测试值的上一级进出口压差值（表4-9），需要对突破压力测试进行修正，拟合突破压力与试样长度之间的关系曲线，如图4-14所示。

表4-9　泥岩盖层样品突破压力测试结果

样品名称	长度/cm	孔隙度/%	渗透率/mD	突破压力/MPa	突破压力修正值/MPa
11-5/26	3.779	14.3	0.0000122	40.41	38.9
16-11/13	5.000	18.79	0.0000134	46.99	45.5
4-14/36	3.273	9.72	0.0000499	31.07	29.6
16-7/13	4.000	18.98	0.000475	39.48	38.0
15-42/45	5.074	19.71	0.000493	44.44	42.9
8-38/43	2.015	14.85	0.000602	20.53	19.0
14-3/24	4.069	18.05	0.000642	38.03	36.5
12-13/30	5.063	11.10	0.000895	43.06	41.6
15-17/45	5.005	6.37	0.00143	41.48	40.0
4-5/36	3.718	12.43	0.00510	26.60	25.1
5-4/24	1.463	14.90	0.00804	13.88	12.9
4-2/36	2.847	26.29	0.0179	21.08	19.6
8-6/43	5.063	16.89	0.0547	36.38	34.9
5-16/24	1.971	22.84	0.375	12.82	—

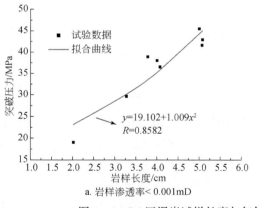

a. 岩样渗透率＜0.001mD

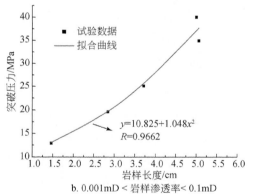

b. 0.001mD＜岩样渗透率＜0.1mD

图4-14　D5区泥岩试样长度与气体突破压力关系曲线（二次拟合）

参照气藏型储气库盖层渗透率分级标准，渗透率小于0.001mD的盖层属于密封性强的Ⅰ级盖层，将属于该类的岩样进行拟合，发现岩样长度与突破压力满足正相关关系，如图4-14所示，突破压力预测值为19.1MPa。岩石渗透率在0.01～0.001mD的盖层属于密封较强的Ⅱ级盖层，而渗透率在0.1～0.01mD的盖层则属于密封性一般的Ⅲ级盖层，同样，对属于Ⅱ级和Ⅲ级盖层的岩样进行拟合，岩样长度与突破压力满足正相关关系，突破压力预测值为10.8MPa。

目前，岩石排替压力与气体突破压力尚未建立明确的关系，尽管有不少学者提出采用同一样品在相同条件进行 2 组突破压力试验间接求取排替压力的方法，但这种方法要经受 2 次抽真空、加压饱和、施加围压、升温、高压气体驱替等步骤的影响，岩样的内部孔隙结构可能被扰动甚至损伤，影响突破压力值，不一定能真实反映岩石实际的排替压力，并且该方法持续的时间也过长，对大批量样品测试也不易实现。

4.6 D5 区泥岩盖层封气能力定量评价

4.6.1 盖层封闭能力的影响因素分析

在 D5-1 井盖层黏土矿物组成中，蒙脱石和伊/蒙混层含量占绝对优势（平均值为 70.8%），但其含量之和在所有矿物中仅占 34.9%。从岩石可塑性的角度来评价，由于二叠系盖层中的蒙脱石和伊/蒙混层总体含量偏低，综合钻井取心及井壁稳定等信息判断该区盖层岩石的可塑性较差。从岩石吸水性的角度来评价，盖层岩石的吸水能力也不强。

参照泥质盖层等级划分标准（赵军龙和高秀丽，2013）：泥质含量 >75% 属优等盖层；泥质含量在 50%~75% 属良好盖层；泥质含量在 25%~50% 属一般盖层。由于黏土作为泥质的一部分，从黏土含量角度来说，可以判断 D5-1 井泥岩盖层属于良好盖层。

D5-1 井盖层取样岩心的孔隙度均大于 5.8%（图 4-15），平均值大于 13%，与常规气藏盖层相比，泥岩孔隙度相对较高。试验结果表明，泥岩盖层的孔隙度与含水层（储层）接近，若按盖层中的孔隙度评级指标来判别（马小明和赵平起，2011），则该区泥岩盖层属于劣质盖层。需要注意的是，泥岩的渗透能力和封存能力均有特殊性，例如，比利时等欧洲国家的核废料处置库围岩即为高孔低渗型泥岩（贾善坡，2009），孔隙度为 39%，但其渗透率的量级却为 10^{-4} mD，孔隙与孔隙之间连通性差，有效防止核废料的泄漏。另外，研究浅层生物气藏形成机理表明（曲长伟等，2013），时代新、气藏埋深浅等因素造成盖层孔隙度与储层接近，不能用孔隙度来评价盖层的物性封闭能力。因此，泥岩盖层封闭能力评价中可不考虑孔隙度因素。

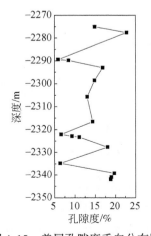

图 4-15 盖层孔隙度垂向分布图

渗透率是表征喉道孔隙度 φ_t 大小的重要参数，φ_t 越小，渗透率越小，若气体压力超过泥岩的突破压力进入盖层后，渗透率控制其运移速度和范围，因此，可将渗透率作为评价含水层型储气库盖层物性封闭能力的重要参数。图 4-16 为泥岩渗透率垂向分布图，按常规盖层渗透率最大值不超过 0.01mD 的标准，盖层上部有 2 个测点超过标准要求，不能作为储气库气藏的有效盖层，而下部盖层的渗透率普遍较低，可以作为直接盖层。

图 4-17 为泥岩突破压力垂向分布图，按高效气藏盖层排替压力最小值不超过 20MPa 的标准，盖层上部有 2 个测点不满足标准要求，而下部盖层的排替压力普遍很高，可以作为直接盖层。上部 2 个测点突破压力较低，主要受钻井取心卸载以及试样加工产生的裂隙所影响，实际突破压力值估计应在 40MPa 以上。

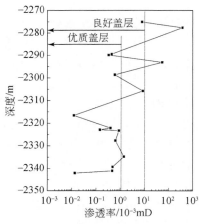 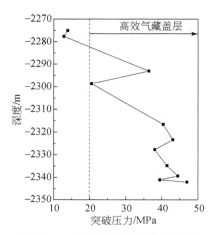

图 4-16　盖层渗透率垂向分布图　　图 4-17　盖层突破压力垂向分布图

另外，通过数据统计发现，盖层的突破压力与孔隙度之间没有明确的关系，渗透性与孔隙度之间也没有明确的关系。盖层的突破压力与渗透率之间基本存在一定的关系，当渗透率降低时，盖层的突破压力增加，物性封闭能力增强；而当渗透率增加时，突破压力明显降低，物性封闭能力减弱。

通过钻井取心分析，在 2275~2342m 范围内存在 1 个砂岩夹层（2289m 处），砂岩层的黏土含量仅为 22%，那么储层顶部直接盖层的厚度约为 53m。盖层上部（2275~2280m）泥岩压实程度较高，岩石比较致密，由于取心卸载裂缝的产生，该井段测试的突破压力试验值不具有代表性，作者初步估计该井段泥岩具有较好的密封能力，为优质接近盖层；2280~2285m 井段泥岩压实程度较差，岩石相对疏松，成岩作用差，钻井取心效果差，该井段岩心没有参与室内测试，主要是由于可用岩心少，试样加工困难，作者初步估计该段泥岩封闭能力较差，实际的封气能力还需进一步研究；2327~2242m 井段泥岩压实程度较高，岩石致密，试验测得的突破压力值均较高，为优质直接盖层。若按天然气成藏有效性盖层划分标准（孙明亮等，2008）：盖层厚度>100m 属高效气藏；盖层厚度在 40~100m 属中效气藏。从直接盖层厚度的角度来判断，D5-1 井泥岩盖层属于良好盖层。

另外，在实际钻井过程中，发现盖层段存在一定的构造应力作用，井壁稳定性较差。盖层段存在构造应力，水平应力大于垂直应力，偏向应力明显，对盖层的封闭性不利，特别是在注气阶段，盖层上抬，偏应力增大，盖层易形成破裂裂缝，盖层封气能力降低。

其他与盖层密封性相关的参数分析结果如表4-10所示。

表4-10　D5井区二叠系石盒子组盖层密封性评价参数表

评价参数	研究方法	试验内容	分析结果
沉积环境	室内试验	激光颗粒	曲流河相洪泛平原、河道亚相
岩性	岩屑录井 室内试验	偏光薄片	泥岩、粉砂质泥岩，夹杂泥质砂岩，细砂岩
直接盖层单层厚度	地质录井 测井解释	—	53m
累计盖层厚度	地质录井 测井解释	—	125～247m
裂隙发育	岩心观察		裂隙有一定的发育，未形成贯通性裂隙

4.6.2　D5盖层段试井分析

对D5-1井石盒子组盖层中的两个砂岩层段进行地层测试，日产水只有0.006m³、0.026m³，折算渗透率仅0.001mD、0.004mD（表4-11），表明盖层封闭条件良好。

表4-11　D5-1井区二叠系石盒子组盖层试井数据

编号	层位	测试类型	层段/m	厚度/m	工作制度	日产水/m³	测试结果
1	P盖层	射孔	2307～2313	6.0	测液面1474.2～1471m，24h升3.2m	0.006	水层
2	P盖层	射孔	2259.4～2262.6	3.2	测液面1471～1458m，24h升13m	0.026	水层

为了验证D5-1C井盖层的垂向封堵性，开展了脉冲式干扰试井现场试验研究。以D5-1C井储层Ⅲ砂组为激动层，储层Ⅰ砂组和盖层G砂组为观测层，激动层与观测层之间安装封隔器下入压力计监测压力变化，评价盖层垂向封闭能力（图4-18）。对Ⅲ砂组共实施7个脉冲周期，每个脉冲周期注水7d、停注7d，日注水量为50～60m³，累计注水量为2722.6m³，注水压力从0.3MPa升至1.6MPa。

储层Ⅰ砂组和盖层G砂组均监测到7个周期的压力脉冲响应信号，但波形与激动层相反（图4-19）。分析认为是由注水时井筒环空温度降低引起，说明并未检测到激动层的压力传导信号，表明盖层垂向上是封闭的。原因如下：①对比激动层实测压力和观测层G砂组压力响应曲线可以发现，两处压力发生改变的时间基本为同一时刻，若G砂组压力信号是由激动层引起，2个层相距65m，由盖层相隔，且盖层渗透能力极低，2个实测压力信号之间的延迟时间不可能这样短；②Ⅰ砂组压力响应幅度非常小，若Ⅰ砂组压力信号是由激动层引起，极短的延迟时间内的压力响应幅度应该较为明显，并且压力响应幅度应该随

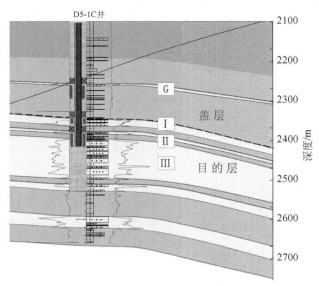

图 4-18　D5-1C 井垂向干扰试井示意图

注水压差逐渐增大而增大；③远离激动层的 G 砂组比靠近激动层的 I 砂组压力响应幅度还大，若 G 砂组和 I 砂组压力信号是激动层引起，G 砂组应该比 I 砂组弱。

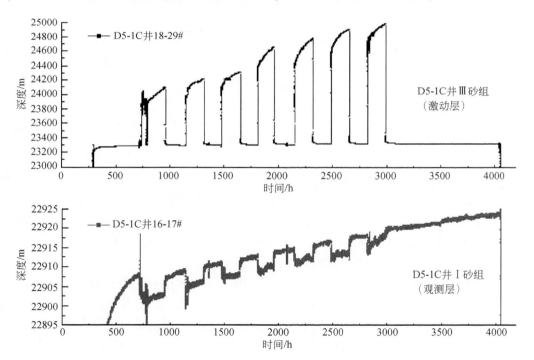

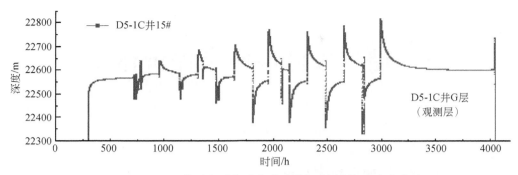

图 4-19 D5-1C 井垂向干扰试井激动层与观测层压力变化曲线

4.6.3 D5 区盖层定量评价

为了便于将评价盖层的具体指标进行定量化分析，根据盖层等级划分，分别将"好"盖层、"较好"盖层、"中等"盖层、"差"盖层量化为 10 分、8 分、6 分和 4 分。结合采用层次分析法得到的各指标在整个盖层评价系统中所占的比重值 ω_i，即可获得盖层质量的综合适宜度值 M，即

$$M = \sum_{i=1}^{12} \omega_i \cdot m_i \tag{4-23}$$

式中，m_i 为各评价指标的量化值；ω_i 为各评价指标的权重值；$i = 1$，2，…，12。

将式（4-23）计算得到的 M 代入表 4-12 中进行对比，即可得出该盖层的适宜度等级，并根据相应的应对措施建议考虑建库项目的可行性。

表 4-12 储气库盖层质量的综合适宜度等级评价表

盖层质量的综合适宜度	指标综合值	应对措施建议
最佳	$9 < M \leqslant 10$	盖层密封能力好、安全性高，很适宜建库
适宜	$7 < M \leqslant 9$	比较适宜建库，但须在运营期加强储气库密封性投资和监测
基本适宜	$6 < M \leqslant 7$	基本适宜建库，但建设期需预留专门款项用以评价储气库的密封性
不适宜	$M \leqslant 6$	不适宜建库，应该考虑放弃该项目

根据前述分析，D5 二叠系盖层 12 项基本指标（C1 ~ C12）的得分依次为：6、7、8、8、8、7、7、9、9、8、7、7。将各指标得分及对应的权重值代入式（4-23）中，得到盖层质量的综合适宜度值 $M = 7.8736$，对照表 4-12 等级评价可知，该气藏的盖层质量良好，基本接近最佳建库盖层要求，适宜改建储气库，但应在储气库运营阶段加强储气库的密封性监测。

5 储气库储层质量评价体系

5.1 引 言

储层是形成天然气气藏的重要地质条件之一，没有储集层就不可能形成气藏。储层评价的目的，在于对储集能力和气体开采能力进行评价，为储气库建造做准备（邱亦楠和薛叔浩，2004）。影响储层地质特征的因素是复杂且多方面的，只有为储层进行综合评价，才能为储气库勘探方案、设计方案的制定，以及气藏工程研究、气藏数值模拟等工作奠定可靠的基础。储层综合评价是在沉积相、成岩、储集特征等综合研究的基础之上，对储层进行分类并进行分级。

在储气库候选区块勘探开发过程中，对储层的评价是必不可少的，储层评价是预测和评价探区可储性及库容的重要技术手段。储气库储层评价主要解决 2 个重要问题，一是储层能容纳天然气的数量（库容），二是储层的非均匀程度，其对注采气速度和方式都具有重要的影响（谭羽非，2007）。关于储层分类的评价参数以及方法的研究，引起了许多国内外学者的重视。储层评价涉及的指标因素有岩性、岩相、成岩作用、物性、孔隙结构、非均质性等，而每项指标又可能包括几个甚至十几个参数，这些参数综合起来十分庞大、复杂，用这些复杂的参数对储层进行合理的评价是非常困难的。当采用单一指标来评价储集层时，常会出现矛盾的结果。例如，当采用孔隙度来评价砂层时，评价结果为好的储层，而采用渗透率来评价该砂层时，其评价结果则是中等。随着评价参数的增多，前后产生矛盾的结果也就越多，那么综合利用这些指标进行储层评价时，就须客观地解决各个因素在储层评价中的重要性，建立指标因素之间的相互关系。

5.2 储气库储层渗流特征

由于气藏开发与地下储气库建设存在较大的差异，在地下储气库的库址筛选、勘探评价、建设和运行过程中，不能照搬气藏开发模式，必须重视地下储气库储层特殊性（Bennion et al.，2002；丁国生和王皆明，2011）。针对储层而言，气藏开发与地下储气库建设存在的差异性主要表现在以下几个方面。

（1）建库与开采条件的差异：气藏开发需要把各种复杂条件下的天然气通过各种方式开采出来；地下储气库则需要利用条件较好的枯竭油气藏或含水层建设而成。

（2）开采方式的差异：气藏开发需要最大限度地提高采收率，开采周期长达（或超过）10 年；地下储气库则需要在很短的时间（一般是 1 个注采周期，即 3~4 月）内把气库中的有效工作气全部开采出来，并且还需要在 1 个注采周期内将地下储气库注满达到满库容。

（3）设计准则的差异：气藏开采尽量保持稳产；地下储气库产能设计则以满足地区月（日）最大调峰需求为原则。

（4）运行过程的差异：气藏开发一般产量递减；地下储气库的产量则逐年递增。

（5）工程要求的差异：气藏开发采气井寿命为 10~20 年，采气强度小且开采过程单向从高压到低压；地下储气库井寿命要求 60 年以上，注采强度大且井筒内压力频繁变化。

（6）对储层改造的差异：气藏开发可通过大规模压裂或酸化等措施来提高单井产能，储层保护难度相对较小；而地下储气库生产寿命长，储层保护难度相对较大，如果储层改造不具备相当长的有效期（8~10 年或更长），则一般不进行储层改造，气库储层改造的目的主要是改善井底污染。

储气库涉及注和采（交变应力）、强度大、频率高、长期运行，对储气库选址评价和方案设计提出了特殊要求，需重点解决储层的储-渗特征、地层流体相渗特征及注采效率三个方面核心问题。

在储气库运行过程中，气体的采出和注入，使得多次注采期间岩石净上覆压力发生周期性变化，随之导致储层岩石物性参数发生周期性变化，从而影响储气库的存储能力和注采能力，因而研究储气库储层应力敏感特征具有重要意义（石磊等，2012a；何顺利等，2006；周道勇等，2006；张中伟，2017）。储气库运行过程中，储层压力循环波动，储层的孔隙度也相应发生改变。储层压力增加（注气阶段），储层孔喉结构承受的有效应力降低，储层孔隙度相应增加，代表储层存储能力增大，当达到储气高峰时，孔隙度接近最高值。采气阶段储层压力衰减，储层有效应力增加，孔隙度逐步降低，导致储层库存量下降，当达到储气低谷时，孔隙度接近最低值。储层岩石的有效应力是上覆压力与地层孔隙内流体压力的差值，孔隙度压力应变效果反映了储层岩石孔隙度随有效应力改变的变化程度。一般来说，储层岩石骨架的变形非常微小，可以忽略不计，但储层岩石孔隙的变形随储层压力的变化非常明显，不能忽略不计。储层岩石孔隙的变化越大，表明储气库储层存储能力变化越大。多次注采会使储层岩心孔隙度发生改变，若多次交变后孔隙度值仍高于初始值，并无法恢复，说明储气库经过多次注采后，储气空间变大，相同的有效应力下气库库容量相应增加。多周期注采循环使得储层有效应力发生周期性变化，储层中净应力改变致使渗透率也发生变化，从而影响储气库的注采能力。对储气库而言，其特点就是强注强采，对地层岩石渗透率的要求一般都相当高。试验研究表明，储层岩石的应力敏感性是客观存在的，并对储层的渗透性造成了伤害，若交变应力造成储层渗透率下降的幅度较大，则储层伤害不可忽略，将增加气体在其中的渗流阻力，降低渗流速度，使注采井的产能下降。目前储层应力敏感性评价主要有两种方法：一是在保持孔隙压力的条件下，改变围压测试孔隙度和渗透率随围压的变化；二是将围压固定到地层条件下，改变孔隙压力，测试孔隙度和渗透率随孔隙压力的变化。为了更真实模拟储层应力的变化情况，需采用固定围压变渗透压（内压）的试验方法。围压模拟地层岩样所承受的上覆压力，内压则表示流体压力（渗透压）。在测试时，保持外压不变，反复升降内压来进行岩样渗透率应力敏感性分析，从而模拟储气库气体注采时的岩样孔隙度和渗透率变化情况。储层对此现象反映的敏感程度受到多种因素的综合影响，储层岩性、裂缝状况、胶结情况、含水饱和度及地层温度共同决定了储气库储层的压力应变效果，在储气库工程项目实施之前应首先考虑这些问题。

注气的过程中，气体的注入使得库内压力上升，水被压缩或者被气体驱出储气库，气驱水在短时间内不可能将水从岩心孔道中驱出，部分水将滞留在孔道中，且其中一部分占据大孔道，将产生水锁损害（王丽娟等，2007）；在采气过程中，随着库内压力降低，边、底水逐渐侵入气藏，部分孔隙将被水占据。在注采运行过程中，气水过渡带处于周期性前进和退缩的变化状态，需开展专门的多周期气水互驱试验来评价储层的孔隙空间利用、含气利用率变化特征及规律。气驱水是模拟储气库注气时气体排驱水的过程，水驱气则是模拟储气库采气过程中水侵入气藏的过程。储气库以实现天然气的注采能力为主要目标，在建库运行过程中，频繁注采（气–水往复驱替）使储层气、水饱和度和气相渗透率等参数发生变化，导致注采能力及库容也会发生变化。

气驱水的驱动机理是储气库建设的关键，主要因素有地层倾角、厚度、深度、渗透率、储层的非均质性、毛细管力和注气速率等（赵斌等，2012）。地层的倾角越大，气体越不容易向隆起范围以外的范围溢散，形成的含气区范围厚度越大，重力分异作用发挥得越充分，形成含气饱和度越高，工作气量也就越大。储层的渗透率越大，气体扩散得越均匀，驱替效果越好，同时在井底附近的地层也不会形成高压带。储层非均质分为平面非均质和垂向非均质，较强的平面非均质性会造成严重的气体突进，气体沿着高渗透带突进，形成的气水两相过渡带较大，同时还会发生严重的水锁，导致部分气体难以采出。在注气过程中，气体倾向于向渗透率较大的储层突进，而渗透率较低的储层无法得到充分的气源。在气–水两相中，毛细管力不可忽略，如果忽略储层气水间毛细管力，会导致气驱效果预测偏好，造成模拟的建库周期偏短。采气过程中，随着天然气被采出，高压缩性地层可形成驱气动力，当储库容积一定且储层岩石压缩系数较大时，应注重储层弹性存储能力的发挥。

5.3 储层岩石力学特性与建库适宜性关系

5.3.1 高压注气储层致裂问题

为了评价储气库泄漏风险，需要对含水层压力和破裂压力进行一些评价。气压劈裂是指岩石在高压气体作用下产生裂隙并发展的过程。国内外学者对岩体的水力劈裂进行了深入系统的研究，但对于气压劈裂问题研究程度较低。气压劈裂与水力劈裂的最主要区别是气体的黏滞性很低，故气体渗漏速率较大，且增压速率较液体快得多。

目前用于计算储层破裂压力方法有多种，总体上来讲储层的气压劈裂机理有张拉破坏机理和剪切破坏机理两种（章定文等，2009），储层岩石起裂压力 P_f 表达式为

$$P_f=\begin{cases}3\sigma_3-\sigma_2+\sigma_t & 张拉破坏\\(3\sigma_3-\sigma_2)\cdot(1+\sin\varphi)/2+c\cdot\cos\varphi & 剪切破坏\end{cases} \quad (5-1)$$

式中，σ_3 为地层最小主应力；σ_2 为中间主应力；σ_t 为岩石抗拉强度；c 为岩石的黏聚力；

φ 为岩石的内摩擦角。

相关研究表明（刘兆年等，2015），疏松砂岩注气过程的破裂机理与致密砂岩的地层破裂机理存在较大不同。以往储层破裂压力基本都采用不渗透的厚壁筒模型进行计算，采用拉伸破坏原则计算破裂压力，对于低渗透储层来讲，该模型具有较好的适用性，并认为地层压裂后裂缝会继续延伸。但对于疏松砂岩储层来讲，地层孔隙度大，渗透率高，注入气体进入地层量较大，裂缝开启后无法继续延伸。

储层岩石的透气性是气体渗漏控制方程中的一个重要计算参数，直接关系到气压劈裂能否产生。当岩石的气体渗透性很大时，渗漏的气体量将很大，气压将会迅速减小，减小后的气体压力将难以使岩石产生裂隙。因此在进行储层气压劈裂评估前要对储层岩石的气体渗透性进行精确的测量。

对于疏松砂岩来讲，岩石强度较低，在注气过程中，当注入压力大于岩石起裂压力时，地层开始起裂；由于疏松砂岩地层渗透率较大，注入流体黏度较小，裂缝面渗透性几乎无流动阻力，裂缝扩展过程中将有大量注入流体通过裂缝面进一步渗入到储层中，作用于裂缝面的力将很难持续保证裂缝的继续开裂延伸；随着注入量的增加，由于渗透率较高，地层孔隙压力下降很快，裂缝面在上覆岩层的压力下产生压剪破坏，裂缝不再扩展，地层将产生剪切破坏。

5.3.2 强采气储层出砂问题

气井出砂是一个带有普遍性的复杂问题。出砂不仅会导致气井减产或停产，地面和井下设备磨蚀，而且会使套管损坏。对于储气库而言，出砂问题关系着储气库设备寿命的长短、配产的大小、完井方式等重要问题。地下储气库承担着天然气季节调峰的任务，要能够快速短期地注入和采出大量气体，强注强采的生产方式可能会引起砂岩储层出砂。由于储气库采取强注强采开发方式，并且要求长期安全运行，因此，迫切需要解决好合理生产压差的大小问题（罗天雨等，2011）。

砂岩储层出砂主要与其内在的本征参数（如岩性、岩石矿物成分、孔隙度和孔隙几何形状、密度、胶结、压实等）和外部环境参数（如地应力、孔隙压力、温度、孔隙流体类型和饱和度）等因素有关。一般来说，地层应力超过地层强度时就可能出现出砂，地层强度取决于胶结物的胶结力、流体的黏聚力、颗粒之间的摩擦力等。砂岩储集层的出砂机理可归纳为两种类型：①在流体压力梯度作用下，砂岩储集层剥蚀，产生连续、均匀的细小粉砂；②伴随储层骨架的破坏或坍塌，短期、间歇性地产生粗大颗粒结构砂。综合来说，影响储气库井出砂的因素包括：①储层岩石强度低；②生产压差太大；③生产速度过大；④储层岩石含水量增加，出砂的可能性增加，一般情况下，当岩石含水后，其强度降低80%~95%；⑤操作管理措施不当，造成压力激动等。

力学分析表明（薛世峰等，2007），在一定的生产压差条件下，井眼附近地层可能形成一个相对稳定的剥蚀孔洞区域或坍塌区域，即适度出砂不会对井眼附近地层造成大的伤害。由于地层剥蚀与局部破坏增大了气井附近地层渗透率和井眼泄油面积，总体上对气井产能有利；当改变生产压差或压力梯度时，由于井眼区域储层骨架有效应力发生变化，剥蚀孔洞区域与坍塌区域稳定性可能受到破坏，导致更严重的结构砂产出。

　　基于 Drucker-Prager 强度理论与破坏单元准则，对井眼以及射孔尖端区域的应力集中或结构破坏分别按剪切和拉伸两种破坏形式处理。

　　Drucker-Prager 剪切破坏准则：

$$F_1 = q - p\tan\beta - d = 0 \tag{5-2}$$

式中，q 为 Mises 等效应力；p 为静水压力；β 和 d 为 Drucker-Prager 准则所对应的内摩擦角和黏聚力。

　　由于砂岩结果抗拉强度降低，在垂直于最大拉应力方向出现破坏，拉伸破坏准则为

$$F_2 = \sigma_1^+ - \sigma_t \tag{5-3}$$

式中，σ_t 为岩层抗拉强度；σ_1^+ 为岩层最大拉应力。

　　地层出砂过程主要包括应力作用产生的机械破坏、流体流动使砂粒运移，以及出砂后破坏区扩展 3 个部分，出砂本构方程可写为

$$\frac{\dot{m}}{\rho_s} = f(\overline{\varepsilon}^{pl}) \cdot (1-n) \cdot c \cdot v_w \tag{5-4}$$

式中，m 为砂体质量；λ_1 为出砂系数；$\overline{\varepsilon}^{pl}$ 为等效塑性应变；c 为砂粒运移浓度；$f(\overline{\varepsilon}^{pl})$ 可以反映应力状态对出砂量的大小，定义为等效塑性应变的函数，即

$$f(\overline{\varepsilon}^{pl}) = \begin{cases} 0 & \overline{\varepsilon}^{pl} < \overline{\varepsilon}^{pl}_{min} \\ \lambda_1 (\overline{\varepsilon}^{pl} - \overline{\varepsilon}^{pl}_{min}) & \overline{\varepsilon}^{pl}_{min} < \overline{\varepsilon}^{pl} < \overline{\varepsilon}^{pl}_{max} \\ \lambda_1 (\overline{\varepsilon}^{pl}_{max} - \overline{\varepsilon}^{pl}_{min}) & \overline{\varepsilon}^{pl} \geqslant \overline{\varepsilon}^{pl}_{max} \end{cases} \tag{5-5}$$

式中，λ_1 为出砂系数；$\overline{\varepsilon}^{pl}_{min}$、$\overline{\varepsilon}^{pl}_{max}$ 为塑性应变临界值。

　　与常规气藏砂岩地层出砂不同，储气库生产压力周期性变化会导致储层岩石受到交变载荷的作用，储层在强注强采交变载荷作用下会出现损伤使其力学性质发生变化，影响储层稳定性引起出砂。根据储气库实际生产压力限度，设定储层岩石损伤试验的上下限压力，开展不同频率和循环次数下的岩石力学试验，岩石在交变载荷作用下会产生裂缝，裂缝逐渐延展拓宽损伤岩石，岩石损伤会随交变载荷的作用逐渐发展，直至岩石破坏。经过多组试验后记录交变加载前以及不同频率加载后岩石的轴向应变、径向应变及体积应变，根据试验数据计算岩石的损伤量，建立岩石损伤变量与循环次数和频率之间的关系式，此外，波形也可能影响岩石的损伤，常见的波形为三角波、正弦波等。相关试验研究表明（隋义勇等，2019），加载次数一定时，加载频率增加岩石的损伤量增大；加载频率一定时，加载次数增加岩石的损伤量增大。

　　交变循环影响储层的力学特性，其强度随交变损伤逐渐降低，通过开展应力-应变曲线数值模拟拟合试验曲线，可以获得储层岩石强度参数 β 和 d 与损伤变量 Ω 之间的关系式，由此可预测交变载荷下储气库注采井的出砂规律。

5.4　含水层型储气库储层综合评价体系构建

　　储层综合评价对于储气库建造及其有效开发具有重要意义，适宜发展储气库的储层应

具有岩性单一、相带稳定、孔-渗性能高、具有较强的聚集气体的能力和易开采性（李玥洋等，2013；刁玉杰等，2012）。对于含水层型储气库储层评价，要根据储层静、动态特征以及储气库工作特点选定评价参数，然后再选择相应的储层评价方法（文龙等，2005）。综合国内外孔隙型地下储气库和气藏储气层评价相关研究成果，含水层型储气库储层质量的评价因素是多方面的，选取如下四个方面的因素进行储层适宜度分析，即储气能力、注采气能力、储层敏感性、储层岩石力学性质四个方面。

5.4.1 储气能力

常规储层分类评价方法没有考虑储气能力，不能完全反映储气库气藏特征，而储气库气藏主要是储采共存，储气能力是含水层型储气库选址和能否进行实际勘探的关键参数（朱筱敏和康安，2005）。

孔隙度：孔隙度是地质储层计算及储层评价中不可缺少的参数，孔隙度要大于15%；孔隙度越大，储气空间越大，气藏库容就越大。

有效厚度：储层厚度是影响储气库储层质量的一个重要参数，厚度越大，储存气体的量就越大，有效厚度要大于4m。

分布连续性：主要表现为储层岩石三维几何形体和完整性，储层分布应广泛、稳定，有一定倾斜度的储层比水平储层能更好地封闭天然气，尤其是储气库要具有一定的气顶形成条件；若储层被圈闭内的断层切割，断层在储层中的横向应是开启的，储层横向应具有较好的连通性。

含气饱和度 S_g（最高含气饱和度）：含气饱和度是计算天然气储量的重要参数之一（鲁雪松等，2014；陈晓娟等，2010），也是储层气体绝对渗透能力 K_g 和相对渗透能力（K_{rg}、K_{rw}）的一种重要指标，无论从库容计算，还是从储层渗流能力来看，含气饱和度是储层评价的重要参数。

针对含水层型储气库特点建立了以库容为基础的储气能力分析模型，包括多项参数：孔隙度、含气饱和度、有利区域面积、储层厚度、体积系数、面积校正系数和有效厚度校正系数。库容计算公式为

$$Q_g = Ah\varphi S_g \eta_g / B_g \tag{5-6}$$

式中，Q_g 为库容，$10^8 m^3$；A 为有效圈闭面积，km^2；h 为溢出点以上的有效储层厚度，m；φ 为有效孔隙度；S_g 为根据气水相渗及注气驱水机理确定的气驱含气饱和度，%；η_g 为气体总的波及体积系数，%；B_g 为气体体积系数。

5.4.2 注采气能力

为了保证含水层型储气库的改建成功，不但要考察储层是否具有储气的条件，还要考察储层是否具有注采气条件，即同时满足"注得进、储得进、采得出"的要求。天然气分子直径小，活动能力强，对储层物性的要求不如原油等液体那么严格，但作为一个良好的

储气空间，必须要有良好的注入和采出能力，这种能力取决于储层性质（叶礼友，2011）。注采气能力是含水层构造建库可行性的重要论证指标，是关系储气库注采运行设计的重要参数。

储层深度：储层的深度实际为注入深度，要考虑注入成本、注采工艺和地面设施承载能力，储层深度有最大限度，目前已建的含水层型储气库深度主要分布在395～2100m之间，枯竭油气藏型储气库最大深度为3500m。

渗透率：渗透率直接反映储层渗流能力大小，也是影响气井产能的重要参数，储层渗透率越大，气体的注入能力越大，储层气体渗透率要大于100mD。气井控制半径与储层有效渗透率有关，两者之间符合双对数关系，无论从储层流动性，还是从单井控制储层来看，储层渗透率是储层评价的一个基础参数。储层的注入能力可以用注入指数来表示：

$$I = \frac{q}{\Delta P} = \frac{172.8\pi Kh}{\mu \ln\,(r_e/r_w)} \tag{5-7}$$

式中，q 为井筒中的流速，$\mathrm{m^3/d}$；h 为储层厚度，m；ΔP 为储层及井筒间的压差，$\mathrm{m^3/d}$；K 为储层的渗透率，$\mathrm{dm^2}$；μ 为注入流体的黏度，MPa·s；r_e 为等效泄流半径，m；r_w 为井筒半径，m。

等渗点含气饱和度（有效含气饱和度）：等渗点为气-水两相渗透率曲线上两相渗流的交点，气相和水相相对渗透率相等。对于常规气藏，一般过了等渗点以后，由于气相渗透率严重下降，而水相渗透率快速上升，生产上表现为气体产量急剧下降，水量急剧上升，因此常规气在确定储量时，一般把等渗透点对应的含气饱和度作为有效含气饱和度。

孔喉结构特征：储层物性条件要好，孔喉连通性好，可通过岩心压汞试验获得相关描述参数，如：排替压力、中值压力、中值半径等。饱和中值压力反映的是流体充满50%的储集空间所对应的孔喉毛细管压力，地层流体压力克服孔喉毛细管压力充满50%储集空间的能力（压差值）越大，地层流体突破孔喉毛细管压力的可能性越大，有效连通孔隙的储集空间就越大；孔隙喉道半径 r_{c50} 是影响孔隙连通性的一个重要因素，孔隙连通性与 r_{c50} 值的大小成正比，毛细管中值半径 r_{c50} 表征储层的平均孔喉半径，其值越大，气体越易在孔隙之间流动，储集空间的连通性越好。

非均质性：储层的非均质性制约注入气体在储层中的流动状况，非均质性越严重，气体运移范围越小，影响气体的储存能力。储层特征的变化，不仅控制着是否注得进的问题，还制约注气效果和气体分布，储层的非均质性评价是研究储气库注采能力的重要参数。储层非均质性研究方法主要是通过计算渗透率变异系数、渗透率突进系数、渗透率级差、夹层频数、有效厚度系数等参数来定量评价储层非均质性系数。渗透率变异系数反映样品偏离整体平均值的程度，是评价储存非均质性的最重要的参数，其值越大，表明非均匀性越严重。

5.4.3　储层敏感性

砂岩含水层中普遍存在着黏土等矿物，在储气库建设与开发的不同环节（如钻完井、注气、采气、增容措施等），储层均会与外来流体接触，这些流体与含水层自身流体和矿物不配伍导致含水层渗流能力下降，从而在不同程度上影响含水层的储采能力（师育新和雷怀彦，1995）。

泥质含量：砂岩储层中的泥质含量对储层有重要作用，如高岭石的流速性、蒙脱石的水敏性、伊利石的丝缕化障积性、绿泥石的酸敏性等，具有这些特性的黏土矿物以不同的方式堵塞或填积在储层孔隙喉道中，它们在储层中矿物组成和含量的不同将会影响储层物性的孔隙形态和渗透力的大小。对砂岩黏土矿物的研究，一般采用扫描电镜、X 射线衍射或显微镜等方法对黏土矿物的组合和含量进行定性分析，进而用 X 射线衍射定量求取黏土矿物的相对含量和绝对含量，再进一步进行储层评价。

速敏：流体速度过高致使储层岩石中胶结较弱的微粒产生脱离、运移和沉积，堵塞储层有效孔喉通道，致使储层物性变差。

水敏：注采流体的盐度变化引起储层岩石黏土矿物的水化、膨胀和分散，导致黏土微粒及由黏土胶结的碎屑微粒的释放，影响储层物性。

5.4.4　储层岩石力学性质

由于储气库供气不同于正常气田生产，注采井将周而复始地注入和采出，且其注采气量都大于气田开发时的正常生产状态（曾顺鹏，2005）。针对储气库工作特点，将储层岩石力学性质融入储层评价中。

储层岩石特征：含水层储层岩石性质研究包括储层的沉积类型、岩性和储层成岩作用特点等。砂岩储层的沉积环境较好的是大型河流、三角洲相和扇三角洲相，岩性是特定沉降环境的必然产物，沉积环境和成岩作用对岩石结构和力学特性有较大影响。

应力敏感性：储层岩石的应力状态发生变化，必然导致储层的压缩、拉伸或旋转变形。应力敏感性指的是储层岩石的孔隙度、渗透率、压缩系数等随岩石骨架应力的变化而变化，与常规气藏开发所不同，含水层型储气库的运行为强注强采作业，地层压力变化幅度和速度都较大，孔隙变形明显，多周期的反复加载和卸载，使得孔隙岩石发生一定的塑性永久变形，会损害储层的渗流能力和储气能力。

储层出砂：主要表现在采气过程，含水层型储气库的储层多数属于高孔隙度、高渗透性和低强度的砂岩岩石，储层易发生出砂现象，储气库在短期内强注强采，要求采气井储层不能出砂。若储层由非胶结的砂粒或胶结很弱的砂岩构成时，在不控制气井产量、地层压差或地层压力梯度时，储层会遭到破坏，在采气井周围形成洞穴，导致盖层及上覆岩层的垮塌和破坏，套管被挤坏，使得采气井报废。

储层岩石破裂压力：注入流体压力既受地面设施条件的限制，同时又要受储气库岩石破裂压力的限制。注入流体压力不能超过储层岩石破裂压力，否则，在注入流体的同时，

将压破地层，使注入流体发生"漏窜"等现象（杨毅，2003）。因此，在确定储气库注入
井注入能力的同时有必要参考地层破裂压力，作为注入井最高流动压力的制约值。

5.4.5　评价体系的构建

目前对常规砂岩储层的评价主要是采用宏观（孔-渗）和微观（孔喉结构）相结合的
评价方法，但这类方法在储气库储层评价的研究工作中遇到了困难，反映出其片面性（包
洪平等，2005）。常规储层评价的核心是孔隙度和渗透率，主要有两方面不足：一是传统
储层评价方法，常以孔隙度、渗透率物性参数作为主要评价指标，二是传统储层评价注重
砂岩储层自身物性，是一种静态的方法，而缺少对砂岩储层环境条件（如地层流体压力
等）的考虑，未重视砂岩与环境之间的动态制约关系。

我国含水层型储气库勘探开发起步晚，研究认识程度均较低，仍处于勘探评价阶段，
尚未进行建设和开发。以往的注气或储气筛选标准及评价方法局限性较大，往往由于某个
特征不符合标准就否定了储气库的潜力。而含水层构造的多个参数对注气的适宜性影响是
整体性的，要对其定量评价，须在多种参数定量化的基础上综合研究这些评价参数对注
气、储气的影响（Tabari et al.，2011）。

按照常规储层评价方法，衡量储层储集性能的标准主要是孔隙度和渗透率，它决定了
气藏的储量和产量，依据原中国石油天然气总公司碎屑岩储层物性划分标准（表5-1），以
渗透率大小为主要依据，将孔隙度分为 1～5 类。根据 D5-1 井岩心化验结果统计可知，
V～VI类储层占83.6%以上，储层总体评价为V～VI类储层。

表 5-1　碎屑岩储层物性划分标准

储层类型		孔隙度/%	渗透率/$10^{-3}\,\mu m^2$
I	特高孔特高渗	≥30	≥2000
II	高孔高渗	25～30	500～2000
III	中孔中渗	15～25	50～500
IV	低孔低渗	10～15	10～50
V	特低孔特低渗	5～10	1～10
VI	超低孔超低渗	<5	0.1～1

岩石的孔隙及喉道是天然气储集和流动的空间和通道，气体能否在一定压差下从岩石
中流出取决于喉道的粗细，即孔喉半径的大小。这种既能储集气体又能使气体渗流的最小
孔隙通道称为油气的最小流动孔喉半径。根据国内外的研究成果，0.1μm 厚度大致相当于
水湿性碎屑岩表面附着的水膜厚度。油气藏形成过程中油气驱替水需要克服非常高的毛细
管压力，当储层的孔喉小于 0.1μm 时，油气难以进入其中形成有效的储层，因此认为
0.1μm 为储层的孔喉下限。根据压汞试验统计了孔隙度与喉道半径关系，0.1μm 喉道半径
对应的孔隙度为 6%，即 6%的孔隙度值可以作为孔隙度下限。

通过调研国外已建含水层型储气库储层参数，以及国内待筛选含水层构造储层特征
（表5-2），结合我国陆相砂岩气藏储层特征和冀中地区气藏开发经济技术条件，针对上述

优选的评价指标，提出适合于本区含水砂岩储层质量的分类评价标准。

为了有效地对含水层型储气库储层进行精细评价和指导勘探开发工作，参考前人关于气藏储层评价标准、枯竭油气藏型储气库储层评价以及含水层型储气库库址筛选标准，根据储层岩心室内化验、地震、测井和试井等现场测试成果，共确定 4 个一级指标（准则层）、22 个二级指标（指标层和子指标层），层次分析模型如图 5-1 所示，初步构建含水层型储气库储层分类评价标准如表 5-2 ~ 表 5-7 所示。

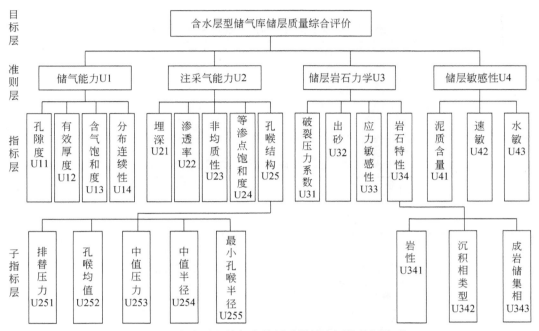

图 5-1 含水层型储气库储层质量综合评价指标体系

表 5-2 含水层型储气库储层储气能力评价标准

分级	孔隙度/%	有效厚度/m	含气饱和度/%	分布连续性
I	>25	>80	>60	分布稳定、连通性好
II	15 ~ 25	30 ~ 80	45 ~ 60	分布较稳定、连通性较好
III	6 ~ 15	4 ~ 30	30 ~ 45	分布较稳定、连通性一般
IV	<6	<4	<30	分布不稳定、连续性差

表 5-3 含水层型储气库储层注采气能力评价标准

分级	埋深/m	渗透率/mD	非均质性	等渗点饱和度/%	孔喉结构
I	400 ~ 1000	>100	弱	>35	大孔粗喉
II	1000 ~ 2100	50 ~ 100	一般	25 ~ 35	中孔粗中喉
III	2100 ~ 3500	10 ~ 50	较强	15 ~ 25	中孔中细喉
IV	>3500	<10	强	<15	小孔细喉

表 5-4 含水层型储气库储层孔喉结构评价标准

分级	排替压力/MPa	孔喉均值/μm	中值压力/MPa	中值半径/μm	最小孔喉半径/μm
I	<0.1	>2	<0.7	>1	>0.6
II	0.1~0.5	1~2	0.7~3	0.5~1	0.3~0.6
III	0.5~1.3	0.25~1	3~9	0.15~0.5	0.1~0.3
IV	>1.3	<0.25	>9	<0.15	<0.1

表 5-5 含水层型储气库储层敏感性评价标准

分级	泥质含量/%	速敏	水敏
I	<5	弱	弱
II	5~15	一般	一般
III	10~30	较强	较强
IV	>30	强	强

表 5-6 含水层型储气库储层岩石力学性质评价标准

分级	破裂压力系数	出砂	应力敏感性	岩石特性
I	>1.7	弱	弱	好储集层
II	1.7~1.4	一般	一般	较好储集层
III	1.4~1.2	较强	较强	中等储集层
IV	<1.2	强	强	差储集层

表 5-7 含水层型储气库储层岩石特性评价标准

分级	岩性	沉积相类型	成岩储集相
I	粗中砂岩	滨岸相、三角洲前缘	少量硅质-绿泥石胶结
II	中细砂岩	扇三角洲相、滨浅湖	硅质胶结-强溶蚀相
III	细、粉砂岩	河流相、潮坪相	硅质胶结-弱微溶相
IV	粉砂岩、泥质粉砂岩	洪、冲积相	杂质-碳酸盐胶结

5.4.6 指标权重的确定

基于上述提出储层质量评价体系,应用层次分析法对各评价指标的重要性进行量化(孔锐和张哨楠,2012)。面向地下储气库专家进行问卷调查以获得同级影响因素间相对重要性比值,构建各级判断矩阵,然后利用层次分析法计算出各评价指标的具体权重值。

利用 MATLAB 软件编制相应计算程序,计算出的储层质量评价各指标相对权重和三级指标权重值如表 5-8 所示。根据各指标权重计算结果,在储层质量评价指标体系中,各评价参数的重要性依次为含气饱和度 U131、渗透率 U221、非均质性 U231、等渗点饱和度 U241、孔隙度 U111、埋深 U211、泥质含量 U411、有效厚度 U121、破裂压力系数 U311、出砂 U321、分布连续性 U141、速敏 U421、排替压力 U251、中值压力 U253、中值半径

U254、水敏 U431、应力敏感性 U331、孔喉均值 U252、最大孔喉半径 U255、成岩储集相
U343、沉积相类型 U342 和岩性 U341。

表 5-8　储层评价各指标相对权重和三级指标权重值

一级指标	一级指标组内权重	二级指标	二级指标组内权重	三级指标	三级指标组内权重	三级指标权重
			同级同类指标组内指标相对权重			
储气能力 U1	0.2968	孔隙度 U11	0.3475	孔隙度 U111	1	0.103138
		有效厚度 U12	0.1420	有效厚度 U121	1	0.042146
		含气饱和度 U13	0.3828	含气饱和度 U131	1	0.113615
		分布连续性 U14	0.1276	分布连续性 U141	1	0.037872
注采气能力 U2	0.4852	埋深 U21	0.1111	埋深 U211	1	0.053906
		渗透率 U22	0.2222	渗透率 U221	1	0.107811
		非均质性 U23	0.2222	非均质性 U231	1	0.107811
		等渗点饱和度 U24	0.2222	等渗点饱和度 U241	1	0.107811
		孔喉结构 U25	0.2222	排替压力 U251	0.2500	0.026953
				孔喉均值 U252	0.1250	0.013476
				中值压力 U253	0.2500	0.026953
				中值半径 U254	0.2500	0.026953
				最小孔喉半径 U255	0.1250	0.013476
储层岩石力学 U3	0.1090	破裂压力系数 U31	0.3509	破裂压力系数 U311	1	0.038248
		出砂 U321	0.3509	出砂 U321	1	0.038248
		应力敏感性 U33	0.1891	应力敏感性 U331	1	0.020612
		岩石特性 U34	0.1091	岩性 U341	0.1634	0.001943
				沉积相类型 U342	0.2970	0.003532
				成岩储集相 U343	0.5396	0.006417
储层敏感性 U4	0.1090	泥质含量 U41	0.4934	泥质含量 U411	1	0.053781
		速敏 U42	0.3108	速敏 U421	1	0.033877
		水敏 U43	0.1958	水敏 U431	1	0.021342

注：受四舍五入影响，表中数据稍有偏差

5.5　D5 区砂岩储层综合评价

5.5.1　含水层岩石特征

1. 沉积特征

沉积环境主要为石炭-二叠系海陆交互相碎屑岩。中石炭世，为广阔的陆表海沉积，

接受了厚度不大的海相碎屑岩和碳酸盐岩沉积，以及海陆过渡相碎屑岩沉积，发育为泥岩与碳酸盐岩不等厚互层，夹碳质泥岩、粉细砂岩和铝土岩，反映了海平面频繁升降，陆源碎屑周期性补给的海陆相交替沉积特点。晚石炭世，在温暖湿热的热带气候环境，形成了以三角洲平原亚相砂泥岩互层，夹碳质泥岩、薄煤层、海相灰岩、白云岩和泥灰岩为特点的岩性组合。早二叠世山西期，结束了晚古生代海相沉积的历史，在潮湿炎热的热带雨林为特点的古生态和古气候环境下，沉积了三角洲平原亚相网状河道、分支流河道、河间洼地微相的砂砾岩、粉砂质泥岩、碳质泥岩和煤层。石盒子期为河流相沉积，主要为辫状河道微相砂岩、砾质砂岩、砂质砾岩夹泥岩沉积；石千峰期为热带干旱气候条件下的洪冲积、河流相红色砂砾岩、泥岩和砂质泥岩沉积（刘团辉，2017）。

二叠系石盒子组陆相河流体系发育，为辫状河道亚相沉积，沉积构造可见块状层理、槽状交错层理、正粒序、楔状交错层理等。储集层主要为辫状河道砂体，少量辫状河心滩砂体，岩性为灰色粗砂岩，反映水动力条件强，水体动荡，属于复合坝砂体。

2. 岩石学特征

根据 40 块岩心薄片试验结果表明，砂岩的物质成分主要有碎屑颗粒和填隙物两部分，骨架颗粒成分主要包括石英、岩屑和长石。从碎屑组分来看，石盒子组砂岩石英含量高（平均 42% ~58.65%），其次为长石（平均 11.9% ~52%），岩屑含量较低（平均 6% ~29.45%），成分成熟度中等，结构成熟低。从岩屑成分来看，石盒子组砂岩储层岩屑以酸性喷出岩和变质岩为主，其次为沉积岩岩屑。岩石学总的特征是：在碎屑组分上，石英含量随埋深略有增加，长石、岩屑含量随埋深略微降低。矿物组分上以石英为主，长石、黏土矿物、碳酸盐矿物次之，零星含有铁矿。填隙物主要为泥质杂基、黏土矿物及方解石，其含量分别为 0.2% ~5.5%，0.6% ~4.0% 及 0.8% ~1.3%；其次为铁泥质，零星可见白云石、赤铁矿，偶见石英次生加大。利用砂岩类型三角图版对岩石类型分析，D5 区二叠系砂岩储层岩石类型主要为长石岩屑砂岩，其次是岩屑长石砂岩。

共采集 D5-1 井 16 个砂岩样品进行了 X 射线衍射全岩分析。2348.18 ~2363.45m 井段黏土矿物含量为 4% ~19%（平均值 9.2%，6 个样品），非黏土矿物中石英所占比重最大，在 69% ~85% 范围内变化，平均值为 76%，其次为长石和菱铁矿，含量平均值分别为 10% 和 3%；2374.35 ~2379.6m 井段黏土矿物含量为 8% ~64%（平均值 47%，4 个样品），非黏土矿物中石英所占比重最大，在 29% ~79% 范围内变化，平均值为 44%，其次为长石和赤铁矿，含量平均值分别为 3.5% 和 3.75%；2397.28 ~2417.14m 井段黏土矿物含量为 4% ~43%（平均值 15.8%，6 个样品），非黏土矿物中石英所占比重最大，在 52% ~91% 范围内变化，平均值为 78%，其次为长石和方解石，含量平均值分别为 2.3% 和 1.3%。

碎屑岩储层中黏土矿物含量较高，根据偏光薄片和 X 射线衍射分析，黏土矿物成分主要为高岭石，次为伊利石和绿泥石，分布粒边或粒间。黏土矿物充填孔隙使岩石中孔隙变为微孔隙，黏土薄膜使颗粒的比表面积增加，吸附性增强，降低了岩石的储集性能。

3. 成岩作用

D5 区二叠系砂岩经历的成岩作用主要有机械压实作用、胶结作用、溶解作用等。

　　机械压实作用是碎屑岩储层所经历的最显著的成岩事件之一。D5 区主要特征为随埋深的增加碎屑颗粒由线–点接触到点–线、线接触。压实作用严重破坏储岩的原始孔渗性，并影响其后的成岩演化，是导致储集岩物性差的重要因素之一。

　　泥质杂基为沉积期或同生期的产物，泥质杂基分布较广，含量相对较高，平均含量5.3%，最高 13%，充填于原生孔隙中，破坏岩石的孔隙性，同时泥质杂基为易压实组分，杂基含量较高时压实作用显著，储集能力差。碳酸盐胶结物从成因上分有两种：一种为同沉积的泥晶碳酸盐，另一种为化学沉积的粉细晶方解石。方解石分布较广，平均 2.1%，最高 21%，从 2348.18m 到 2418.3m 有减少的趋势，有两种充填方式，一种呈块状、斑状晶体充填孔隙中（图 5-2a），与颗粒直接接触，另一种充填于孔隙中部，边缘为泥晶碳酸盐。泥晶碳酸盐同样分布广泛，平均 1.3%，最高 5%，从 2348.18m 到 2418.3m 没有明显变化，一种为团块状，一种为颗粒边缘或孔隙边缘。铁泥质是赤铁矿与泥质的一种混合物，在所研究层段仅在少数样品中出现，但含量高，对岩石储集性影响很大，出现于2374.88m、2376.55m、2384.32m、2416.16m、2417.14m 处的样品中，最低含量 13%，最高 41%，平均 26.8%，充填了全部孔隙，已不具储集性能。石英的次生加大较发育，但不均匀，其含量多<1%，在酸性成岩环境，富 Si^{4+} 的水溶液中，自生石英呈同轴加大发育于石英颗粒外围，其形成于碳酸盐结晶之前（图 5-2b）。

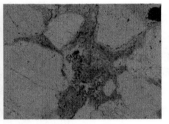

a. 方解石斑块胶结，2400.2m　　　　b. 石英次生加大，2400.2m　　　　c. 岩屑溶蚀，2414.7m

图 5-2　D5-1C 井二叠系碎屑岩储层成岩作用图版

　　研究层段的溶解作用很强，形成了大量的粒内溶孔、粒间溶孔，甚至颗粒全部溶蚀，形成铸模孔。在 2349.62 ~ 2354.75m、2400.20m、2406.98 ~ 2410.05m、2414.70m 处，均发生了较强烈的溶解作用，使孔渗性能得到了极大的改善（图 5-2c）。

5.5.2　储层岩石常规物性特征

1. 岩心室内测试

　　D5-1 井石盒子组砂岩上段断续取心 9 次，进尺 52.9m，心长 51.4m。浅灰色块状砂砾岩、含砾砂岩与紫红色泥岩不等厚互层，砂砾岩、含砾砂岩单层厚度一般 6 ~ 8m，最大 16m。

　　试验分析的岩样是钻取平行于地层的水平样，反映地层的水平向物性特征。针对石盒子组的 94 块岩样进行了孔隙度和渗透率的测定。测试结果表明，孔隙度越大，渗透率越大，二者间具有较好的正相关关系。对于任一孔隙度值，渗透率有 1 ~ 2 个数量级的差异，说明渗透率主要与孔隙度有关，同时受孔隙结构、岩石构造、构造运动等因素影响。

岩心孔隙度在10%～15%的岩心占39.47%，孔隙度大于15%的岩心占5.26%，对于岩石渗透率来说，渗透率多数偏低，大于10mD的岩心仅占15.96%，储层物性较差，主要为低孔低渗。

2. 现场测试解释

D5井在石盒子组测井解释层段共解释水层141.6m/12层，最大单层厚度34.6m，含水层孔隙度平均值为9.2%，渗透率平均值为5.52mD。D5-1井在石盒子组测井解释层段共解释水层81.3m/11层，最大单层厚度17.6m，含水层孔隙度平均值为6.7%，渗透率平均值为3.74mD。

另外，分别对D5、D5-1井石盒子组储层不同层段进行7个地层测试（层序试油），日产水12.7～44m³，D5、D5-1（局部层）试井解释有效渗透率分别为11.9mD、9.65mD。

5.5.3　储层岩石微观孔隙结构特征

孔隙结构是天然气注采过程中微观物理特征研究的核心内容，复杂、多变的孔隙、喉道制约着微观孔隙结构变化，影响气体运移、储层品质和注采开发效果。

1. 孔隙类型

石盒子组砂岩岩石为颗粒支撑结构，分选性以中为主，部分为低；磨圆度多为次圆-次棱状；碎屑颗粒间的接触关系多为线-点和点-线接触，部分为漂浮状。铸体薄片观察和扫描电镜测试表明（图5-3，图5-4），二叠系石盒子组砂岩的主要储集空间类型为孔隙型，可见裂缝，但裂缝面孔率不足1%。发育四种孔隙类型，分别是粒内溶孔、粒间溶孔、晶间微孔、铸模孔。铸模孔相对较少，在2377.6～2384.32m和2397.26～2418.26m井段可见，面孔率一般在<1%～7%，孔径最大233μm，一般为20～120μm。

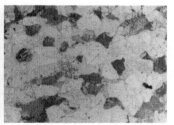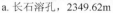

　　a. 长石溶孔，2349.62m　　　　b. 高岭石晶间微孔，2349.62m　　　c. 粒间溶孔、粒间孔，2349.62m

图5-3　D5-1C二叠系碎屑岩储层偏光显微镜下孔隙类型图版

D5-1井2348.18～2363.35m和2397.26～2418.26m井段孔隙较发育，2377.6～2384.32m井段孔隙发育较差。孔隙最发育的井段是2349.62m，面孔率达7%，岩石类型是岩屑长石砂岩，以中粒为主，孔隙式胶结，分选好，次圆状，颗粒间点-线接触。其次是2354.75m和2414.70m，面孔率均为6%。2354.75m的岩石类型是复成分砂砾岩，分选差，次圆状，孔隙式胶结，点-线接触；2414.70m岩石类型是长石岩屑砂岩，以中粒为

a. 少量粒间孔隙，2349.62m   b. 少量粒间孔隙，2414.70m

图 5-4 D5-1C 二叠系碎屑岩储层扫描电镜下孔隙图版

主，孔隙式胶结，分选好，次圆状，颗粒间线接触为主。

2. 孔隙结构特征

孔隙结构是指孔隙和喉道的大小联通情况、分布特征及相互配置关系。从微观角度认识含水层砂岩储层的微观孔喉特征，明确制约含水层品质和储气效果的关键因素。D5-1井共选取了 11 个样品进行压汞试验，试验结果如表 5-9 所示。

表 5-9 石盒子组岩心压汞试验特征参数

编号	深度/m	孔隙度/%	渗透率/mD	排替压力/MPa	中值压力/MPa	中值半径/μm	分选系数	退汞效率/%
2-36H	2359.71	10.4	4.84	0.73	2.89	0.2	1.73	35.85
2-36X	2359.71	10.78	0.23	0.89	3.92	0.19	0.30	35.03
3-13H	2362.55	10.6	9.34	0.18	0.49	1.17	8.81	28.76
3-13X	2362.55	10.98	2.00	0.14	1.66	0.44	7.36	32.07
5-08H	2382.5	10.3	3.59	0.45	2.09	0.29	2.79	46.95
5-08X	2382.5	10.01	0.71	0.48	2.68	0.27	0.67	46.86
6-35H	2402.16	8.1	0.57	0.73	2.95	0.22	1.68	45.34
6-35X	2402.16	7.13	0.15	1.02	2.78	0.26	0.31	44.86
7-10H	2405.4	9.3	4.65	0.47	2.68	0.24	2.58	54.77
7-26H	2410.6	11.1	9.88	0.33	1.59	0.39	4.22	56.58
7-26X	2410.6	14.56	3.25	0.23	2.86	0.26	1.05	59.81

编号	深度/m	毛细管压力/MPa	汞饱和度/%	孔喉半径/μm	最大毛细管压力/MPa	最大进汞饱和度/%	最小孔喉半径/μm
2-36H	2359.71	25.208	87.150	0.025	25.208	87.150	0.025
2-36X	2359.71	26.74	76.08	0.027	206.82	85.13	0.004
3-13H	2362.55	25.214	86.240	0.025	25.214	86.240	0.025
3-13X	2362.55	26.74	66.21	0.027	206.82	67.75	0.004
5-08H	2382.5	25.210	87.260	0.025	25.210	87.260	0.025

编号	深度 /m	毛细管压力 /MPa	汞饱和度 /%	孔喉半径 /μm	最大毛细管 压力/MPa	最大进汞 饱和度/%	最小孔喉 半径/μm
5-08X	2382.5	26.75	85.40	0.027	206.82	88.77	0.004
6-35H	2402.16	25.208	86.610	0.025	25.208	86.610	0.025
6-35X	2402.16	26.75	83.10	0.027	206.83	89.49	0.004
7-10H	2405.4	25.207	83.690	0.025	25.207	83.690	0.025
7-26H	2410.6	25.207	82.410	0.025	25.207	82.410	0.025
7-26X	2410.6	26.74	67.87	0.027	206.83	69.48	0.004

注：H 表示单位 1 仪器结果；X 表示单位 2 仪器结果

通过对比研究，两组仪器的测试结果有一定的差异：测定的孔隙度值相近，而空气渗透率差距较大，尽管储层非均质性较强，但取样点距离很近，物性差距不会太明显，综合分析认为是试验测试系统差异导致；尽管渗透率测定结果差异较大，但压汞试验结果基本接近，总体上，排替压力、中值压力、中值半径等参数测定结果相近。

排替压力、中值压力、中值半径是表征岩石储集性能好坏的重要指标，一般储层渗透性越好，孔隙半径越大，排替压力和中值压力越低，中值半径则越大。

受试验仪器设备影响，H 单位压汞试验最大进汞压力只有 25.2MPa，对应的孔喉半径为 0.025μm，从试验结果看，6 个样品测定的最大进汞饱和度在 82.41% ~ 87.35% 之间，平均 85.56%；X 单位压汞试验最大进汞压力达到了 206.82MPa，对应的孔喉半径为 0.004μm，5 个样品测定的最大进汞饱和度在 67.75% ~ 89.49% 之间，平均 80.12%。从 X 单位测定试验结果看，进汞压力在 26.74 ~ 206.82MPa 范围内，进汞饱和度增加量很少，只有 1.5% ~ 9.05%，说明此段孔隙基本为无效孔隙，为客观对比平行试验结果，确定以 X 单位试验进汞压力 26.74MPa 时对应的进汞饱和度值作为最大进汞饱和度。综合分析认为，当进汞压力大于 25MPa 时，孔喉半径已经小于 0.025μm，此时，气体早已无法进入其中形成有效的储层。

根据毛细管压力曲线上的最大进汞饱和度和残余汞饱和度，可以计算退汞效率，计算公式为：退汞效率 = （最大进汞饱和度-残余汞饱和度）/最大进汞饱和度。退汞效率实际上是非湿相采收率，对于含水层构造建库，退汞效率含义相当于气的采收率。对比发现，两种试验退汞效率相当，H 单位为 44.71%，X 单位为 43.73%，据此分析双方试验所得的采收率基本相同。物性好的储层，注气饱和度更高，累计采出量更大。

根据压汞测试结果，压汞曲线为单峰细孔喉型，以细、微喉道为主，粗喉道较少，孔喉分布呈单峰且偏向细孔喉道一侧，渗透率较差。储层排替压力为 0.33 ~ 0.73MPa，中值半径为 0.22 ~ 1.17μm，进汞饱和度 >80%，退汞效率为 35.85% ~ 56.58%，根据储层评价标准综合评价为特小孔隙喉道，细微喉道，分选较差，产能中等偏差，采收率中等偏低的储层。

5.5.4　岩石气-水两相试验

气-水两相相对渗透率是描述气-水两相流动的关键参数，是含水层储层自身特征及气-水运动规律的综合反映。通过气-水相渗试验可以判断润湿性及分析两相渗流曲线特征，气藏储层的微观孔隙结构对气水渗流规律有重要影响，相渗曲线的特征决定着开发难度和效果（石磊等，2012b）。

D5-1 井共选取 11 块样品进行气-水相渗室内试验，试验结果分别见表 5-10 和图 5-5。

表 5-10　气-水相渗试验参数表

编号	深度/m	孔隙度/%	空气渗透率/mD	水相渗透率/mD	交点饱和度/%	交点相渗	残余水饱和度/%	最高含气饱和度/%
1-34H	2351.85	15	14	0.82	16.5	0.06	62.00	38.00
1-34X	2351.85	15.55	4.8	2.95	33.3	0.082	39.42	60.58
5-4H	2381.9	9.83	4.99	0.18	7.2	0.085	67.00	33
5-4X	2381.9	13.61	2.77	1.54	15.2	0.1	60.99	39.01
6-19H	2399	10.28	4.06	0.059	12.6	0.07	65.80	34.20
6-19X	2399	11.78	0.328	0.152	24.6	0.06	58.39	41.61
7-2H	2404.1	9.58	1.8	0.19	14.1	0.06	51.00	49.00
7-2X	2404.1	9.29	0.612	0.421	18.5	0.08	52.73	47.27
7-6H	2404.84	7.03	0.76	0.079	15.2	0.06	50.70	49.30
9-10X	2417.78	4.93	0.0696	0.047	21.7	0.04	68.34	31.66

两组试验所测得的最高含气饱和度和束缚水（残余水）饱和度基本接近，H 单位测得平均值分别为 40.7% 和 59.3%，X 单位测得的平均值为 44.03% 和 55.97%，交点相渗值也接近，平均值均为 0.06。气-水两相曲线交点含气饱和度差异较大，前者测得平均值为 13.12%，后者为 22.66%，综合分析认为主要是由试验设备差异引起。

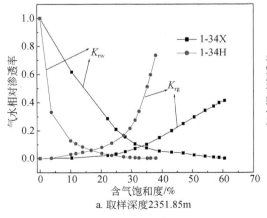

a. 取样深度2351.85m

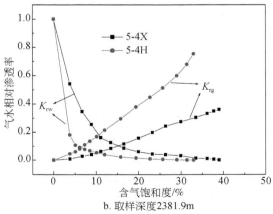

b. 取样深度2381.9m

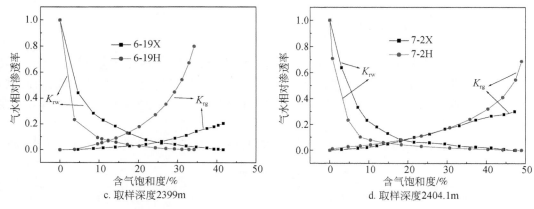

图 5-5　储层岩心气水两相渗流曲线

D5-1 井储层岩石气–水两相渗流特征如下：

（1）随着含气饱和度的增加，气相相对渗透率增幅较小，而水相相对渗透率却急剧下降。开始气驱时，气相未形成连续相之前，气相相对渗透率几乎为零。随着含气饱和度的增加，气体逐步形成连续相，气相相对渗透率逐渐增加，但增幅很小，水相相对渗透率则出现了急剧下降。当气体饱和度接近 10% 时，气相相对渗透率不到 0.1，水相相对渗透率已由 1 下降到 0.2 以下，随着含气饱和度的进一步增加，当含气饱和度达到 20% 时，水相相对渗透率已经低于 0.05，水在孔隙中逐步失去连续流动相，对气体注入形成较大的渗流阻力，气驱水越来越难。当气体饱和度大于 20% 后，气体在孔隙中形成连续的流动，含水饱和度接近残余水状态，气相相对渗透率又迅速增加，但此时仍有 70%～80% 及以上的水尚未驱出。

（2）等渗点相渗值很低，对应的含气饱和度也很低。等渗点为气–水两相渗透率曲线上两相渗流的交点，气相和水相相对渗透率相等。由两组测试结果可以发现，等渗点相渗均小于 0.1，相渗平均值仅 0.06，对应的含气饱和度平均值仅 13.12%（H 单位）和 22.66%（X 单位）。

对于常规气藏，一般过了等渗点以后，由于气相渗透率严重下降，而水相渗透率快速上升，生产上表现为气体产量急剧下降，水量急剧上升，因此常规气在确定储量时，一般把等渗透点对应的含气饱和度作为有效含气饱和度。气–水相渗曲线变化与常规油气有相似的规律，当过了等渗点后，水相相对渗透率已经很低（<0.06），气驱水已经很困难。考虑实际注气过程中储层非均质性、气相指进的影响，注气饱和度不可能达到试验测定的最高含气饱和度水平，因此借鉴常规气藏做法，确定等渗点含气饱和度作为实际注气驱水达到的有效含气饱和度。通过分析样品物性与气–水相渗参数的关系，确定西南石油的实测交点饱和度 22.66% 为建库合理饱和度。流体饱和度的分布及流动渠道直接与孔隙大小分布相关，岩石中各相流动阻力大小不同，因此岩石的孔隙大小及组合特征，直接影响相对渗透率曲线。高渗透、大孔隙砂岩两相渗流区范围大，束缚水饱和度低，孔隙小、连通性差的岩心气水相渗终点都较小，束缚水饱和度高。

气–水相渗曲线是在实验室相对理想状况下，利用尺度较小的岩心，采用恒定压力从一端注气，另一端测试记录气、水流量变化情况，并根据气、水流量计算得到各相的饱和度、相渗值，其中，最高含气饱和度是水不再流出时对应的测定值。事实上，在达到最高气体饱和度之前，气体已经不断流出岩心，且流量不断增大，但为了得到残余水饱和度或最高含气饱和度，必须一直注气，直到水相渗透率为 0，水不再流出为止。显然，这与建库实际注气驱水过程不同。

实际注气驱水过程中，由于气水流度比差异显著，气体在驱替过程中，总是优先占据大孔隙喉道，并试图超越水，沿压力梯度最大方向快速指进，气体总的波及效果差，驱扫效率低。一方面，气体前缘推进极不均匀，气-水两相流动区域宽度大，很可能后面的含气饱和度尚未达到最大，甚至饱和度还很低时，前缘非活塞指进的气体已经到达圈闭水封逸出点附近，注气被迫停止。另一方面由于气体两相流动过渡带宽度很大，润湿相的滞后捕集作用，将形成较多的水封气，尽管这部分气体保存在储气库中，在技术上算在库存量中，但实质上这部分气体已经损失掉了，因为只有采出大量的水后才能把它们采出来。可见，实际注气驱水，气体饱和度也很难达到气-水相渗试验的理想饱和度状态。王皆明等通过数值模拟平缓砂岩储层注气驱水过程发现（王皆明等，2005）：当注气速率为 0.1m/d 时（低速），平均含气饱和度仅为 26%；当注气速率为 1m/d 时（相对高速），平均含气饱和度为 25.8%，与低速注气相比含气饱和度基本没有变化，且两者气驱前缘波及的范围基本一致。

从各样品相渗曲线特征看，等渗点后水相渗透率很小，均小于 0.1，过等渗点后注气驱水困难。考虑实际注气驱水，一般从构造高部位注气，当气体达到溢出点附近停止注气，含气饱和度也是构造高部位最高，到溢出点前饱和度为 0，因此，即使高部位最高含气饱和度达到相渗试验的最高含气饱和度值（40% ~ 44%），整体含气饱和度也要远低于最高值。

D5 区储层物性相对较差，非均质性明显（平均渗透率 10mD，渗透率范围 0.04 ~ 129mD），实际注气驱水难度大，且易发生气体指进而从边界溢出的风险。结合气-水两相渗流特征与实际注气驱水情况，并考虑 D5 区地质特征，对比分析相渗试验结果后，确定气-水相渗等渗点的含气饱和度 22.6% 作为储气库的含气饱和度。

5.5.5 砂岩储层岩石力学试验

以 D5 区二叠系石盒子组砂岩含水层储层岩石为研究对象，研究砂岩的岩石力学特性，为研究储气库建造工程中注采所致储层变形、地面沉降、最大运行压力预测、储层裂缝预测及出砂等提供理论依据。

取 D5-1 井二叠系石盒子组储层井段的 9 块岩心进行岩石力学特征研究，储层岩石力学测试 2 组：三轴压缩试验和巴西拉伸间接试验。通过单轴压缩试验、三轴压缩试验、岩石抗拉强度等质研究以下内容：弹性模量、泊松比、抗压强度、抗拉强度、黏聚力、内摩擦角和应力-应变曲线等。

为了避免岩样离散性对试验研究的影响，采用声波速度筛选，采用声波速度相近的试样进行试验。通过储层岩石三轴压缩试验，确定了弹性模量和泊松比以及抗压强度等参数，如表 5-11 所示。储层岩石的弹性模量为 4.69 ~ 24.29GPa，平均值为 11.31GPa；泊松比为 0.21 ~ 0.39，平均值为 0.29。这种弹性力学性质的区别，源于储层岩石自身的沉积环境和条件，以及岩石的矿物成分。

表 5-11　储层岩石力学参数试验结果

编号	围压/MPa	抗压强度/MPa	弹性模量/MPa	泊松比
1-34/38	0	26.14	10824.02	0.29
5-（4-5）/23	10	27.34	4695.65	0.36
6-19/43	20	45.43	11059.60	0.39
7-（2-3）/42	40	70.88	5654.35	0.21
9-10/14	50	152.39	24291.57	0.21

尽管砂岩岩样存在一定的非均质性，结果存在一定差异，但整体规律基本一致，砂岩表现出脆性特性，强度较低；加载初期，压密基本完成，储层岩石一般呈脆性破坏，峰值强度应变数量级为 10^{-3}；围压作用下曲线不存在峰后明显的应变软化阶段，在达到弹性极限后岩石即破裂，但存在一定的残余载荷阶段；围压增加，有助于岩样内部微缺陷闭合，屈服应力和峰值强度增大，围压显著提高了岩样抵抗变形破坏能力。

采用库仑准则确定储层岩石的抗剪强度参数，即岩石黏聚力和内摩擦角，经计算可知，储层岩石的内摩擦角为 54.78°，黏聚力为 0.36MPa。

岩石的抗拉强度远小于抗压强度，岩石结构的开裂或失稳往往是结构自身或整体承受拉应力导致的。含水层型地下储气库作为一种较为特殊的地下工程，高压注气致使储层可能出现拉应力状态，拉应力条件下储层岩石裂隙扩展不仅会导致储层岩体力学特性退化，还会为地下储存气体提供潜在的泄漏通道，因而会对工程安全性造成不利影响。D5 区作为我国首个含水层型地下储气库的首选预选区和勘探区，虽然对该地区岩石基本物性特性已有较多研究，但还未见对其在拉伸条件下的力学特征进行相关研究。

储层岩石抗拉强度在 7.44 ~ 13.13MPa，最大值约为最小值的 1.8 倍，抗拉强度平均值为 10.31MPa。

5.5.6　储层岩石敏感性分析

依据含水层岩石矿物特征及其可能的潜在敏感性，开展了系统的敏感性岩心流动试验，评价相关敏感性的程度与临界参数。在选址评价阶段，仅考虑速敏、水敏和应力敏感性，暂不考虑其他敏感因素。

1. 岩石速敏试验

储层的速度敏感性是指流体在储层中流动时，由流体流动速度的变化引起地层微粒运移、堵塞孔隙喉道，造成储层渗透率下降的现象。实践证明，微粒运移在各作业环节中都可能发生而且在各种损害的可能性原因中是最主要的一种。速敏性评价试验的目的是了解储层渗透率的变化与储层中流体流动速度的关系，评价敏感程度及临界流速，为注采气井合理产量和注采速度提供依据。

含水层速度敏感性是指在测试和注采气过程中，当流体在储层中流动时引起黏土等矿物微粒松动，从孔-缝壁面脱落、运移，在流动方向变窄处造成堵塞，而使储层渗透率下降的现象。不同深度 6 块岩心的试验分析表明（表 5-12）：石盒子组储层渗透率与流速的关系明显，岩心渗透率随流速的增大而增大，临界流量主要在 0.1~0.25mL/min，折算的临界流速为 2.79~6.63m/d，渗透率损害率（Dv）为 53.82%~375.57%。

表 5-12　速敏试验数据

岩心号	注入流体	渗透率最大值 /10^{-3}μm²	渗透率最小值 /10^{-3}μm²	临界流量 /（mL/min）	Dv/%	评价
1-32/38（2）	临井河水	0.0702	0.0276	0.25	154.71	强
1-32/38（2-1）	清水	0.0670	0.0190	0.10	253.12	强
5-12/23（2）	临井河水	0.0218	0.0142	0.10	53.82	中等
5-12/23（2-1）	清水	0.0239	0.0103	0.10	132.08	强
7-18/42（2）	临井河水	0.143	0.0618	0.10	130.87	强
7-18/42（2-1）	清水	0.147	0.031	0.10	375.57	强

注：清水对应的水型 $NaHCO_3$，总矿化度 740.27mg/L；临井河水对应的水型为 $MgCl_2$，总矿化度 3498.77mg/L

参照表 5-13 所示的判断标准，在速敏试验中，D5-1 井岩心速敏伤害率几乎都大于70%，5 块试样速敏程度强，1 块试样速敏程度中等偏强，说明损害程度为强速敏，在生产时要控制注入或采出水的速度，控制其流速要低于临界流速。

表 5-13　速敏损害程度判定表

损害程度	≤5%	5%~30%	30%~50%	50%~70%	>70%
敏感程度	无	弱	中等偏弱	中等偏强	强

2. 岩石水敏试验

含水层中的黏土矿物在接触低盐度流体时可能产生水化膨胀、分散、运移，降低储层的渗透率。水敏产生的根本原因是注入水与储层岩心或地层水的不配伍性，随着注入水矿化度的降低容易导致储层岩石渗透率变化的现象。

试验通过采用临井河水作为初始测试流体，以 1/2 倍临井河水作为中间测试流体，以去离子水作为第三测试流体进行水敏试验。不同的流体注入岩心，测定不同矿化度水样注入岩心的渗透率，判断岩心水敏性的强弱，试验数据见表 5-14。

因此，$Dw \leqslant 5\%$，其水敏损害程度为"无"，$5\% < Dw \leqslant 30\%$，其水敏损害程度为"弱"，$30\% < Dw \leqslant 50\%$，其水敏损害程度为"中等偏弱"，$50\% < Dw \leqslant 70\%$，其水敏损害程度为"中等偏强"，$70\% < Dw \leqslant 90\%$，其水敏损害程度为"强"，$90\% < Dw$，其水敏损害程度为"极强"。综合分析 6 组岩样数据，水敏指数为 4.68%~30.87%，1 块试样水敏程度为无，4 块试样水敏程度为弱，1 块试样水敏程度为中等偏弱，综合表明敏感程度为弱。

表 5-14　D5-1C 二叠系碎屑岩储层水敏试验数据表

岩心号	深度 /m	孔隙度 /%	渗透率/mD				Dw/%	
			k_g	k_f	$k_{1/2}$	k_w	$k_{1/2}$	k_w
1-32-38-1	2351.42	11.7	3.31	0.0179	0.0182	0.0158	1.90	11.92
1-32-38（1-1）	2351.42	10.8	3.27	0.0256	0.0253	0.0208	0.87	18.53
5-12-23（1）	2383.3	5.28	0.19	0.00572	0.00454	0.00445	20.71	22.14
5-12-23（1-1）	2383.3	6.92	0.67	0.0262	0.0204	0.0188	22.17	28.41
7-18-42（1）	2406.98	8.92	6.15	0.0269	0.0206	0.0186	23.51	30.87
7-18-42（1-1）	2406.98	8.78	11.3	0.0225	0.0225	0.0235	0.094	4.68

注：k_g 表示空气；k_f 表示临井河水；$k_{1/2}$ 表示 1/2 倍临井河水；k_w 表示去离子水；Dw 表示水敏损害率

3. 砂岩渗透-应力耦合试验

地下储气库注采运行过程中，在储层上部的岩层覆重，一部分由岩石骨架承受，另一部分由孔隙流体（气或水）承担。随着天然气的不断抽出，必然造成储层孔隙压力的降低，使得岩石骨架的有效应力增大，储层变形受其有效应力控制，上部岩层的覆重大部分转移到岩石骨架上，这样将导致储层的弹塑性压实变形。当储层产生弹塑性变形或压实时，对气体生产将造成不利影响，使得储层的渗流物性参数-孔隙度和渗透率降低，进而使气井的产能降低。

目前，对于储层的应力敏感性研究，主要在于储层物性参数如孔隙度、渗透率以及孔隙压缩系数随地层压力变化的规律，而针对高压气藏的应力敏感与岩石弹塑性变形特征的研究也鲜有报道。有效应力的增大和减小（或地层压力下降和升高）所导致的岩石塑性变形现象，对储气库气藏的生产有很重要的指导意义。若天然气强采时，会使近井区域造成明显的渗透率降低，气井反复多次改变工作制度会使气井产能发生不可逆的变化。从储气库生产应用角度来说，低渗透高压气藏经过多轮反复抽采，当有效应力由小增大时，储层渗透率和孔隙度由大变小，当有效应力由大变小时，储层渗透率和孔隙度由小变大，即向原始值的方向恢复，但无法恢复到原来的数值水平，每一轮次都可能会给储层渗透率带来不同程度的不可逆伤害，致使气井的产量会越来越低。

图 5-6 为不同围压下储层岩石应力、渗透率与应变的关系曲线，加载过程中岩样内部结构发生变化，在加载初期由于岩样随载荷增加而压实，因而渗透性降低。在低围压的情况下（围压为 10MPa），随着轴向变形的增加，初始压密阶段和弹性变形阶段试样渗透率均匀减小，当岩样产生屈服后，岩石表现为脆性破坏，岩石内部产生微裂隙，微裂纹扩展引起渗透率逐渐增大，残余强度附近的渗透率约为初始值的 4.4 倍，达到最大值；在围压为 20MPa 时，试样渗透率均随着轴向变形的增加而减小，初始压密阶段和弹性变形阶段试样渗透率均匀减小，在峰值强度附近渗透率出现增大的趋势，此后在峰后塑性变形阶段，

渗透率逐渐趋于稳定，但其值明显小于岩石渗透率初始值，从细观水平进行分析，在轴向应力加载过程中骨架颗粒发生压缩和旋转，引起孔隙减小，甚至崩塌，将会引起试样产生不可恢复变形，并引起渗透率产生不可恢复现象；在围压为30MPa时，围压较大的条件下试样中的孔隙被压缩，而围压的约束不利于微裂纹的萌生和扩展，最终在试样内部形成压缩带，对流体流动形成阻碍，引起渗透率减小，在储气库工程中这种现象将会产生消极影响。

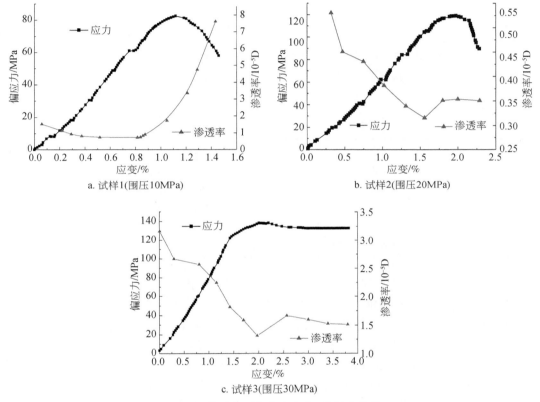

a. 试样1(围压10MPa)

b. 试样2(围压20MPa)

c. 试样3(围压30MPa)

图5-6　储层岩石全应力应变-渗透率曲线

通过上述分析可以获得如下认识：

（1）D5区二叠系储层岩石属于低渗透介质，气测渗透率比液测渗透率高2个数量级，采用气测渗透率结果高估了储层的实际渗透能力，其液测渗透率的数量级为10^{-3}mD，属于较差储层条件。

（2）在中高围压下，岩石的塑性变形对其渗透性是有害的，导致其渗透率呈不可恢复的降低，这对储气库是不利的。

（3）暂未考虑卸围压和渗透压对储层岩石渗透率和强度的影响，这对储气库研究极为重要，该类试验可以反映注气过程对储层岩石渗透性和强度的影响（即卸围压、高气体渗透压对岩石应力敏感性的影响），这方面的研究成果很少，是衰竭气藏开发的反过程，有必要后续开展试验研究。

5.5.7　D5 区储层质量综合评价

为了便于将评价储层的具体指标进行定量化分析，根据上述储层等级划分，分别将"好"储层、"较好"储层、"中等"储层、"差"储层量化为 10 分、8 分、6 分和 4 分。结合采用层次分析法得到的各指标在整个储层评价系统中所占的比重值 ω_i，即可获得储层质量的综合适宜度值 M，即

$$M = \sum_{i=1}^{22} \omega_i \cdot m_i \tag{5-8}$$

式中，m_i 为各评价指标的量化值；ω_i 为各评价指标的权重值；$i = 1, 2, \cdots, 22$。

将计算得到的储层综合适宜值 M 代入表 5-15 中进行对比，即可得出该储层的适宜度等级。

表 5-15　储层综合适宜度等级评价表

储层适宜度	指标综合值	应对措施建议
最佳	$9 < M \leqslant 10$	储层条件好，很适宜建库
适宜	$7 < M \leqslant 9$	比较适宜建库，但须考虑在储气库注采能力方面加强投资
基本适宜	$6 < M \leqslant 7$	基本适宜建库，但建设期需预留专门款项用以评价储气库的注采能力，在运营期加强储气库注采工艺投资和监测
不适宜	$M \leqslant 6$	不适宜建库，应该考虑放弃该项目

为了评价储层，依据岩心物性、储层压汞等大量的室内分析化验资料和测井、试井等现场测试资料，对储层储气能力、注采气能力、储层岩石力学和储层敏感性的主要控制因素进行了研究，得出 D5 区二叠系储层 22 项基本指标的得分依次为：7、10、7、8、7、6、5、7、7、5、8、7、5、7、8、7、7、6、7、5、8。将各指标得分及对应的权重值代入式（5-8）中，得到 D5 区二叠系储层的综合适宜度值 $M = 6.82$，对照等级评价可知，储层物性特征一般、非均质性较强，储层质量一般，但储层质量基本接近适宜储层。

（1）岩心化验、测井解释、地层测试等资料综合分析认为，D5 候选库址储集层为长石岩屑砂岩，储集空间为孔隙型，孔喉微小，分选较差，物性较差，非均质性强，强速敏，弱水敏，注气驱水难度较大。

（2）储层评价体系中 22 个基本指标的重要性权重值大小排序，比较重要的指标依次为：储集层的含气饱和度、渗透率、非均质性、等渗点饱和度、孔隙度、埋深、泥质含量，其余 15 项指标的权重值均小于 5%。

（3）D5 候选库址储集层的综合得分为 6.82，物性特征一般、非均质性较强，储层质量一般，但基本接近适宜储层。

6 储气库断层封闭机理及其评价体系

6.1 引　　言

断层封闭性是指断层上下盘岩石或断裂带与上下盘岩石由于岩性、物性等差异导致排替压力的差异，从而阻止流体继续通过断裂带或对应上下盘的性质。断层的封闭性在空间上表现为两个方面：一是断层的侧向封堵性，即断层面在侧向上阻止流体穿越断层运移的能力；二是断层的垂向封闭性，即断裂物质阻止流体沿断裂带纵向运移的能力。对于断块型储气库圈闭，断层封闭性是影响建库的重要因素之一（丁国生等，2014；Chen et al.，2013；高先志等，2003）。断层的封闭性在油气领域研究较为深入，但在储气库领域研究程度较低（付晓飞等，2018；孔凡忠，2019）。以往的研究多从勘探或油气藏静态方面开展，主要体现在断层两盘岩性配置、流体性质、断层的组合形式等与断层封闭性的关系，从研究内容上看，多数人侧重于断层几何学、形态学或断层面的物质涂抹研究；也有部分学者利用断层面压力与泥岩发生塑性变形大小比较来间接地评价断层垂向封闭性。由于储气库在短期内要实施强注强采施工作业，从静态角度分析断层封闭性，往往带有片面性，较难涉及储气库注气过程中断层活化的影响。

由于断层封闭的复杂性，目前还没有也不可能用一种通用的方法来准确无误地判定断层的封闭性。在具体确定圈闭断层封闭与否时，可根据多种资料，运用多种方法相互印证。

6.2 储气库气藏断层封闭机理

6.2.1 断层两盘岩性配置与封闭性的关系

断层两盘岩性配置是决定断层是否具有封闭性的重要条件，也是经典断层封闭性研究的主要内容，涉及断层两盘岩性、断裂带厚度、断层的断距等多种地质因素。根据断层特征，可分为断层面和断裂带两种类型。对于断层面类型，一般认为，目的盘砂岩与对盘泥岩配置时，断层封闭性好；砂岩与砂岩配置时，断层的封闭性取决于封堵砂岩或断层岩的排替压力与储集层的排替压力之差。

对于断层为近似单一的断层面情况（图 6-1），判断断层封闭性的具体方法如下：

$$\begin{cases} p_{\text{下储}} > p_{\text{上储}} & \text{断层开启} \\ p_{\text{下储}} < p_{\text{上储}} & \text{断层具有一定的封闭性} \\ p_{\text{下储}} < p_{\text{上泥}} & \text{断层封闭} \end{cases} \tag{6-1}$$

式中，$p_{下储}$为下盘储集层排替压力；$p_{上储}$为上盘储集层排替压力；$p_{上泥}$为上盘泥岩层排替压力。

若断层为一断裂带（图 6-2），断层的封闭性取决于断裂填充物（断层岩）。如果断裂充填物以泥质为主，泥质物本身就具有封闭性，则断层具有一定的封闭性；如果断裂充填物以砂质为主，则断层不具封闭性。具体判别方式如下：

$$\begin{cases} p_{下储} > p_{断} > p_{上储} & \text{断层开启} \\ p_{下储} < p_{断} < p_{上储} & \text{断层具有一定的封闭性} \\ p_{下储} < p_{上储} < p_{断} & \text{断层封闭} \\ p_{下储} < p_{断} \leq p_{上泥} & \text{断层封闭} \end{cases} \tag{6-2}$$

式中，$p_{断}$为断裂带排替压力。

由此可以看出，岩性配置情况十分复杂，必须针对不同断层进行具体分析。

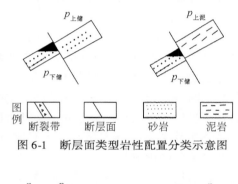

图 6-1　断层面类型岩性配置分类示意图

图 6-2　断裂带类型岩性配置作用示意图

断层的断距是影响盖层破坏程度的重要因素。当盖层厚度一定时，断距越大，盖层被错断的程度也越大，大断距使得盖层被完全错开的机会增多，同时也使盖层段内裂隙发育的概率增大，即使盖层未被完全错开，大的断距使得盖层的有效厚度减小。因此，断距与盖层的保存程度成反比关系。如图 6-3 所示，盖层①被 3 条断层错动，F3 断距最小，F1 最大，将盖层完全断开。

一旦盖层被断层错动，将造成盖层连续封盖范围减小，或造成盖层厚度在断层处减薄，两者必具其一。如果断层的断距大于盖层的厚度，盖层被断层完全错开，盖层在断层处丧失了封盖能力，盖层有效封盖范围减小，封闭能力取决于断裂充填物（断层岩）；如果断层的断距小于盖层厚度，盖层没有完全被错开，断层停止活动以后，靠盖层本身的塑性及上覆地层压力，盖层段内断裂面很快愈合，断层形成封闭，此种情况下，虽然盖层的横向连续分布性没有被破坏，但断层两盘盖层与盖层对置的厚度必然小于盖层的原始厚度，这类断层实际上是在断层处减小了盖层的厚度。

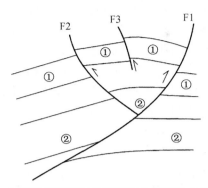

图 6-3　盖层破坏程度与盖层厚度及断距的关系示意图

盖层一旦被断层错开，起封闭作用的盖层厚度就不是原盖层厚度，而是断层两盘盖层与盖层的对接厚度，称为"断接厚度"。为了客观描述盖层被断层破坏后的封闭能力，定义"有效断接厚度"为

$$H' = (H-h)\cos\theta \tag{6-3}$$

式中，H 为盖层厚度；h 为断层的垂直断距；θ 为断层倾角。

若错断盖层的断层为纵向开启型或者横向开启型，且完全错开盖层（落差大于盖层的铅直厚度），则盖层在断层处不联系，有效断接厚度为零。

理论上盖层的厚度与封闭能力无相关性，但盖层厚度增加必然减少大孔隙或裂隙之间的连通率，使其封闭能力增强，即有效断接厚度越大，圈闭封闭能力越强（吕延防等，2008）。

6.2.2　断层侧向封闭性

在碎屑岩地层中，断层侧向封闭分为两种类型（图 6-4）：断层岩型侧向封闭和对接型侧向封闭（付广和夏云清，2013；任森林等，2011；赵密福等，2006；刘俊榜等，2010）。断层两盘岩石并非以"面"接触，断层岩型侧向封闭是最普遍的类型，仅仅当断距小于目的储层上覆泥岩盖层时，才会出现对接型侧向封闭。

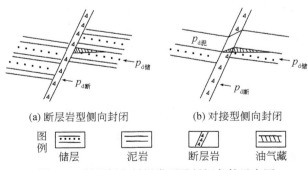

(a) 断层岩型侧向封闭　　　(b) 对接型侧向封闭

图例　｜储层｜泥岩｜断层岩｜油气藏｜

图 6-4　断层侧向封闭类型及封闭条件示意图

断层岩型侧向封闭是断层的断距大于目的储层上覆泥岩盖层厚度，盖层完全被断层错开，目的储层除与断层岩对接外，还可以与另一盘砂岩/泥岩地层对接。对气体侧向运移起封闭作用的遮挡物是断层岩，而非另一盘对接的砂岩或泥岩。如果断层岩排替压力大于油气运移盘储层岩石的排替压力，断层侧向封闭；反之断层侧向不封闭。

对接型侧向封闭是断层的断距小于目的储层上覆泥岩盖层厚度，盖层未被完全断开，目的储层除与断层岩对接外，还与另一盘泥岩盖层直接对接，此时，起封闭作用的不是断层岩，而是对接盘泥岩盖层。对接型侧向封闭可看作对盘泥岩盖层的封闭，一般认为其侧向具有一定的封闭性。

评价断层侧向封闭能力实质是评价断层破裂带充填物的封闭能力，断裂带性质决定断层封闭的情况有以下几种。

（1）涂抹作用：指塑性的泥质物或其他塑性的非渗透性岩层被拖带进断层之间并敷在断层面上。这种涂抹作用既可能是砂岩地层划过泥页岩表面被泥页岩玷污或涂抹，也可能是泥页岩在断裂过程中，被挤入断裂带内，还有可能是泥岩的塑性流动，沿断层发生剪切变形而形成。

（2）碎裂作用：指断层位移期间，主要发生脆性岩层中的颗粒挤压和破碎作用，形成的断层泥明显降低了断层带的渗透性。在断层带内，破碎作用使得孔隙度值和渗透率降低。

（3）成岩胶结作用：断层破碎带的产生不仅有利于流体的流动，也有利于胶结物的生成。但沉降在断裂带边界的物质将降低断层带内物质的渗透能力。胶结物的厚度取决于流体渗进岩石的距离、流体中溶解物的量和渗透过程中流体压力。在岩石渗透率高和流体渗滤压力降低的位置，生成的胶结物厚度大。

6.2.3　断层垂向封闭性

断层的垂向封闭性主要取决于其紧闭程度和断裂带内充填物的岩性（罗胜元等，2012；付广等，2009，2014b；梁全胜等，2008）。断层的紧闭程度主要受埋深、碎裂作用和后期胶结作用影响，断层埋深越大，上覆地层对断裂带的压力越大，紧闭程度越高，孔-渗性越差，断层垂向封闭性越好；断面的紧闭程度可用断面所受的正压力大小来评价，断面正压力越大，所对应的断裂带紧闭程度越高。断裂带内充填物的岩性主要取决于泥地比，断裂带填充物中的泥岩含量越高，断层垂向封闭性越好。

如果断裂将泥岩盖层完全错开，泥岩盖层对天然气垂向运移已无封闭作用，断层的垂向封闭能力取决于断裂带岩石的封闭能力，断裂带岩石排替压力越大，垂向封闭能力越强；反之，则越弱。

当断裂未完全将泥岩盖层错开时，泥岩盖层横向上未失去分布的连续性，但由于断裂处泥岩盖层厚度减薄和断裂的破碎作用，断裂带位置泥岩盖层封闭能力将降低，泥岩盖层能否对天然气垂向运移起到封闭作用不再取决于泥岩层自身排替压力的大小，而取决于断裂带内岩石排替压力的大小。

钻井过程中为了保证顺利钻进，一般避开断裂带进行钻井，即使钻遇断裂带也极少取心，断裂带内岩石样品难以获取，利用钻井岩心测试排替压力研究断层的封闭性是不可能的，因此，只能通过未被破坏盖层岩石样品的排替压力测试，利用断裂带岩石和未破坏盖层岩石之间压实成岩程度的关系，间接地获取断裂带岩石的排替压力（图6-5）。

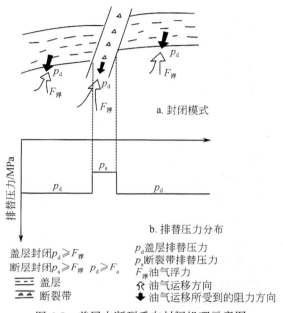

图6-5 盖层内断裂垂向封闭机理示意图

通过间接方法，建立断裂带岩石排替压力与盖层排替压力之间的关系式，即

$$p_{df} = \alpha p_d \tag{6-4}$$

式中，p_{df}为断裂带岩石排替压力；p_d为盖层岩石的排替压力；α为断裂对盖层岩石封闭能力的破坏程度系数。

盖层破坏前岩石所受静岩压力为

$$p_{前} = \rho_r g Z \tag{6-5}$$

式中，$p_{前}$为盖层所受压实成岩压力；ρ_r为地层岩石平均密度；g为重力加速度；Z为盖层埋深。

泥岩盖层破坏后，断裂带岩石与周围盖层岩石差异明显，将其视为斜向夹于泥岩盖层岩石间的一个独立地层，所受的压实成岩压力为上覆静岩压力的一个分力：

$$p_{后} = \rho_r g Z \cos\theta \tag{6-6}$$

式中，$p_{后}$为断裂带岩石所受压实成岩压力；θ为断裂带倾角。

泥岩盖层遭到断层破坏时，断裂带岩石封闭能力的降低可以看作是上覆沉积荷载减小造成的压实程度降低，使盖层的孔隙度和渗透性增加，排替压力降低。因此，断裂对盖层岩石封闭能力的破坏程度可以用断裂带岩石压实成岩所受到的压力和盖层压实成岩所受压力大小的比值表示。断裂对盖层岩石的破坏系数为

$$\alpha = p_{后} / p_{前} \tag{6-7}$$

泥岩盖层的断裂倾角越小，破坏程度越小，断层倾角越大，断裂对盖层岩石的破坏程度越大。

6.3   断层封闭的力学机制

对于断层面应力封闭问题，主要取决于断面（裂缝面）的正压力。在断层处于闭合的情况下，增加端面处的孔隙压力会使断面正应力降低，裂缝面可能由闭合变为开启状态。断层闭合、开启是两个不同的过程，因而，两者的含义及影响其大小的因素也不同。

断面压力是指断面所受的静压力值，它与断面正应力和地层孔隙流体压力有关。断面压力可以定义为

$$p_f = \sigma_n - p_w \tag{6-8}$$

式中，p_w 为地层孔隙压力。

断层面的开启存在两种形式：一是孔隙压力大于断面正压力时，断面发生张性破坏，断面沿法向张开，成为天然气泄漏通道；二是当孔隙压力达到断面临界状态时，断面失去静力学平衡，沿断面发生剪切破坏，导致断面孔隙度增大，渗透性增强，成为天然气运移通道。实践表明，断面破坏形式主要为剪切破坏，在通常情况下，在未达到张性破坏前，就已发生剪性破坏。因此，绝大部分断层在静止期封闭，只有当孔隙压力超过压力临界值时，断层才重新活动成为天然气运移的通道。

注水注气影响断层封闭性的剪切破坏机制可表述为

$$\tau = c_0 + f \cdot (\sigma_n - p_w) \tag{6-9}$$

式中，τ 为断面剪应力；c_0 为断面黏聚力；f 为断面摩擦系数。

为了确定在特定深度处的断层是否封闭，就要分析断层受到的应力状态，主要包括孔隙压力、最小和最大水平主应力、垂直主应力等（侯亚伟等，2013）。定义 FSSI 的概念，用来定量表征断层的剪切应力封闭性：

$$\text{FSSI} = \tau - \left[c_0 + f \cdot (\sigma_n - p_w) \right] \tag{6-10}$$

若 FSSI 小于 0，表明断层面是封闭的；否则，断层面不封闭。在保守的情况下，假设断层的滑动摩擦系数为 0.3，黏聚力为 0。

当孔隙流体压力大于断面上的正应力时，$p_f < 0$，断面张开成为疏导的通道，相反，断层处于闭合状态。将 $p_f = 0$ 的状态定义为断层（或裂缝）的临界状态，从理论上讲，当 p_f 大于或等于其作用处岩石的抗压强度时，断面裂隙闭合，有利于封闭；反之不利于封闭。

上述并没有考虑因时间的延长，断层岩体蠕变而造成的断面愈合情况，目前在该方面的研究还未见报道。另外，在储气库注采交变运行过程中，断面经历复杂的应力变化，产生疲劳损伤效应，影响断面的力学特性和渗透性特性，断面临界开启压力并不是一个恒定值，目前该方面的研究极少，有必要在方向进行研究积累。

6.4   断层封闭性评价体系的构建

对于断层固有性质与断层封闭性的关系，前人已有较为详尽的分析。目前主要从以下几个方面进行研究（陈永峤等，2003）：从断裂力学性质判别断层的封闭性；断层两侧岩性条件分析；断层带及其两侧的排替压力对比；断层产状分析法；构造应力分析法；断层

活动性等。对于储气库断层评价而言，以往研究有较大的局限性，主要表现在：①未考虑断层评价的动态因素；②忽略了很重要的因素，即交变应力（断层的封闭性与强注强采的关系）和流体作用。

6.4.1 评价指标优选

目前，国内外学者研究断层封闭性的方法都是根据不同的资料从不同角度探讨断层的封闭性，不同方法均有各自的适用条件和解释精度。例如，地震速度谱识别法、声波时差法、油水界面法、断层应力分析法、断面物质涂抹法、物化性质指示法、断层横向封闭系数法、岩性配置识别法、动态分析法等（付晓飞等，2013，2015b，2016）。断层封闭性的影响因素较多，结合以往研究成果和储气库工作特征，以 D5 区断背斜型含水层圈闭为工程背景，分别从断层两盘岩性、断层产状、力学因素、环境条件 4 个方面构建断背斜型含水层圈闭的断层封闭性评价体系。

1. 两盘岩性

1）断层两盘岩性对置情况

断层两盘岩性对置情况是决定断层具有侧向封堵能力的重要条件之一，也是经典断层封闭性研究的主要手段。一般认为，当断层两盘砂岩和泥岩对接时，封闭性好；当砂岩和砂岩对接时，取决于两盘砂岩排替压力之差。

2）盖层脆-塑性

断裂是在外界应力超过岩石强度极限时，微裂隙扩张并集中形成的，导致宏观上岩石破裂。当应力超过岩石摩擦阻力时，两盘开始相对滑动，破碎的岩石填入断层拉开的空间形成断裂填充。

盖层岩石脆塑性是影响盖层性质及天然气保存条件的重要因素之一。当断层不活动时，处在塑性段泥岩断层的缝隙很容易闭合，断面具有一定的愈合能力，断层封闭性取决于塑性泥岩的封闭性，其封闭性一般较好。若泥岩盖层表现为脆性时，断层的缝隙不易闭合，断层的封闭性取决于盖层断接厚度和裂隙的发育程度，封闭性较差。塑性泥岩限制断裂穿层，依靠盖层排替压力封闭天然气；断层在在脆-塑性泥岩中可形成一定的涂抹，当断距较小且泥岩涂抹保持连续性时，断层具有封闭性；断裂在脆性泥岩中变形形成断层泥充填的贯通性断裂，其封闭能力取决于断接厚度，当盖层断接厚度低于临界值时，天然气沿断层发生垂向渗漏。若泥岩易塑性流动，沿断面可被大量拖曳，导致大范围地涂抹断面；若泥岩层处于脆性状态，断层使岩石碎裂，难以出现泥岩涂抹。因此，进行断层封闭性评价时，有必要考虑岩石所处状态是塑性还是脆性。

断层封闭性的必要条件是破碎带需填充大量断层泥使孔渗性低于围岩，且裂缝发育带中的裂缝处于封闭状态。从断裂带内部结构来研究断层的封闭性是最为直接的研究方法，但该方法的研究较为复杂，资料获取难度较大。

3）断裂带充填物性质

若盖层不被断裂破坏，则圈闭封闭能力的强弱主要取决于盖层自身排替压力；若盖层遭到断裂破坏，则圈闭的封闭能力的强弱取决于断层岩排替压力。主要包括三个因素：泥质含量、泥质涂抹、成岩胶结作用。

　　大量研究结果表明，断裂能否形成封闭，关键取决于断裂带是否为泥质充填及其内泥岩成分是否发生塑性流动，堵塞断裂紧闭后所遗留下来的渗漏空间。一般来说，泥质成分的含量与排替压力有正相关关系（张焕旭等，2013）。如果泥质成分的含量高，预示着断层封闭性好；如果石英的含量高，则断层的封闭性差。如果断裂带中的泥质含量大于50%，表明断裂带以泥质充填为主，否则以砂质成分为主。断裂带泥质含量的确定比较困难，由于对断层岩石取心很少，通过岩心观察分析目的层的岩性在实际操作中是行不通的。确定断裂带中填充物的岩性，只能用间接方法来实现。目前主要是根据断距、断移地层岩性和厚度等资料来估算断裂带中的泥质含量，估算公式为

$$R_{\mathrm{m}} = \frac{\sum\limits_{i=1}^{n_1} h_i + \sum\limits_{j=1}^{n_2} h_j}{2(H + L)} \tag{6-11}$$

式中，L 为垂直断距；h_i、h_j 分别为断层上盘和下盘第 i、j 层泥岩厚度；n_1、n_2 分别为断层两盘被错断的泥岩层数；H 为断移地层厚度。

　　断层活动过程中，由于拖曳、挤压、研磨和塑性流动等作用，沿断裂分布的极细粒的非渗透性泥状物覆着在断层面上，形成泥质涂抹，使断裂带具有高的排替压力，增强了断层的封闭性。断面物质涂抹法已较为成熟，在国内外使用较多，该方法简单实用。泥岩涂抹层由于受断层性质、断层产状及光滑程度等因素的影响，其在空间上发育部位及发育程度差异较大。单一泥岩错断过程中，泥岩的涂抹厚度随断距的加大而变薄，这种泥岩涂抹的空间连续性与泥岩层厚度比例和断层位移密切相关。泥岩涂抹算法都在一定程度上反映了纵向泥岩涂抹情况，要求泥岩处于易塑性流动状态。泥岩涂抹在空间上连续性的好坏集中反映在断层位移的大小和断开泥岩层数及厚度上：断距越小，断开泥岩层数越多、厚度越大，则泥岩涂抹层在空间上的连续性越好。根据图 6-6 所示的模型采用泥岩涂抹系数来描述泥岩涂抹的发育程度（丁国生等，2014），估算公式为

$$\begin{cases} f_{\mathrm{m}} = \dfrac{L}{\sum\limits_{i=1}^{n} H_i} & L \geqslant H \\[4mm] f_{\mathrm{m}} = \dfrac{1}{R_{\mathrm{m}}} & L < H \end{cases} \tag{6-12}$$

式中，f_{m} 为泥岩涂抹系数；L 为断层断距；H_i 为被断层错开的第 i 层泥岩岩层厚度；n 为被断层错开的泥岩层数；H 为被断层错开地层厚度；R_{m} 为被断层错开地层的泥岩厚度与地层厚度的比值。

　　断层破碎带的产生不仅有利于流体的流动，也有利于胶结物的生成。但沉降在断裂带边界的物质将降低断层带内物质的渗透能力。胶结物的厚度取决于流体渗进岩石的距离、流体中溶解物的量和渗透过程中流体压力。在岩石渗透率高和流体渗透压力降低的位置，生成的胶结物厚度大。断裂带充填物的胶结作用和成岩作用的程度越强，则断层的封闭性越好。将断层岩假设成一个沿断层面倾置于沉积地层之间由断层碎屑物质构成的薄盖层，断层岩压实成岩程度受到压实成岩压力和作用时间的影响，压实成岩压力越大，作用时间

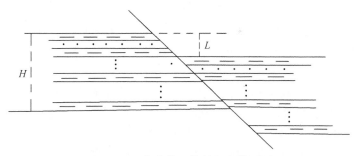

图 6-6 泥岩涂抹系数的概念模型图

越长，断层岩压实成岩程度越高，反之则越低。

2. 环境条件

理论上讲，断层封闭性取决于断裂带内充填物的排替压力与储集层的排替压力之差，由于钻遇断层的地质取心很少，断层两盘及断裂带的排替压力很难获得。目前的做法多是从影响断层封闭性的地质因素入手，分析这些因素在断层封闭中所起的作用，根据地质因素存在的环境与特征，间接实现对其封闭性的判断（张吉等，2003）。由于含水层型储气库的特殊性，不同于枯竭油气藏型储气库断层的封闭性是已知的，含水层型储气库断层封闭性的评价方法应尽可能地根据不同的资料，从不同角度间接和直接探讨断层的封闭性，与环境条件有关的评价因素具体如下。

1）地层水性质

断层两盘水物理化学性质不同，对断层封闭性的判断有较好的指示作用，开启型断层是连通的，地层水性质也基本相同。但封闭断层两盘在纵横向上是独立的地层水系统，两盘的流体密度、黏度、地层水矿化度往往有差别。

2）断层两盘温压系统

如果断层作为流体运移的通道，则断层两盘的地层压力和温度应一致。当断层两盘或断层一侧地层中存在孔隙流体超压时，可间接证明断层面不作为流体泄压的通道，即断层的密封性较好。在断层附近，若被断移的地层各层内的地温梯度不同，且差异较大，在地层剖面上各地层地温梯度的变化无规律性，则说明断层是封闭的。

3）断层活动性

地质活动频繁导致断层多期处于活动的状态，断层的封闭性较差，而长期静止断层的封闭性相对较好。

4）干扰试验

根据地球物理勘探、测井和岩心化验等方法研究的含水层型储气库断层评价是静态地质信息，而从断层两侧水井的连通情况、生产形势变化等的一些变化，结合静态资料可说明断层的闭合性，且动态分析能补充和验证静态结论，因此更有说服力。为了对断层静态评价的断层密封性特性进行动态验证，国外一般进行现场干扰试验。干扰试验的基本原理为：在含水层中某一井点进行注水或抽水作业时，由该点引起的压力扰动将在相邻井有所反应，压力传播速度和反应大小显然与断层的密封性、储层的连通性有关。根据试验测试得到的压力和流量数据，可以对断层的封闭性以及由断层切割的储层连通性进行定量分析评价。国外含水层型储气库实践表明：干扰试验是含水层型储气库勘探和评价中使用的最重要和最直接的断层密封性评价方法之一。

3. 力学因素

断面封闭性的根本衡量标志是断层的力学性质，研究断层的封闭性必须考虑断面的力学性质和流体压力的影响（童亨茂，1998；王珂和戴俊生，2012；王秋菊，2008；王一军，2012）。对于含水层型储气库而言，断层的封闭性是变化的，由于储气库的强注强采多重复过程，断层的封闭性是动态的。主要考虑如下影响因素。

1）断层类型

一般来说，张性断层封闭性较差，挤压性断层封闭性较好，扭性断层垂向上封闭性较好。当断面延伸方向与区域挤压应力场近乎垂直时，断层面受区域挤压应力最大，断层面的正压力最大，断层紧闭，封闭性好；反之，则断层封闭性差。

2）闭合程度（断面应力）

断层的开启与封闭主要取决于断面上的应力状态和断裂带物性两者之间的关系，其中断面应力状态包括正应力和剪应力的大小和方向，断裂带物性主要为流体压力和断裂带物质的抗压、抗剪强度。对于断面应力与流体压力的关系，许多学者认为当超过一定深度时，即使是张性盆地背景，张应力也已不存在，在这种情况下，断层保持开启必须有流体压力的作用。对于断裂带物质的抗压强度而言，若断面正应力大于此抗压强度，必然使断裂带发生挤压变形，厚度减薄，孔隙体积在压力作用下变小，同时裂缝被泥岩充填，导致孔渗性能降低，断层封闭性能增强。

盖层内断裂裂缝的愈合能力除与盖层本身的塑性程度相关以外，还取决于断面压力，当断面压力大于岩石的变形强度时，盖层岩石的变形流动使得断面愈合形成封闭。较大的断面压力使得断面两侧地层在断层活动过程中趋于变形，减小了断层面的孔隙，甚至导致断层裂缝闭合。根据岩石力学理论可知，泥岩所受压力达到弹性极限后，就会发生塑性变形。相关研究结果表明：在断面正压力大于 5MPa 以后，断面处裂隙闭合或压紧、研磨断面物质，泥岩便向断层裂缝中发生塑性流动，有利于增强断层封闭性，使断面层愈合封闭；否则，断层面虽可在压力的作用下紧闭，但泥岩不能发生塑性变形流动，断层仍会遗留渗漏空间，不能形成封闭。油气勘探的实践也表明，断层能否封闭，关键取决于断裂带所受的压力是否可以达到泥岩塑性变形极限，只有超过泥岩塑性变形极限后，方可使断裂带中的泥质成分发生塑性变形流动，堵塞断裂带紧闭后遗留下来的渗漏空间，形成封闭。断面剪应力对断层封闭性的影响研究较少，在以往的文献中或不予提及，或认为没有影响，但断面剪应力亦是断层封闭性的一个重要影响因素。

通过上述分析可知，断裂带的紧闭程度受断层埋深、破碎作用和后期胶结作用影响，断裂带中断面所承受的正压力和泥质含量的高低是影响断层垂向封闭性的关键因素。选取断层封闭系数、断层紧闭指数和断层剪切指数 3 个参数对断层的闭合程度进行表征。

假设储气库上限压力系数为 λ，提出断层封闭系数 I_f 来描述断层的张开与封闭，即

$$I_f = \frac{\sigma_n}{\lambda \rho_w g h} \tag{6-13}$$

式中，断面正压力 σ_n 为断面埋深和断层倾角的函数，通过地震资料可以求得断面埋深和断面倾角。当 $I_f>1.0$ 时，断层封闭，值越大，封闭程度越高。

断层紧闭指数表述为断面正应力 σ_n 与断层带岩石抗压强度的比值，即

$$I_{FT}=\frac{\sigma_n}{\sigma_{Fc}} \tag{6-14}$$

式中，$I_{FT}>1$ 为断裂带岩石的估算值，估算公式为

$$\sigma_{Fc}=\sigma_{cM}R_{SG}+\sigma_{cS}(1-R_{SG}) \tag{6-15}$$

式中，σ_{cM}、σ_{cS} 分别为泥岩和砂岩的抗压强度值；R_{SG} 为泥岩削刮比。

当 $I_{FT}>1$ 时，泥岩变形导致断层裂缝闭合，断层呈封闭状态；否则，断层不具封闭能力。

断层剪切指数 I_C 可以定义为断层面所受的剪应力与断层带物质抗剪强度的比值，即

$$I_C=\frac{\tau}{c+f\cdot\sigma_n} \tag{6-16}$$

当 $I_C>1$ 时，断层两盘会发生剪切滑动，引起断层带物性发生变化；当 $I_C<1$ 时，断层仅有发生剪切错动的趋势，断层两盘不会产生相对位移，断层带物性不会发生明显变化。

3）断裂走向与地应力的关系

地应力与断层封闭性之间有极为密切的关系，储气库圈闭应力场的变化显著影响断层封闭性能。国内外学者已从不同的方面对断层的封闭性问题进行了探索，但对含水层型储气库的断层封闭性问题很少论及。现今最大水平主压应力方向与断层走向夹角越大，断层封闭性越好，反之越差。根据现场经验，夹角为 90°～67.5° 时封闭性最好；67.5°～45° 时封闭性好；45°～22.5° 时封闭性较差；22.5°～0° 时不具封闭性，可作为渗流通道。在不同部位和不同层位，断层的走向和现今最大水平主压应力方向都会发生变化，二者夹角相应改变，因此必须分部位、分层位评价断层的封闭性。

4）断层埋深

通常情况下，地下深部断层多是压（剪）性的，可能具有封闭性。断层的埋深越大，上覆地层压力越大，则断层的封闭性越好；反之，则断层封闭性较差。

4. 断层产状

断层封闭性研究除了断层岩性外，还应根据区域地质实际情况，考虑断层的几何形态、组合形式及延伸方向等。主要包括如下 3 个方面的影响因素。

1）断层倾角

断层倾角越陡，上覆地层静压力越小，断层带愈合程度越差，则断层的封闭性越差；反之，则断层封闭性越好。断层倾角在塑性地层段缓，脆性地层段陡，缓角断层的封闭性能好于陡角断层，即断层倾角越小，断层封闭性越好。

2）断距

盖层空间分布连续性的好坏主要取决于盖层本身厚度和断裂断距的相对大小，若盖层厚度大于断裂断距，则盖层不能被断裂完全错开，仍保持横向分布的连续性。断距是影响盖层空间分布连续性的重要参数，其值越大，对盖层空间分布连续性的破坏程度越大；反之则越小。断距较小的断层封闭的可能性较大，水平断距越大，封闭性越差；大断距断层

的形成增大盖层产生裂缝的可能性，气体垂向渗漏的可能性大。通过统计独联体国家 9 个断层型含水层型储气库发现，断距主要分布在 7 ~ 210m 之间。由中国 18 个封气断层油气田统计发现，断距主要分布在 15 ~ 120m 之间。

　　3）盖层破坏程度系数（断层错断泥岩厚度）

　　多数盖层由于受到构造变动的影响而遭受两种方式的破坏，一种方式是构造抬升，盖层遭受剥蚀，使盖层在受剥蚀处厚度减薄；另一种方式是断层破坏，断裂对盖层的破坏使封闭气体的有效厚度减小，且使其封闭质量降低（付广等，2014b；黄学等，2008）。当盖层在圈闭范围内被断层错断时，其有效厚度主要取决于盖层厚度、断距和所处的空间位置（图 6-7）。通过断裂断距和盖层厚度的相对大小，可对断裂对盖层封闭性的破坏程度进行判别，即

$$I_{\mathrm{d}} = \frac{H - T}{H} \tag{6-17}$$

式中，H 为盖层厚度；T 为断层断距。

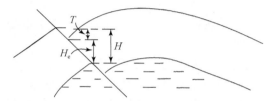

图 6-7　断层对有效厚度影响示意图（H_{e} 为有效厚度）

　　我国 46 个大中型气田断裂对盖层破坏程度相对较小，破坏程度系数分布在 0.15 ~ 1，平均为 0.758。破坏程度系数越大，断裂对盖层的破坏程度越小；反之则越大（张立含和周广胜，2010）。

　　由式（6-17）可以发现，I_{d} 值越大，表明断裂断距相对于盖层厚度越小，盖层被错断后保留下来的封闭有效厚度越大，封气能力越强，断裂对盖层封闭有效厚度破坏程度越小；反之则越大。

6.4.2　评价体系的建立

　　评价断层封闭性，就要深入了解影响断层封闭性的诸多因素（孙宝珊等，1995；李平平，2005；杨智等，2005；付晓飞等，2015a）。为了有效地对含水层型储气库断层封闭性进行评价，作者参考前人关于油气藏断层评价标准、枯竭油气藏型储气库评价以及含水层型储气库库址筛选标准，根据地震、测井和试井等现场测试成果，共确定 4 个一级指标（准则层）、17 个二级指标（指标层和子指标层），层次分析模型如图 6-8 所示，初步构建含水层型储气库断层分类评价标准如表 6-1 ~ 表 6-4 所示。

　　基于上述提出的断层封闭性评价体系，应用层次分析法对各评价指标的重要性进行量化。面向地下储气库专家进行问卷调查以获得同级影响因素间相对重要性比值，构建各级判断矩阵，然后利用层次分析法计算出各评价指标的具体权重值。

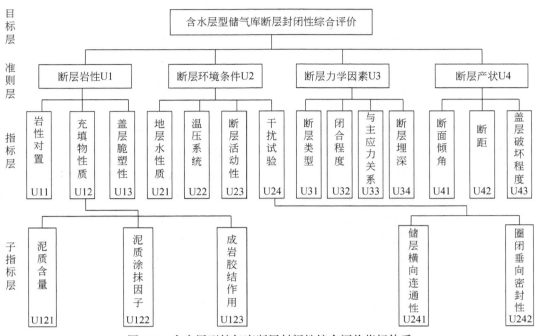

图 6-8　含水层型储气库断层封闭性综合评价指标体系

表 6-1　断层岩性评价标准

分级	岩性对置	泥质含量/%	泥质涂抹因子	成岩胶结作用	盖层脆塑性
Ⅰ	砂岩与泥岩对接	>80	<1.25	成岩程度强，作用时间长	塑性能力强
Ⅱ	砂岩与其他低渗透地层对接	65~80	1.25~2.5	成岩程度较强，作用时间较长	塑性较强
Ⅲ	不同时代砂岩对接	50~65	2.5~4	成岩程度一般	脆塑性
Ⅳ	砂岩与同时代砂岩对接	<50	>4	压实成岩作用较弱	脆性

表 6-2　断层环境条件评价标准

分级	地层水性质	温压系统	断层活动性	圈闭垂向密封性	储层横向连通性
Ⅰ	圈闭内矿化度高，差异大	差异性大	停止活动，且停止时间长	强	好
Ⅱ	圈闭内矿化度较高	差异较大	停止活动，且停止时间较长	较强	较好
Ⅲ	圈闭内矿化度差异一般	差异性一般	当前停止活动	一般	一般
Ⅳ	圈闭内矿化度低	无差异	正在活动	差	差

表 6-3　断层力学因素评价标准

分级	断层类型	闭合程度	与主应力关系	断层埋深/m
Ⅰ	压扭性、压性	强	断裂走向与主压应力方向垂直	2100~3500
Ⅱ	扭性、同生逆断层	较强	60°~90°	1000~2100
Ⅲ	张扭性、正断层	一般	30°~60°	400~1000
Ⅳ	张型断裂	差	断裂走向与主压应力方向一致	<400

表 6-4　断层产状评价标准

分级	断面倾角/(°)	断距/m	盖层破坏程度系数
Ⅰ	<30	<15	>0.75
Ⅱ	30 ~ 45	15 ~ 120	0.50 ~ 0.75
Ⅲ	45 ~ 60	120 ~ 210	0.25 ~ 0.50
Ⅳ	>60	>210	<0.25

利用 MATLAB 软件编制相应计算程序，计算出的断层封闭性评价各指标相对权重和三级指标权重值如表 6-5 所示。根据各指标权重计算结果，在断层封闭性评价指标体系中，各评价参数的重要性依次为闭合程度 U321、圈闭垂向密封性 U242、断层活动性 U231、与主应力关系 U331、盖层破坏程度 U431、岩性对置 U111、储层横向连通性 U241、地层水性质 U211、温压系统 U221、泥质含量 U121、断层类型 U311、断面倾角 U411、盖层脆塑性 U131、断层埋深 U341、断距 U421、泥质涂抹因子 U122 和成岩胶结作用 U123。

表 6-5　断层评价各指标相对权重和三级指标权重值

同级同类指标组内指标相对权重						三级指标权重
一级指标	一级指标组内权重	二级指标	二级指标组内权重	三级指标	三级指标组内权重	
断层岩性 U1	0.1953	岩性对置 U11	0.3108	岩性对置 U111	1	0.0607
		充填物性质 U12	0.4934	泥质含量 U121	0.5499	0.0530
				泥质涂抹因子 U122	0.2402	0.0231
				成岩胶结作用 U123	0.2098	0.0202
		盖层脆塑性 U13	0.1958	盖层脆塑性 U131	1	0.0383
断层环境条件 U2	0.3905	地层水性质 U21	0.1409	地层水性质 U211	1	0.0550
		温压系统 U22	0.1409	温压系统 U221	1	0.0550
		断层活动性 U23	0.2628	断层活动性 U231	1	0.1026
		干扰试验 U24	0.4554	储层横向连通性 U241	0.3333	0.0593
				圈闭垂向密封性 U242	0.6667	0.1186
断层力学因素 U3	0.2761	断层类型 U31	0.1605	断层类型 U311	1	0.0443
		闭合程度 U321	0.4880	闭合程度 U321	1	0.1347
		与主应力关系 U33	0.2515	与主应力关系 U331	1	0.0694
		断层埋深 U34	0.1000	断层埋深 U341	1	0.0277
断层产状 U4	0.1381	断面倾角 U41	0.3108	断面倾角 U411	1	0.0429
		断距 U42	0.1958	断距 U421	1	0.0270
		盖层破坏程度 U43	0.4934	盖层破坏程度 U431	1	0.0681

注：受四舍五入的影响，表中数据稍有偏差

6.5 D5区储气库目标断层封闭性综合评价

6.5.1 圈闭构造特征

D5区块位于里坦凹陷中南部，是由大城东大断层控制的逆牵引背斜构造，沿大断层下降盘发育。D5区块由20条测线控制，构造落实程度较高，断层断点位置较为可靠，储气库圈闭整体呈背斜形态，被北东向和北西向两组规模较小的断层切割，形成断背斜。D5区含水层构造形成于二叠纪，中生代褶皱期遭挤压，形成局部断层倒转和局部挤压隆起，定型于早喜马拉雅期末，剧烈构造发育期在喜马拉雅早期，后期构造活动相对较弱。对D5圈闭起主要控制作用的断层呈北东向展布，长度为7km，水平断距20~50m，垂直断距20~100m，其余几条断层都延伸较短，控制圈闭的断层垂向断距小于盖层厚度，石盒子组储层对接其上部泥岩段，侧向封堵条件较好。

6.5.2 干扰试井结果分析

为了验证D5井、D5-1C井间断层的封闭性、盖层的垂向封堵性以及储层特性，开展了脉冲式干扰试井现场试验研究（图6-9）。以D5-1C井作为激动井，D5井作为观察井，对石盒子组储层及直接盖层上部的砂岩夹层进行脉冲式注水，监测盖层及邻井D5井储层的压力反应，由此获得储层特性及盖层中的压力响应状况，计算储层连通参数（渗透率、

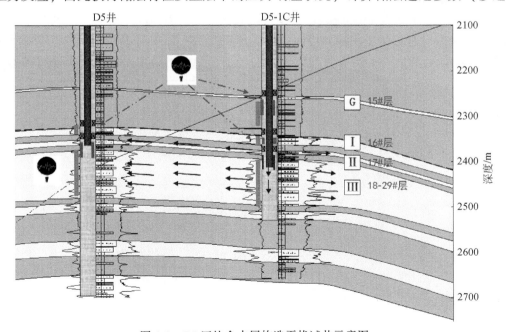

图6-9 D5区块含水层构造干扰试井示意图

流动系数、导压系数、弹性储能系数等），评价断层垂向和侧向封闭能力。

注水作业及监测层段如下。

（1）注水层段：D5-1C 井石盒子组储层 Ⅱ 砂组、Ⅲ 砂组（18-24#、28-29#砂岩段），井下压力计监测。

（2）监测层段：①D5-1C 井石盒子组储层 Ⅰ 砂组；②D5-1C 井盖层中的砂岩夹层 G 砂组；③D5 井石盒子组储层 Ⅲ 砂组；④D5 井石盒子组储层 Ⅰ 砂组。

共实施七个脉冲周期，每个脉冲周期注水 7 天、停注 7 天，日注水量为 50 ~ 60m³，累计注水量为 2722.6m³，注水压力从 0.3MPa 升至 1.6MPa，激动井注水层位 Ⅲ 砂组的注水压力与注水量之间的相互关系如图 6-10 所示。

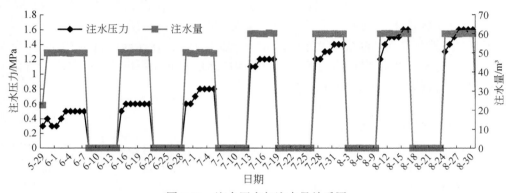

图 6-10　注水压力与注水量关系图

1）储层横向连通性

D5 井 Ⅲ 砂组反应层（9-14#层）接收到各个脉冲激动周期的干扰信号清晰明了，采用 Saphir 试井解释软件中的干扰试井模块进行脉冲干扰曲线拟合分析（图 6-11），求取 D5 井观察层 9-14#层与激动井 D5-1C 井的连通参数（表 6-6），通过压力模型拟合计算渗透率为

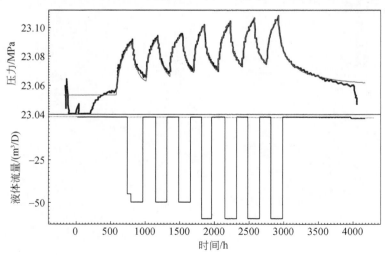

图 6-11　干扰试井实测压历史曲线拟合图

25.5mD，高于单井测试渗透率。D5 与 D5-1C 两口井之间的距离为 330m，反应层接收到激动层压力响应延迟时间平均为 40 分钟，横向压力响应时间较短，压力响应幅度明显、信号清晰，储层连通性好，验证了两井连通层之间的断层横向是开启的。

表 6-6 观测井 D5 井 9-14 号层连通参数计算表

已知		求取连通参数	
激动井/层	D5-1C 井 18-29#	地层系数/$10^{-3}\mu m^2 \cdot m$	1750
观测井/层	D5 井 9-14#层	流动系数/[$10^{-3}\mu m^2 \cdot m/(mPa \cdot s)$]	3968.25
激动井与观测井之间的距离/m	330	渗透率/$10^{-3}\mu m^2$	25.5
射孔段平均厚度/m	74.4	表皮系数	−8.87
黏度/MPa · s	0.4410		
脉冲周期	7		
总压缩系数/MPa^{-1}	0.0008422		

图 6-12 为 D5 井观察层 I 砂组（8#层）实测压力响应曲线。D5 井 8#层反应层虽然也接收到七个脉冲信号，但其信号反应幅度明显比 D5 井 III 砂组反应层（9-14#层）弱，D5-1C 井 18-29#层注水压力波首先传至与之连通关系较好的 D5 井的 9-14#层，8#层的压力响应延迟时间仅比 D5-1C 井激动层注水时间晚约 1 小时。

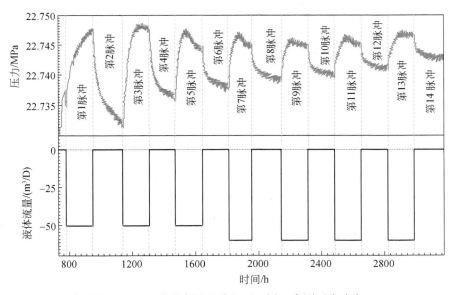

图 6-12 D5 井观察层 I 砂组（8#层）实测压力响应

D5 井 8#层的压力响应曲线除了第一个周期正常以外，其余六个脉冲周期出现异常，即压力峰值逐渐减小，且压力波动幅度也逐渐越小，经分析认为其原因是 D5 井固井质量差，D5 井 9-14#层的压力波通过套管外流窜到上部的 8#层，该砂层也接收到了类似七个脉冲周期的压力响应信号，但随着 8#层压力升高，压力波冲破 8#层上部层段的差质量固井段，外溢到上部层段中去，随着反复脉冲，8#层与上部层段的差固井段的阻碍作用越来越弱，故 8#层表现为压力略有升高就下降。因此，尽管储层上部的泥岩隔层受到断层的切割破坏，但其具有封闭性，8#层与激动井 D5-1C 井是不连通的。

2）圈闭垂向密封性

D5-1C 井垂向上的两个观察层为 G 砂组（15#层）、Ⅱ砂组（16-17#层），这两个砂层均存在七个周期的压力脉冲响应信号，但均表现出不同程度的异常，实测压力响应曲线如图 6-13 和图 6-14 所示。

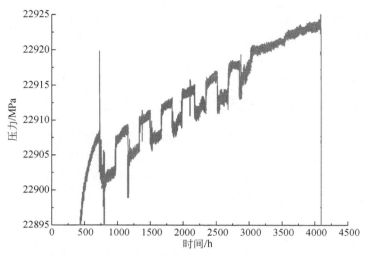

图 6-13　D5-1 井石盒子组储层Ⅰ砂组实测压力响应曲线

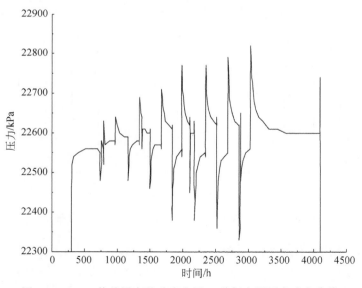

图 6-14　D5-1 井盖层中的砂岩夹层 G 砂组实测压力响应曲线

G 砂组的七个脉冲信号并非是从激动层Ⅲ砂组（18-29#）传递获得的，而是由注水温度与地层温度的差异造成的热效应引起的。理由如下：对比激动层实测压力和观察层 G 砂组压力响应曲线可以发现，两处压力发生改变的时间基本为同一时刻，若 G 砂组压力信号是由激动层引起，两个层相距 65m，由盖层相隔，且盖层渗透能力极低，两个实测压力信号之间的延迟时间不可能这样短；G 砂组压力响应幅度非常小，若 G 砂组压力信号是由激动层引起，极短的延迟时间内的压力响应幅度应该较为明显，间接地验证了 15#层与激动层 18-29#层纵向是不连通的。Ⅱ砂组（16-17#层）压力脉冲响应与 15#层一样也表现了异常，开井注水时地层压力下降，关井停注时地层压力上升，压力信号非常微弱，综合分析认为是由注水温差的热效应造成的，激动层与 16#层纵向上不连通。综合上述分析，可以认为储层的上覆盖层具有密封性，D5 和 D5-1C 井之间的断层垂向上封闭性良好。

6.5.3 D5 区断层综合评价

为了便于将评价断层封闭性的具体指标进行定量化分析，根据上述断层相关评价指标的等级划分准则，分别将分级"Ⅰ"、"Ⅱ"、"Ⅲ"、"Ⅳ"量化为 9~10 分、7~9 分、6~7 分和 0~6 分。与储层质量评价方法类似，结合采用层次分析法得到的各指标在整个断层评价系统中所占的比重值 ω_i，即可获得断层封闭性的综合得分。将计算得到的综合得分值 M 代入表 6-7 中进行对比，即可得出该断层封闭性的等级。

表 6-7   断层封闭性综合等级评价表

断层封闭性	综合得分值	应对措施建议
优	$9 < M \leqslant 10$	断层封闭性条件好，很适宜建库
良	$7 < M \leqslant 9$	断层封闭性较好，比较适宜建库，但在运营期须考虑在断层附近部署监测井，对断层的封闭性进行动态监测
一般	$6 < M \leqslant 7$	基本适宜建库，但建设期需预留专门款项用以评价断层的封闭性，在运营期须加强监测井投资和断层密封性动态监测
差	$M \leqslant 6$	应考虑放弃储气库建设项目

为了评价断层封闭性，依据圈闭构造解释、盖层岩石分析化验等相关资料、数值模拟分析以及钻井、测井、试井等现场测试资料，对断层岩性、断层环境条件、断层力学因素和断层产状等主要控制因素进行了研究，得出与 D5 区二叠系圈闭断层密封性相关的 17 项三级指标（$U_{111} \sim U_{431}$）的得分，依次为：8、6、7、7、6、8、6、7、8、9、7、7、7、9、8、7、8。最终得到断层封闭性综合得分为 $M = 7.43$，对照等级评价表可知，断层封闭性能力较强、具有一定的封气能力但须在断层外部储层部署适当的监测井，通过动态监测外围储层压力变化和气水界面的变化，动态评价断层的封闭性能。断层的封闭性是储气库圈闭完整性的关键因素，其跟踪评价应贯穿地下储气库勘探期以及整个注采生命周期。

含水层构造改建地下储气库的最大风险为圈闭的完整性，其中断层的封闭性是最难判断的参数，是储气库后期勘探评价以及运用期圈闭完整性评价的核心。

7　储气库井筒完整性评价

7.1　引　　言

确保安全运行是储气库建设的首要原则，井筒完整性是保证储气库安全运行的关键。无论在储气库建设还是运行过程中，对地层流体的有效控制都是最为重要的。一旦流体失控流动，可能导致严重的甚至灾难性后果（杜安琪，2016）。因此，如何采取有效措施降低储气库运行风险，避免事故的发生，是储气库安全管理面临的重要难题。调查研究表明，储气库井筒完整性管理是解决储气库安全管理的有效手段。井筒完整性管理是储气库完整性管理的核心和关键技术（魏东吼等，2015；罗金恒等，2019）。因此，为保证储气库的安全运行，有必要开展储气库井筒完整性研究，实施地下设施的全面覆盖。

由于储气库井下设施受到交变载荷的影响，腐蚀环境复杂，管理难度大，需要采取有效的技术手段，全面开展储气库井筒的完整性管理，实现地下设施的全覆盖（郑有成等，2008）。此外，储气库地面工艺设施管理属于场站完整性管理范畴，国内学者已开展大量的研究工作，在此重点对储气库井筒的完整性进行研究。储气库井筒的完整性是指在运行条件下，储气库井筒及井下设施能够满足运行要求、安全经济地完成各项性能指标的完整程度。储气库井筒的完整性管理技术建立在储气库井监测、检测的基础上，通过对井身结构的测量，井的气体动力学、地球物理资料研究以及采气树和井口设备的检测，掌握储气库井的各种失效形式，揭示天然气泄漏和套管腐蚀的机理。

7.2　储气库管柱适用性评价

7.2.1　储气库管柱运行特征

与常规气井相比，储气库井服役周期长，一般在 30 年以上；地层压力系数不衰减，峰值保持在 0.9 左右（枯竭油气藏型储气库）；注采交替变化，注气和采气双向流动，压力和温度交替。油田在进行管柱设计时使用的仍是强度设计方法，并选用气密封螺纹接头，但未考虑拉压交变载荷和接头压缩性能，也是造成储气库管柱泄漏或带压严重的原因之一（王建军等，2019）。因各生产厂特殊螺纹接头的耐压缩性能（压缩效率）参差不齐，在选择储气库管柱螺纹接头和管柱设计时，必须考虑管柱交变载荷以及接头的耐压缩性能。同时，储气库井注入干气（含 2% CO_2，不含 H_2S），采出气低含水（水气比约 0.01m^3/104m^3），而现有标准中 CO_2 腐蚀条件均是 100% 液体环境，在建储气库均是依据现有标准进行选择，造成在注气介质相同而材质选择各异，从碳钢、普通 Cr13 到超级

Cr13 均有使用，投资成本相应增加 5 倍以上，亟须合理控制腐蚀，同时降低投资成本。因此，对于枯竭式气藏，应考虑低含水率情况下的管柱腐蚀问题。

1）现有储气库工况和选材特点

地下储气库注采管柱（注采完井管柱）是保证气体注入、采出的安全通道，储气库井设计寿命在 30 年以上，对注采管柱同样提出更高的要求，要确保 30 年或更长期限内注采管柱的运行安全，但是从国内已建成的大港储气库群、京 58 储气库群等储气库井油套环空带压反映出的注采管柱泄漏问题来看，尽管注采管柱采用的是气密封特殊螺纹，但密封问题依然凸显。地下储气库注采管柱不同于一般采气井完井管柱，注气/采气压力从最小 13MPa 到最大 42MPa，压力波动变化较大，关键是注采周期频繁交替带来拉压交变载荷影响管柱服役。在一般天然气井主要是采气，完井管柱主要承受拉伸载荷。而对于储气库井，采气时完井管柱依然主要承受拉伸载荷，注气时则主要承受压缩载荷，有时压缩载荷高达管柱额定抗拉强度的 80% 以上，此时管柱单独考虑拉伸下的气密封性已明显不足。而在现场所采用的氮气气密封检测，均是在拉伸状态下进行，均未考虑拉伸+压缩循环后的气密封效果。室内全尺寸实物试验也反映管柱在拉伸载荷下密封性较好，但在经过压缩载荷后再拉伸时易发生泄漏。目前，各生产厂特殊螺纹接头的耐压缩性能（压缩效率）参差不齐，压缩效率从 30% ~100% 都有，一旦选用不合适极易造成管柱泄漏。同样在储气库井生产作业期间，出现 A 环空和 B 环空带压，尤其是 A 环空出现大的压力波动变化，即注采管柱内压力、温度的交变对套管柱（尤其是生产套管柱）的影响以及生产套管柱也应考虑这种拉压交变载荷下的密封性。从国内已建成运行的大港储气库群储气库井来看，大都运行不到 10 年就会出现油套环空带压（A 环空带压）（表7-1），部分井出现技套带压（B 环空带压），使井的危险性增加。此外，较高的环空压力变化对生产套管柱的影响有待明确。

表 7-1　大港储气库群储气库井压力情况

井号	油压/MPa	套压（油套环空）/MPa
库 5-1	28.4	8.9
库 5-2	23.8	20.3
库 5-3	22.5	5.7
库 5-4	25.2	25.0
库 5-5	4.5	14.0
库 5-6	25.0	13.8
库 5-7	24.2	8.0
库 5-8	22.2	3.5
库 6-1	29.2	7.5
库 6-2	29.0	7.9
库 6-3	29.0	9.0
库 6-4	8.5	8.8
库 6-5	29.0	9.5
库 6-6	29.0	10.7

从表 7-1 中发现库 5-4 井的油压和套压基本一致，说明注采管柱的密封完整性已丧失。从后期提出的注采管柱发现，油管从外表面腐蚀穿孔，初步分析为 CO_2 腐蚀造成。油套环空虽已充满保护液，但在环空长期带压状态下，气体中 2% 左右的 CO_2 逐步溶于溶液中，造成管柱处于酸性环境中。

国内外对储气库套管和油管的选材仍多依据 API、ISO 标准，同时，采用各种井下检测手段，以确保储气库注采管柱后期运行的安全性。但从现场检测结果发现储气库每口井基本上全是油套环空带压生产，地下储气库注采管柱的失效以接头泄漏为主，因此气密封螺纹接头的选择在管柱选材中应予重点考虑。在 ISO 标准中，指出对气密封螺纹接头应进行 1.5 周次（逆时针→顺时针→逆时针）的气密封循环试验，但对储气库注采管柱的 30 年运行周期而言远远不够；另外从该标准中发现，管柱在拉伸载荷下的密封性能良好，但在拉伸→压缩→拉伸载荷下管柱存在泄漏风险，因此在标准中提出了接头与管体强度等效、不等效的概念。

此外，国外枯竭油气藏型储气库井深多在 800 ~ 2000m 范围内，而国内井深多在 2300 ~ 4500m 范围内，最大注气压力高达 48.5MPa，说明国内地下储气库注采管柱所承受的环境载荷要比国外同类储气库复杂得多，技术难度更大。

对相国寺、呼图壁、双 6、板南、苏桥、靖边 6 座储气库运行工况进行了详细调研，与常规气井相比工况差异较大（表 7-2），但在管柱选用与设计方面未凸显工况的差异性，是引起系列失效和隐患风险主要原因之一，如产生环空带压、管柱泄漏、腐蚀等风险事故。

表 7-2　工况差异对比

序号	属性		井类	
			常规气井	储气库井
1	设计周期		10 ~ 20 年	30 年以上
2	气质		H_2S 或与 CO_2 共存，湿气	部分气藏含 H_2S，注入气含 CO_2，注入干气，采出气低含水
3	载荷	运行	采气	注气、采气
		地层压力系数	逐年衰减，低至 0.3 左右	保持在 0.9 左右
		管柱内压力	逐年衰减	交替变化
		温度	定值	交替变化
		环空带压	A 环空、B 环空带压	A 环空、B 环空带压及其注采压力交替变化对其影响

结合储气库运行工况特征，与常规气井相比，为解决管柱完整性问题，需要继续解决以下难题：①储气库管柱螺纹接头选择和管柱密封设计难题；②低含水率下腐蚀选材与材质匹配技术难题。针对这些问题，研究提出了交变载荷下储气库管柱气密封螺纹接头优选方法和低含水工况下储气库管柱腐蚀选材方法。

2）储气库管柱腐蚀服役环境分析

CO_2 对管材的腐蚀速率取决于 CO_2 在水溶液中的含量，而水溶液中 CO_2 含量基本上与 CO_2 分压成正比，所以一般以 CO_2 分压作为预测系统腐蚀的主要判据。

中国石油集团现有 6 座储气库的主要腐蚀工况为 CO_2 分压不超过 0.8MPa（个别井达 1.16MPa），温度为 90℃，Cl^- 浓度在 10000mg/L 以内，同时因材质成分不同，各构件间存在电化学腐蚀的可能油管和套管腐蚀选材标准主要依据 ISO 15156-3 和 GB/T 20972.2（ISO 15156-2，MOD），但是这些标准着重于含 H_2S 环境的选材。依据腐蚀介质不同，石油管材专业标准化技术委员会制定了针对性的选材标准，具体有 SY/T 6857.1、Q/SY-TGRC 2、Q/SY-TGRC 3、Q/SY-TGRC 18 等标准（SY/T6857.1—2012；Q/SY TGRC2—2009；Q/SY TGRC3—2009；Q/SY TGRC18—2009），尤其是 Q/SY-TGRC 18 标准主要针对含 CO_2 环境的选材。

在《含 CO_2 腐蚀环境中套管和油管选用推荐作法》（Q/SY-TGRC 18）中明确规定了 CO_2 腐蚀环境下的油套管选材要求。

中国石油集团 6 座储气库腐蚀环境主要为"中压 CO_2 分压腐蚀环境"，个别为"中高压 CO_2 分压腐蚀环境"，同时考虑有无 H_2S 影响，造成腐蚀选材从碳钢、普通 Cr13 到超级 Cr13 都有。现有标准中 CO_2 腐蚀条件均是 100% 液体环境，应考虑储气库实际工况进行选材，油管内为低含水高压气，油管外为环空保护液，套管内为环空保护液，套管外与地层水接触。因此，建议套管按照液相环境进行选材研究，油管按照低含水环境进行选材分析。

7.2.2 储气库油套问题统计

在中国石油集团相国寺、呼图壁、双 6、板南、苏桥、靖边 6 座储气库的建设过程中，为结合储气库工况对油套管设计进行评价，以进一步指导储气库钻完井设计和油套管选材，对前期在建储气库进行了油套管使用情况调研。通过调研发现均存在以下共性问题：

（1）管柱设计均进行了抗外挤、抗内压、抗拉设计计算，无接头耐压缩设计。

（2）气密封检测均有泄漏发生，也有油套管粘扣现象。气密封检测均是在拉伸状态下进行，均未考虑拉伸+压缩循环后的气密封效果。

（3）除双 6 储气库外，其余储气库新井均无井下套管几何尺寸（壁厚、外径等）的测量，不利于后期的套管柱安全评价。

（4）对 N80 套管订货，没有明确是 N80 1 类或是 N80 Q 类。

（5）套管入井前的现场检测需加强。

（6）对不同材质间电化学腐蚀缺失相应的依据。

（7）对金属–金属气密封技术套管、生产套管和油管的选用没有进行相关的评价，为后续的生产增添了不确定性因素。

现把 6 座储气库的主要参数列于表 7-3 中，分析表 7-3 可以发现各个储气库的主要差异性问题。

表 7-3　储气库工况参数对比表

储气库		相国寺	呼图壁	双6	板南	苏桥	靖边
	气藏埋深/m	2782	3585	2369	2900	3300~5000	3500
	运行压力/MPa	11.7~28	18~34	10~24	13~31	19~48.5	15~35
	原始地层压力/MPa	28.7	34	24.3	30.9~40.0	34.2~48.5	29~32
	目前地层压力/MPa	2.4	16.5	5.0	9.0~21.8	5.8~31.0	30.4
	地层温度/℃	65	92.5	88~90	116	110~157	110
	单井日采气/(10^4 m^3/d)	40~150	100~120	16~105	20~60	50	90
	单井日注气/(10^4 m^3/d)	50~100	90	40~85	20~60	45	60
原始气藏	H_2S 含量/(g/cm^3)	0.001~0.047	/	/	0.08×10^{-6} ~ 0.52×10^{-6}	0.015~0.061	0.213~0.551
	CO_2 含量/(g/cm^3)	4.207~7.01	0.482	/	13	/	/
	天然气相对密度	0.567~0.568	0.521~0.6076	/	0.6490~0.7166	/	/
来源气	H_2S 含量/%	0.0001 (0.000028MPa)	/	陕京气	0.0002 (0.0000662MPa)	/	/
	CO_2 含量/%	1.8909 (0.53MPa)	1.89 (0.64MPa)	/	2.48 (0.77MPa)	0.46~2.37 (1.16MPa)	/
	天然气相对密度	0.604	0.607	/	/	/	/
地层水	Cl^-/(mg/L)	少量凝析水干气气藏	9974	/	1170~5000	3456	/
	总矿化度/(mg/L)		17800	/	6800~13300	7630	/
	pH			/		7	/
	水型		Na_2SO_4/$NaHCO_3$	/	$NaHCO_3$	$NaHCO_3$	/

续表

储气库		相国寺	呼图壁	双6	板南	苏桥	靖边
生产套管	回接	Φ206.4mm×13.06mmVM95SS FJI.×(0~150m)+Φ177.8mm×11.51mm TP95S TPOQ×(150~1822m) Φ244.5mm×11.99mm TP95S TPCQ×(0~1308m)	Φ193.7mm×12.7mm VM125HC VAM TOP×(0~120m)+Φ177.8mm ×12.65mm VM125HC VAM TOP×(120~3165m)	Φ177.8mm×9.19mm N80 BGC×(0~2192.29m) Φ177.8mm×9.19mm N80 BGC×(0~2304.85m)	Φ177.8mm×9.19mm P110 TPCQx(5.6~2342.52m)	Φ177.8mm×9.19mm P110 BGC×(0~2700m)	Φ244.5mm×11.99mm 95S 3SBx(0~2641.94)
	悬挂	Φ177.8mm×11.51mm TP95S TPCQx(1822~2600m) Φ244.5mm×11.99mm TP95S TPCQx(1308~1900m) +Φ244.5mm×11.99mm BC95S-3Cr×(1900~2666m)	Φ177.8mm×12.65mm HP1-13Cr110 BEARx (3165~3215m)+Φ139.7mm ×10.54mm HP1-13Cr110 BEARx (3215~3215m)	Φ177.8mm×9.19mm L80 BGCx(2192.29~2565.25m) Φ177.8mm×9.19mm L80 BGCx(2304.85~2448.57m) Φ168.3mm×10.59mm L80 BTCx(2448.57~ 2948.04m)筛管	Φ177.8mm×9.19mm P110 TPCQx(2342.52~ 3101.0m)	Φ177.8mm×9.19mm P110 BGCx(2700~3752m) Φ168.3mm×8.94mmP110 LCx(3752~4026m)筛管	Φ177.8mm×9.19mm P110 Cr13SBx (2641.94~3708)
技术套管		Φ244.5mm×11.99mm TP95S TPCQx(0~1972m) Φ339.7mm×12.19mm TP95S TPCQx(0~1459m)	Φ244.5mm×11.99mm TP140V TPCQx(0~3365m)	Φ244.5mm×11.99mm N80 BGC(0~2344.92) Φ244.5mm×11.99mm N80 BGC(0~2466.22)	Φ273.0mm×11.43mm N80 BTCx(6.4~2495.56m)	Φ244.5mm×10.03mm N80 BTCx(0~3752m)	Φ339.7mm×12.19mm P110x(0~2851.72)
油管		Φ1143mm×6.88mm VM80S VAMTOP+Φ88.9mm×6.45mm N80 EUE	Φ114.3mm×7.37mm HP-1-13CR-110 BEAR	Φ114.3mm×6.88mm L80 13Cr VAMTOP	Φ88.9mm×6.45mm L80 TPCQ(EX) Φ114.3mm×6.88mm L80 TPCQ(EX)	Φ114.3mm×6.88mm L80-13Cr BGT	Φ139.7mm×9.17mm P110×13S 3SB
封隔器坐封深度/m		2457	3195	2272 2334	/	2876	2900
说明		技套和油套主要考虑原始地层含有H₂S,以抗硫管材为主	油套回接采用VM125HC高抗挤套管,尾管悬挂采用HP1-13Cr10套管	油套回接采用N80套管,尾管悬挂采用L80套管	技套采用N80 TPCQ套管,油套采用P110 TPCQ套管	技套采用N80 BTC套管,油套采用P110 BGC Cr13S套管	油套回接使用95S套管,油套回接使用P110 Cr13S管,悬挂P110 Cr13S

注:"/"表示无数据

1）气密封螺纹选用问题

各库选用气密封螺纹不一样；气密封螺纹均未进行多周次往复气密封循环试验（工况试验）。

2）腐蚀选材问题

注入气介质一样，各库油套管选用材质差异大；选材未考虑低含水工况下气相腐蚀试验。

7.2.3　储气库管柱荷载分析

地下储气库注采管柱（注采完井管柱）是保证气体注入、采出的安全通道，储气库井设计寿命在 30 年以上，对注采管柱同样提出更高的要求，要确保 30 年或更长期限内注采管柱的运行安全，但是从国内已建成的大港储气库群、京 58 储气库群等储气库井油套环空带压反映出注采管柱泄漏问题，尽管注采管柱采用的是气密封特殊螺纹，但密封问题依然凸显。

在一般天然气井主要是采气，完井管柱主要承受拉伸载荷，设计也以拉伸设计为主。而对于储气库井，采气时完井管柱依然主要承受拉伸载荷，注气时则主要承受压缩载荷，有时压缩载荷高达管柱额定抗拉强度的 80% 以上，此时管柱单独考虑拉伸设计则明显存在不足。

从室内全尺寸实物试验也反映管柱在拉伸载荷下密封性较好，但在经过压缩载荷后再拉伸时易发生泄漏。虽然储气库油套管柱下井前均进行了氦气气密封检测，但仅是在接头处静拉伸载荷下（接头下部轴向拉伸载荷，上部轴向载荷为零）进行的，并没有考虑到井下压缩载荷和载荷交变，因此入井前井口处氦气检测不泄漏，并不能证明后期运行过程中不发生泄漏，故亟须从管柱设计和试验评价两方面入手，管柱设计应考虑压缩载荷的影响。

通过分析靖边、板南、苏桥、呼图壁 4 个储气库生产套管和油管的气密封螺纹性能数据（表 7-4），可知各储气库虽选用了气密封螺纹接头，且尽管接头拉伸效率均为 100%，但其压缩效率差异较大，从 30% ~80% 均有。故提出管柱压缩载荷与接头压缩效率结合，从分析管柱压缩载荷筛选出适用于储气库工况的接头压缩效率。

表 7-4　储气库气密封螺纹油套管性能数据

储气库	规格	钢级	扣型	屈服强度/MPa	拉伸效率/%	压缩效率/%	最大扭矩/N·m	抗内压强度/MPa	抗挤强度/kN	抗拉强度/kN
靖边	Φ244.5mm×11.99mm	95S	3SB	655	100	60	24405	56.2	35.1	5736
	Φ139.7mm×9.17mm	P110 Cr13S	3SB	758	100	80	12690	87.1	76.5	2853
板南	Φ177.80mm×9.19mm	P110	TPCQ	758	100	60	16760	68.7	43.2	3692
	Φ88.90mm×6.45mm	L80	TPCQ（EX）	552	100	60	3390	70.1	72.6	921

续表

储气库	规格	钢级	扣型	屈服强度/MPa	拉伸效率/%	压缩效率/%	最大扭矩/N·m	抗内压强度/MPa	抗挤强度/kN	抗拉强度/kN
苏桥	Φ177.8mm×10.36mm	P110	BGC	758	100	30	16960	77.38	58.83	4130
	Φ177.8mm×10.36mm	95S	BGC	655	100	30	15900	63.31	54.07	3570
	Φ114.3mm×6.88mm	L80 13Cr	BGT1	552	100	40	5870	58.14	51.72	1280
呼图壁	Φ177.8mm×126.65mm	VM125HC	VAM TOP	862	100	60	27000	107.2	110.8	5658
	Φ114.3mm×7.37mm	HP-1-13 CR-110	BEAR	758	100	80	10589	85.6	73.7	1877

1. 注采管柱载荷

管柱受力与变形的影响因素不仅包括重力、浮力、管内外流体压力、流体流动黏滞力、温度、顶部钩载、底部封隔器处约束方式、操作顺序等常规外界因素，还需要考虑注采管柱井筒压力温度非线性分布、注采交变载荷、温度及腐蚀对管柱强度影响等特征。总体来看，注采管柱在井内主要受三种类型的力：轴向力、外挤压力和内压力。而注采管柱都在生产套管内，且外挤压力和内压力可以通过膨胀效应或活塞效应折算成轴向力（王建军等，2010）。

依据储气库注采作业工况，综合考虑管柱的重力效应、温度效应、鼓胀效应、活塞效应、摩阻效应以及内压力、外压力的影响，计算注采管柱的交变载荷。靖边储气库注采管柱应力计算参数见表7-5，交变载荷计算结果如图7-1所示，可知，注气过程计算，获得管柱最大压缩载荷550kN（不考虑摩阻为730kN），是额定抗拉强度的20%；采气过程计算，获得管柱最大拉伸载荷1700kN（不考虑摩阻2100kN）（正常作业是1075kN，不考虑摩阻1482kN），是额定抗拉强度的60%。

表7-5 靖边储气库注采管柱应力计算参数

油管外径/mm	油管壁厚/mm	油管钢级	油管下深/m	封隔器坐封深度/m	封隔器密封内径/mm	注入气体比重/(g/cm³)	环空保护液密度/(g/cm³)
139.7	9.17	P110 Cr13S	2925	2900	123.2	0.604	1.05

注入气体温度/℃	井口温度/℃	地温梯度/(℃/100m)	注气压力/MPa	单井日注气/(10⁴m³/d)	采气压力/MPa	单井日采气/(10⁴m³/d)	油管表面粗糙度/mm
25	40	2.5	30	60	30	90	0.03

2. 生产套管柱载荷

对于储气库生产套管柱载荷的计算，主要从套管下井和注采作业过程中两方面考虑。一是考虑回接套管插入、尾管悬挂和后期生产过程中产生的载荷；二是考虑注采过程中压力和温度的变化，引起环空压力的波动，直接产生轴向载荷的变化。

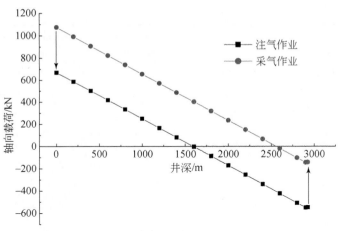

图 7-1　靖边储气库注采管柱轴向载荷变化

　　靖边储气库生产套管柱应力计算参数见表 7-6。在回接生产套管插入过程中产生最大压缩载荷 1800kN，是额定抗拉强度的 30%；尾管悬挂和后期生产过程中产生最大拉伸载荷 2900kN，是额定抗拉强度的 50%。

表 7-6　靖边储气库生产套管柱应力计算参数

类别	外径/mm	壁厚/mm	钢级	下深/m	回接筒深度/m	环空保护液密度/（g/cm³）
回接生产套管	244.5	11.99	95S	0 ~ 2641.94	2641.94	1.05
悬挂生产套管	244.5	11.99	P110 Cr13S	2641.94 ~ 3708		
生产尾管（套管）	177.8	9.19	P110	2950.09 ~ 3703.84		

　　3. 压缩效率筛选

　　按照上述方法，计算出管柱压缩载荷，并与管柱额定抗拉强度相比，获得的比值应大于接头额定压缩效率，即为可用的接头螺纹类型。

　　靖边储气库注采管柱的最大压缩载荷 730kN，为额定抗拉强度的 26%，小于 3SB 扣型压缩效率 80%。

7.2.4　储气库管柱多周期气密封试验

　　考虑地下储气库井设计寿命，每年一次注气和采气，注采管柱内产生压力和温度交替变化（拉伸和压缩载荷往复），因此管柱至少承受 30 周次的载荷交变。

　　参考《石油天然气工业套管及油管螺纹连接试验程序》（ISO 13679），结合地下储气库管柱作业工况特点，研究制定了储气库管柱多周次气密封循环试验程序如下（王建军，2014；王建军等，2017）。

　　1）试样制备

　　按照 ISO 13679 标准要求，准备注采管柱螺纹连接接头试样（图 7-2），并装配好密封检测装置，安装在 MOHR 复合加载试验装置上。

2）试验载荷计算

依据储气库注采作业工况，计算管柱所承受工作载荷，即最大拉伸载荷 T_{to}、最大压缩载荷 T_{co}、最大注采压力 P_{io}，考虑油田作业工况与室内模拟试验的差异，以工作载荷乘以相应的安全系数作为试验载荷，即以 $T_t = （1.0 ~ 1.5）T_{to}$，$T_c = （1.2 ~ 1.5）T_{co}$，$P_i = （1.1 ~ 1.5）P_{io}$ 等为最终试验施加载荷。

需注意施加的试验载荷应小于等于管柱的额定载荷，即：$T_t \leqslant T_{te}$，$T_c \leqslant T_{ce}$，其中 T_{te}、T_{ce} 分别为管柱的额定拉伸载荷和额定压缩载荷（一般 $T_{te} = T_{ce}$）。

3）试验载荷加载步骤

（1）对管柱施加拉伸载荷 T_t，再向管柱内打气体压力至 P_i，保载 5 ~ 15min；

（2）卸掉内压至零，卸掉拉伸载荷至零，后施加压缩载荷 T_c，并向管柱内打气体压力至 P_i，保载 5 ~ 15min；

（3）卸掉内压至零，施加压缩载荷至 T_{ce}，保载 5 ~ 15min；

（4）降低压缩载荷至 T_c，并施加内压至 P_i，保载 5 ~ 15min；

（5）卸掉压缩载荷至零，保载 5 ~ 15min；

（6）施加拉伸载荷至 T_t，保载 5 ~ 15min；

（7）卸掉内压至零，重复步骤（1）~（6）（表 7-7 为单周次气密封性循环试验数据），共进行 30 周次密封循环，测定管柱在交变载荷下长期密封性能；

（8）若中间发生泄漏，则试验终止，否则，进行步骤（5）中的试验。

4）记录试验过程

在试验过程中记录拉压载荷、内压变化曲线以及试验现象。

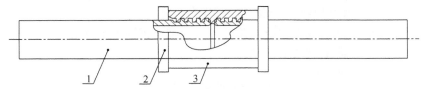

图 7-2 注采管柱螺纹连接接头试样

1. 油管；2. 密封检测环；3. 接箍

表 7-7 单周次气密封性循环试验数据

试验序号	加载点	内压	轴向总载荷	保载时间/min	备注
1	1	0	$95\% T_{te}$	5 ~ 15	
2	2	P_i	T_t	5 ~ 15	
3	3	P_i	0	5 ~ 15	
4	4	P_i	T_c	5 ~ 15	不超过 95% VME
5	5	0	$95\% T_{ce}$	5 ~ 15	
6	4	P_i	T_c	5 ~ 15	
7	3	P_i	0	5 ~ 15	
8	2	P_i	T_t	5 ~ 15	

注：VME 表示接头载荷包络线

按照试验程序，结合储气库注采运行压力和管柱载荷计算结果，确定试验压力为50MPa，并确定试验拉伸/压缩载荷如下。

1）靖边储气库注采管柱试验载荷

注气过程计算，获得管柱最大压缩载荷550kN（不考虑摩阻为730kN），是额定抗拉强度的25%，试验过程取安全系数为1.5进行加载，即压缩载荷加载至40%抗拉强度，该规格气密封螺纹接头额定压缩效率为60%。

采气过程计算，获得管柱最大拉伸载荷1700kN（不考虑摩阻为2100kN）（正常作业是1075kN，不考虑摩阻为1482kN），是额定抗拉强度的60%，试验过程取安全系数为1.4进行加载，即拉伸载荷加载至85%抗拉强度。

2）板南储气库注采管柱试验载荷

注气过程计算，获得管柱最大压缩载荷270kN（未考虑摩阻），是额定抗拉强度的30%，试验过程取安全系数为1.3进行加载，即压缩载荷加载至40%抗拉强度，该规格气密封螺纹接头额定压缩效率为60%。

采气过程计算，获得管柱最大拉伸载荷760kN（未考虑摩阻）（正常作业是610kN），是额定抗拉强度的82%，试验过程拉伸载荷加载至85%抗拉强度，安全系数取1.0。

3）苏桥储气库注采管柱试验载荷

注气过程计算，获得管柱最大压缩载荷590kN（未考虑摩阻），是额定抗拉强度的46%，而该管柱气密封螺纹接头的压缩效率仅为40%，所以试验过程中压缩载荷加载至40%抗拉强度。

采气过程计算，获得管柱最大拉伸载荷1350kN（未考虑摩阻），是额定抗拉强度的105%，试验过程拉伸载荷加载至85%抗拉强度。

按照以上计算载荷进行试验加载，在复合加载试验机装置上（图7-3）进行30周次气密封循环试验，试验具体结果如下。

图7-3　MOHR复合加载试验机装置

（1）靖边储气库 Φ139.7mm×9.17mm P110 Cr13S 油管柱试样在50MPa内压下经过85%拉伸→40%压缩→60%纯压缩→40%压缩→85%拉伸，经过30个循环后，未发生泄漏（图7-4）。该试样经30个循环结束后又进行 ISO 13679 B 系试验，在95%VME下经过CCW、CW、CCW（CCW表示逆时针循环，CW表示顺时针循环）后，未发生泄漏（图7-5）。

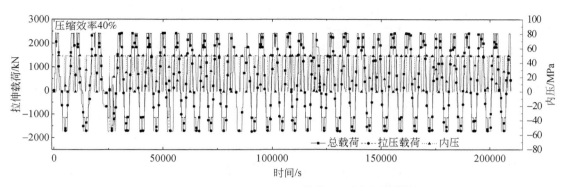

图 7-4   Φ139.7mm×9.17mm P110 Cr13S 管柱 30 周次气密封循环试验结果

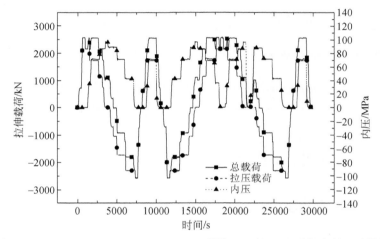

图 7-5   Φ139.7mm×9.17mm P110 Cr13S 管柱 ISO13679 B 系气密封试验结果

（2）苏桥储气库 Φ114.3mm×6.88mm L80 13Cr 油管柱试样在 50MPa 内压下经过 85%拉伸→35%压缩→60%纯压缩→35%压缩→85%拉伸，经过 21 个循环后，未泄漏。之后，该试样在 50MPa 内压下经过 85%拉伸→40%压缩→60%纯压缩→40%压缩→85%拉伸，经过 7 个循环后，未泄漏，如图 7-6 所示。

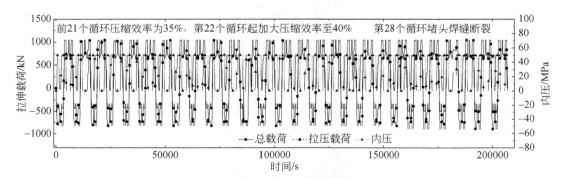

图 7-6   Φ114.3mm×6.88mm L80 13Cr 管柱 30 周次气密封循环试验结果

（3）板南储气库 Φ88.9mm×6.45mm L80 油管柱试样在 50MPa 内压下经过 85% 拉伸→40% 压缩→60% 纯压缩→40% 压缩→85% 拉伸，经过 30 个循环后，未泄漏，如图 7-7 所示。该试样在经过 30 个循环后，继续进行 ISO 13679 B 系试验，试验施加拉伸载荷 835kN 至 95% VME 后，降载至 578kN，施加内压至 56MPa，此时总拉伸载荷应达到 835kN，但试验表明总载荷和拉压载荷值接近，说明此时管柱已有泄漏发生（图 7-8），当压缩至 650kN（74% 压缩）时管柱失稳断裂（现场端），如图 7-9 所示。

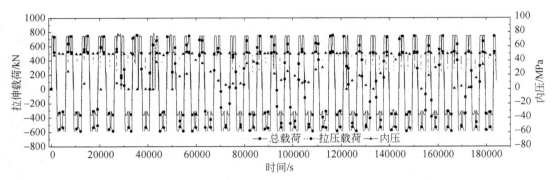

图 7-7　Φ88.9mm×6.45mm L80 管柱 30 周次气密封循环试验结果

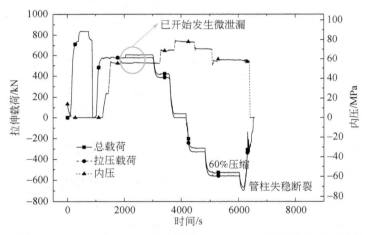

图 7-8　Φ88.9mm×6.45mm L80 管柱 ISO 13679 B 系气密封试验结果

图 7-9　Φ88.9mm×6.45mm L80 管柱失稳断裂

上述多周次气密封循环试验结果汇总列入表 7-8 中，比较试验结果，可知：

（1）靖边储气库油管柱气密封性能较好，30 周次循环后经过 ISO 13679 B 系试验未泄漏。

（2）苏桥储气库管柱在额定压缩效率下，30 周次循环后未泄漏，但在管柱设计时，需考虑接头耐压缩设计。

（3）板南储气库管柱气密封性能可满足工况需要，但在作业中不能有接近管体 95% VME 的载荷产生。

（4）因气密封螺纹压缩性能的差异，在经过 30 周次气密封循环后，压缩效率高的管柱仍能经过 ISO 13679 包络线载荷 95% VME 下 B 系循环试验而不发生泄漏，说明在后期增产、修井作业措施中仍可具有极限承受能力，而压缩效率低的管柱在后期作业过程中需控制作业载荷（不超过正常作业过程中的载荷）。

表 7-8　气密封螺纹管柱多周次气密封循环试验结果

储气库	规格	钢级	拉伸效率/%	压缩效率/%	多周次气密封循环试验结果	试验安全系数	ISO 13679 B 系试验（95% VME，67% 压缩）
靖边	Φ139.7mm×9.17mm	P110 Cr13S	100	80	30 周次（2 个试样）	>1.3	通过
苏桥	Φ114.3mm×6.88mm	L80 13Cr	100	40	28 周次	<1.0	未进行
板南	Φ88.90mm×6.45mm	L80	100	60	30 周次	>1.2	未通过

从经过"ISO 13679 标准的 1.5 周次气密封循环未泄漏"的试验，改变为经过"拉压交变载荷下 30 周次气密封循环未泄漏"的试验，完成考虑接头压缩效率和多周次密封性能筛选适用套管的目标。

7.2.5　储气库井筒冲蚀问题

地下储气库的注采井与普通气井相比，具有吞吐量大、使用周期长的特点。在影响管柱寿命的众多因素中，井筒中高速流动的气体会对管柱产生冲蚀作用，冲蚀是气井配产、确定注采井管柱尺寸的重要参考因素之一（罗天雨等，2011；王嘉淮等，2012a）。冲蚀磨损是指材料受到小而松散的流动粒子冲击时，表面出现破坏的一类磨损现象。携带固体粒子的流体可以是高速气流，也可以是液流，前者产生喷砂型冲蚀，后者则称为泥浆型冲蚀。在地下储气库研究中，管柱和井下工具的冲蚀类型是喷砂型冲蚀中的气固冲蚀磨损。据文献（赵会友等，1996）报道，气体流速如超过一定的范围，随着流速增高，冲蚀加剧，如果气体流速增加 3.7 倍，则腐蚀速度增加 5 倍，而且主要发生在井口设备和油管。

储气库气井冲蚀的影响因素主要包括以下几个方面（徐向丽等，2016；刘志森，2012；雷振中，1996；李学军，1991；王嘉淮等，2012b；唐丹等，2014）：①粒子冲蚀角度。典型塑性材料的最大冲蚀率出现在 15°～30°冲蚀角内，典型脆性材料（陶瓷和玻璃）则出现在 90°冲蚀角。②粒子冲蚀速度。当气体流速低于冲蚀流速时，冲蚀不明显，而气体流速高于冲蚀流速时，会产生明显的冲蚀，严重影响气井安全生产。③粒子粒度。气体粒子越重，粒度越大，气体中的重物质造成的冲蚀作用更大，主要重粒子包括 CO_2、砂粒等，而这两种重粒子在呼图壁气藏生产过程中都会出现。④砂粒含量。在相同的冲蚀时间，冲蚀速率随含砂量的增加而增大。⑤腐蚀。由于腐蚀的存在，改变了材料表面本身的结构和性质，会对材料的冲蚀形成影响。⑥环境温度。⑦材料的硬度。

针对储气库注采井实际工作情况，对气井冲蚀磨损，可从以下三个方面加以控制：改进设计、减少出砂量、选用耐冲蚀的材料。

（1）改进设计：在保证工作效率的前提下，合理设计零部件的形状、结构，合理确定管柱尺寸。具体改进如下：改进容易冲蚀部位的设计，用平滑过渡的弯管代替 T 形接头，同时，金属等塑性材料应尽可能避免在 20°~30°的冲击角下工作，以减少冲蚀磨损；设法减少入射粒子和介质的速度，因为速度是影响材料冲蚀率的重要参数。呼图壁储气库设计中采用了直径 114.3mm 管柱，以减少气体速度。

（2）减少出砂量：砂粒含量的多少直接影响管柱的冲蚀率，在相同的冲蚀时间，冲蚀率会随含砂量的增加而增大。所以，要设法减少地层出砂量。

（3）选用耐冲蚀的材料：呼图壁储气库中选用的气井管柱为改良型 Cr13 油管，它是低碳马氏体不锈钢，Cr 含量为 13%。

7.3　储气库井筒水泥环完整性评价

多周期注采交变改变套管和地层中的应力分布，导致水泥环内部产生微裂隙或胶结面密封失效，形成渗漏通道，从而造成气体渗漏（唐丹等，2014；柏明星等，2013；任建峰，2016）。

套管、水泥环及地层间的胶结面是井结构的薄弱地带，在地应力、注采压力、地层变形和井结构自身重量共同作用下，会导致套管、水泥环及地层间胶结面开裂，这样就为气体的渗漏提供了通道；同时，由于气体不断渗入套管与水泥环间胶结面开裂处，在高压流体压力的作用下，又导致了裂口的不断扩张。影响井的完整性的常见因素见表7-9。

表 7-9　影响井的完整性的常见因素

类型	因素	描述
特征	井的年龄	井的年龄越老，井筒区域系统完整性缺失的风险也越大
特征	井类型	各种井由于井内管柱、固井质量和使用频率等的差异，对井筒完整性的影响不同
特征	完井层段	一般来说，完井层段越深，井筒区域完整性越强，绝大多数井的深井层段比浅井层段有更好的固井质量
特征	表层套管深度	随着表层套管深度的增加，泄漏的可能性也在增加
特征	泥浆漏失	泥浆漏失会形成泥饼，泥饼收缩形成微裂缝，形成泄漏的通道
特征	套管居中情况	如果套管不居中，环形空间中比较狭窄的一侧会形成连续的泥浆通道
特征	水泥浆性能	水泥类型会严重影响井完整性，因为不同水泥对应力及化学腐蚀的抵抗力并不相同，不合适的水泥在固井过程中会产生裂缝
特征	固井质量	固井的目的是形成足够的胶结力、支撑套管，固井质量指泥浆顶替效率、水泥浆污染、水泥胶结效率等，固井质量对于泄漏风险影响是比较大的
特征	盖层性质	盖层性质影响比较大，黏塑性蠕变性质对套管及水泥有强烈的挤压作用

类型	因素	描述
特征	井斜	斜井渗漏风险比直井大，且随着斜度增大，风险也增大
特征	完井类型	套管长期和矿化度较高的地层水接触，被腐蚀，选用套管完井比非套管完井具有更大的井筒完整性缺失风险
过程	注采交变	套管的胀缩，从而会引起微环隙及微裂隙的产生
过程	封井	封井过程包括一系列的切割套管，注水泥及测试等工艺会引起井身完整性的变化
过程	腐蚀	水泥的腐蚀和套管的腐蚀对井的完整性造成了比较大的危害
事件	地震	地震会导致井身的严重变形和断层的重新分布，这对于储气库来说具有较大的影响

7.3.1　水泥环完整性及其失效形式

　　水泥环具有有效封隔地层和支撑、保护套管的功能。储气库多周期注采交变井下工程作业，不同的作业过程必然使井眼条件发生改变，套管内压改变、地层围岩压力变化以及井眼温度改变引起的温度应力等作用，使水泥环受力状态发生改变，可能导致水泥环产生裂纹，甚至会使水泥环的封隔作用失效，造成地下油气水层之间的窜流和套管的腐蚀破坏，严重时造成井报废（唐毅，2017；林兴洋，2017）。因此，研究水泥石力学性能，提高水泥环本体的完整性对储气库井筒的长期寿命具有重要的意义。

　　目前水泥石力学性能的研究多是针对特定水泥浆体系形成水泥石的性能评价，而缺乏对水泥石力学性能受井下实际环境影响的规律性认识。水泥环力学模型如图7-10所示。典型的水泥环失效形式如图7-11所示。水泥环破坏形式不同，则破坏机理及条件也不同（史玉才等，2017）。

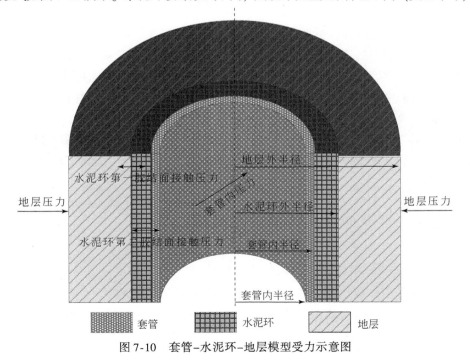

图7-10　套管–水泥环–地层模型受力示意图

　　水泥环径向开裂条件：水泥环径向开裂破坏形式如图 7-11d 所示。通常情况下，当套管内压力和温度升高较多时，水泥环的切向应力有可能变成拉应力，导致水泥环沿径向方向产生裂纹。水泥环径向开裂属于典型的拉伸破坏形式。

　　水泥环剪切破坏条件：水泥环剪切破坏形式如图 7-11c 所示。通常情况下，当套管内压力变化较大（升高或降低）时，或两个水平地应力差异较大时，或作用在水泥环上的三个主应力差值较大时，水泥环均有可能发生剪切破坏。

　　水泥环胶结面剥离条件：水泥环胶结面剥离形式包括内壁剥离（图 7-11a，水泥环与套管剥离）和外壁剥离（图 7-11b，水泥环与井壁剥离）两种情况。

　　导致水泥环胶结面剥离的因素比较多，主要包括井筒内压力和温度降低，水泥环硬化后体积收缩，井壁上残留泥饼等。通常情况下，当井筒内压力降低时最有可能导致水泥环内壁与套管剥离；当井筒内温度降低、水泥环硬化后体积收缩，或井壁残留泥饼时，最有可能导致水泥环外壁与井壁剥离。

　　水泥环轴向开裂条件：水泥环轴向开裂破坏形式如图 7-11e 所示。当井筒内压力和温度升高或降低时，均有可能引起套管柱沿轴向方向伸长或缩短，在一定条件下会导致水泥环轴向开裂成碟状。国内外目前对该破坏形式分析较少。

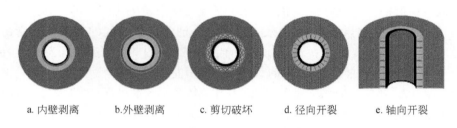

a. 内壁剥离　　　b.外壁剥离　　　c. 剪切破坏　　　d. 径向开裂　　　e. 轴向开裂

图 7-11　水泥环失效形式

　　常规进行的主要是破坏性试验，得到水泥石的承载极限，并根据受力的不同，试验评价指标也不同，主要有抗压强度、抗拉强度、抗折强度、抗剪切强度、抗冲击韧性等。水泥环本体失效破坏主要有拉伸破坏和剪切破坏两类。水泥环本体受纯拉伸载荷时，可采用最大主应力准则来判断；水泥环受压缩载荷时，可采用莫尔-库仑准则来预测不同应力状态下水泥环的失效。

　　为了模拟储气库井循环注采气过程对水泥环力学性能的影响，有必要开展交变荷载作用下的拉伸试验和三轴压缩试验，建立考虑交变应力下的水泥石力学模型，目前，这方面的研究还很少。

7.3.2　套管-水泥环界面法向胶结强度试验

1. 固井 G 级水泥-钢板界面直接拉伸性能试验

　　本试验采用固井 G 级水泥，水灰比为 0.44。试验方法为对拉法，试验选取水泥石试块 150mm×150mm×150mm，钢板厚 8mm，采用 G 级油井水泥按照 API 规范要求水灰比浆浇筑，养护试样 14d。

测试在压力机上进行，加载速率为 0.05kN/s。试样的破坏表现为钢板与水泥石胶结面突然失效，试验分两批开展，第一批共 4 个，第二批共 5 个试样，共有 9 个试样，如图7-12 所示。

 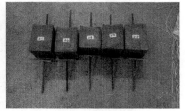

a. 第一批试样　　　　　　　　　　　b. 第二批试样

图 7-12　拉伸试验试样

表 7-10 是对拉试验的测试结果，根据试验所测得的径向胶结力平均值为 0.23MPa，试样的径（法）向界面胶结力比较小。

表 7-10　对拉试样测试胶结力强度值表

试样	脱落荷载/kN	面积/mm²	黏结力/MPa
1-1	6.19	150×150＝22500	0.275
1-2	3.79	150×150＝22500	0.168
1-3	6.54	150×150＝22500	0.291
1-4	5.28	150×150＝22500	0.235
2-1	6.15	150×150＝22500	0.273
2-2	6.95	150×150＝22500	0.308
2-3	7.12	150×150＝22500	0.316
2-4	5.47	150×150＝22500	0.243
2-5	4.80	150×150＝22500	0.213

对拉法是最为直接测试界面法向胶结力的试验方法，但是此试验不易控制，容易出现差错，可在此试验基础上，做出试验改进，改用四点弯曲梁弯折试验。

2. 固井 G 级水泥–钢块组合梁界面径向胶结强度试验

四点弯曲试验是测量材料弯曲性能的一种试验方法，又称弯拉法。水泥试样尺寸为600mm×100mm×100mm，钢板尺寸为 100mm×70mm×30mm，养护试样 14d。将条状试样平放于弯曲试验夹具中，形成简支梁形式，支撑试样的两个下支撑点间的距离视试样长度可调，试样上方有两个对称的加载点。

试样为跨中带钢块的固井 G 级水泥石梁，试样的尺寸为 100mm×100mm×600mm，其中水泥石梁的跨径取 500mm，水泥石梁两端各留 50mm，采用木制模型成型（图 7-13 ~ 图 7-15）。

图 7-13　试验模具图

图 7-14　试验试样应变片位置图

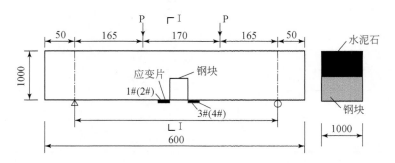

图 7-15　弯拉试样加载基本原理图

　　本试验通过对试样进行不断的调试加载，通过不断加载，每次加载时间间隔2min，进行数据采集，直至加载至水泥石断裂与钢块脱开。

　　由于四点弯折梁试验中间部分为纯弯段，不考虑剪力影响，可以认为跨中梁底的正应力等于钢块与水泥石的黏结强度，其界面黏结强度可以通过测试所得粘贴在底部靠近钢块处的应变值与对应的水泥石弹性模量相乘计算得到。

　　试验结果表明，试样的破坏形态均在界面处产生断裂，在水泥石面上的断裂面几乎是垂直平面，向水泥石界面延伸，角度约为90°，这是由于固井 G 级水泥石与钢块两种不同的材料在其之间界面脱黏破坏时，该梁在中间属于纯弯曲。固井 G 级水泥石与钢块的界面黏结性能相对较弱，试样发生破坏时断裂面会完全断裂，并且固井 G 级水泥石所形成的断面上没有与钢块产生黏结，出现界面胶结失效（图 7-16，表 7-11）。

图 7-16　两批弯折试样加载完成图

表 7-11　弯折试样应变峰值强度值

试样	应变峰值/10^{-6}	黏结强度/MPa	试样	应变峰值/10^{-6}	黏结强度/MPa
1-1	47	0.65	2-1	36	0.49
1-2	52	0.72	2-2	23	0.31
1-3	47	0.65	2-3	21	0.29
1-4	27	0.27	2-4	39	0.54
1-5	55	0.76	2-5	39	0.54
1-6	55	0.76	2-6	44	0.61
1-7	47	0.66			

7.3.3　套管-水泥环界面胶结强度剪切试验

　　试样的制备是利用自制的预留套管孔径大小相同的底板和玻璃纤维作为成型模具。按照 API 规范将水泥与水混合搅拌均匀，把调和好的水泥浆注入模具内，用振捣器进行振捣及压密实使水泥浆体中气泡溢出，待水泥浆硬化后拆模放入水中进行水浴养护至满足试验条件，养护时间为 14d，成型的试验试样如图 7-17 所示。

图 7-17　准备试验加载的试验试样

有多种方式可以进行水泥环的界面胶结剪切失效测试，为了更加接近工程实际情况，选用外推方法进行试验测试油气套管与水泥环的界面胶结剪切失效模式。

采用位移加载的方式进行加载，加载速率为 0.02mm/s，开展 12 组套管–水泥环界面胶结剪切试验。在试验加载过程中发现了不同的破坏现象，如图 7-18 所示（高源，2019）。

a. 理想胶结失效模式　　　　　　　　　　b. 套管偏心失效破坏模式

c. 套管–水泥环轴心偏离失效模式

图 7-18　套管–水泥环界面胶结剪切失效模式

12 组套管–水泥环剪切试验中分别有 4 组理想胶结失效破坏、2 组套管偏心失效破坏和 6 组套管–水泥环轴心偏离失效破坏（表 7-12）。套管–水泥环轴心偏离失效模式有一组数据显示其最大剪切强度值达到近 57 kN，此时认为套管–水泥环不仅是界面胶结受剪力作用，同时套管本身也在承受一部分剪力，这与正常界面胶结失效模式对比很明显。第一种界面胶结失效模式是比较理想型失效模式，试样前部分在到达峰值前完全由界面承担所施加的剪切应力，当界面产生相对性滑动后，胶结失效。因此，从试验数据和试验现象结合分析得到：套管偏心胶结失效发生破坏的原因是水泥环本身的强度不够或者分布在套管周围水泥环壁厚不均匀，在还没有发生相对滑动位移时，水泥环就先破坏；套管–水泥环轴心偏离失效发生破坏的原因是套管与水泥环在浇筑的时候，两者的中心轴并没有完全合一，存在一定的夹角，导致套管与界面胶结都在承担剪力作用，在这个过程的位移加载作用下，水泥环直接崩坏，破坏程度大，水泥环在承担剪力的同时也在受抗压作用。这三种界面胶结失效都会影响到长期密封性。

表 7-12　套管–水泥环胶结面破坏时剪应力强度值

编号	套筒直径×高度/mm	水泥环厚度×高度/mm	最大剪切力值/kN	峰值位移量/mm
1-1	$\Phi127\times200$	50×180	10.74	2.73
1-2	$\Phi127\times200$	50×180	10.62	2.36
1-3	$\Phi127\times200$	50×180	8.74	1.70
1-4	$\Phi127\times200$	50×180	7.50	1.87
2-1	$\Phi127\times200$	50×180	7.90	1.43
2-2	$\Phi127\times200$	50×180	6.54	1.93
3-1	$\Phi127\times200$	50×180	21.45	1.67
3-2	$\Phi127\times200$	50×180	38.06	2.16
3-3	$\Phi127\times200$	50×180	56.62	1.68
3-4	$\Phi127\times200$	50×180	38.40	1.57
3-5	$\Phi127\times200$	50×180	31.83	1.18
3-6	$\Phi127\times200$	50×180	49.12	1.78

7.3.4　界面力学失效模型

室内剪切试验研究表明，套管–水泥环界面胶结的剪应力由胶结作用和摩擦力共同作用，界面的剪切应力随着剪切位移的不断增大呈现出先增大后减小、最后保持不变的趋势（图 7-19）。

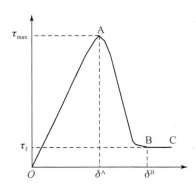

图 7-19　套管–水泥环界面剪应力–位移曲线

（1）在 O-A 段：剪切位移初始加载阶段，剪应力随着剪切位移的增大而呈线性增加，直至其达到峰值剪应力 τ_{max}。该阶段水泥环与套管界面胶结状态良好，此时胶结界面上的剪应力主要由胶结力承担，其次是摩擦力。

（2）在 A-B 段：当剪应力 τ_{max} 达到峰值后，剪应力开始随着位移的增大而逐渐减小，该过程中由于界面胶结逐渐被破坏，套管–水泥环界面胶结的剪切承载力逐渐下降，同时破坏后的剪切应力逐渐转为由摩擦力作用，因此 A-B 段套管–水泥环界面胶结作用不断下降，同时摩擦效应不断增大。

（3）在 B-C 段：随着剪切位移的进一步增大，套管–水泥环胶结面的剪应力逐渐降低至残余应力 τ_f，此时界面胶结作用已经完全消失，剪切力完全由套管–水泥环胶结面上的摩擦效应作用。

基于套管–水泥环界面胶结失效剪切应力–位移关系的分析，结合对套管–水泥环界面胶结面力学模型研究（图 7-20），假设套管–水泥环界面胶结的剪切应力由胶结作用和摩擦效应共同作用，即

$$\tau = \tau^c + \tau^f \qquad\qquad (7-1)$$

式中，τ 为胶结面上的剪应力，对于三维问题 $\tau(\tau_s,\ \tau_t)$，其中 τ_s 和 τ_t 分别为 s 和 t 方向的剪应力分量；τ^c 为胶结作用承担的剪应力；τ^f 为摩擦效应承担的剪应力。

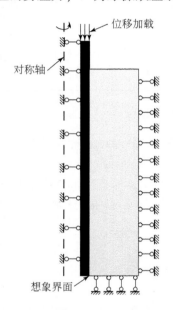

图 7-20　套管–水泥环界面胶结剪切力学模型

通过对界面胶结失效的过程的研究，可知界面胶结损伤的演化过程与剪切位移密切相关。通过对峰后剪切应力–位移关系曲线分析，可知界面胶结损伤与位移之间基本满足指数型演化规律，因此建立的胶结损伤演化方程为

$$D = 1 - \left(\frac{\delta^A}{\delta}\right)\left\{1 - \frac{1 - \exp\left[-\alpha\left(\dfrac{\delta - \delta^A}{\delta^B - \delta^A}\right)\right]}{1 - \exp(-\alpha)}\right\} \qquad\qquad (7-2)$$

式中，δ^A 为峰值剪切应力 $\tau_{\max}$ 对应的剪切位移；δ^B 为胶结面完全破坏时的剪切位移；δ 为当前的剪切位移，基于 OA 段胶结损伤为 0 的假设，δ 的取值应大于等于 δ^A；α 为胶结损伤参数。

BC 段套（钢）管–水泥环界面胶结作用已经完全失效，此时接触面剪应力完全由摩擦效应承担，假设胶结面摩擦效应满足库仑摩擦准则，胶结面所能承担的最大摩擦力 τ^f_{Crit}

可以表示为

$$\tau_{\text{Crit}}^{\text{f}} = p\mu \tag{7-3}$$

式中，p 为径向（法向）力；μ 为套筒与水泥环之间的摩擦因数。此时，胶结面的剪应力增量可以表示为

$$\Delta\tau = \Delta\tau^{\text{f}} \begin{Bmatrix} \Delta\tau_s^{\text{f}} \\ \Delta\tau_t^{\text{f}} \end{Bmatrix} = \begin{bmatrix} K_s^{\text{f}} & 0 \\ 0 & K_t^{\text{f}} \end{bmatrix} \begin{Bmatrix} \Delta\delta_s \\ \Delta\delta_t \end{Bmatrix} K^{\text{f}} \Delta\delta \tag{7-4}$$

界面胶结面上的剪切应力合力可以表示为

$$\tau = \sqrt{\tau_s^2 + \tau_t^2} \tag{7-5}$$

当 $\tau < \tau_{\text{Crit}}^{\text{f}}$ 时，接触面无摩擦滑动，当 $\tau = \tau_{\text{Crit}}^{\text{f}}$ 时，接触面开始产生滑动摩擦。

7.3.5　水泥环密封性评价

固井结束后，套管–水泥环–地层形成了一个纵向的封隔系统，具备一定的封隔油气上窜的能力。套管–水泥环–地层封隔系统在长期注采作业工况条件下，水泥石强度降低，甚至水泥环本体出现裂纹或者结构性破坏，水泥环与套管、地层 2 个界面各自出现微间隙，形成气体上窜通道，导致固井水泥环气体封隔能力失效。检查水泥环封隔系统密封性和持久性，需要开展固井一、二界面检测，水泥环纵向有效封隔长度评估和水泥石本体检测等（赵效锋等，2015；张林海等，2017）。

套管与水泥环的胶结面处，是井结构的薄弱地带，注采压力交变会导致套管与水泥环胶结面开裂，为气体的泄漏提供了渠道，高压流体压力会导致裂口的继续扩张，然而裂口的不断扩张，又会使压力不断减小，两者相互作用，相互制约，构成了流体与固体的相互耦合。

对水泥环界面来说，符合立方定律（Louis，1969；速宝玉等，1994；李平先等，2005），界面的渗流速度可表达为

$$V_{\text{f}} = \frac{ge^2}{12v}J \tag{7-6}$$

式中，V_{f} 为黏结面的平均渗流速度；g 为重力加速度；e 为黏结面的等效水力隙宽；v 为流体运动黏滞系数；J 为水力梯度。

黏结面平均渗透系数可以定义为

$$K = \frac{ge^2}{12v} \tag{7-7}$$

水泥环层间纵向有效封隔长度也是影响封隔能力的一个关键因素。即使水泥胶结强度足够高，若良好胶结的完整水泥环纵向长度太短，也难以承受作业和生产期间产生的压差，所以有效的层间封隔也依赖于足够的有效封隔长度，如果纵向有效长度不够，压差升高到某一数值，会快速突破水泥环的阻隔，产生气体窜流。研究表明，水泥环界面突破压力与水泥环封隔长度呈正相关关系，水泥环纵向有效长度越大，密封能力越强。

对于储气库井水泥环本体的密封性而言，更多的应聚焦在应力疲劳下的水泥环密封性，应保证水泥石本体在循环加卸载下没有发生强度破坏，未出现裂缝，这样水泥石的渗透性才不会明显提高，形成渗漏路径，相关研究表明（王秀玲等，2017），增韧水泥浆体

系形成的水泥环对注采产生的交变应力及井筒内温度变化有良好的适应性, 抗疲劳能力强, 能够满足周期性注采需要。水泥石本体的渗透率测试技术与岩石测试技术相似, 在这里不再赘述。

7.4　储气库井筒检测

7.4.1　井筒检测方法

1. 井史资料调研分析

搜集统计储气库在役井井史资料, 主要包括设计资料 (地质设计、钻井设计、完井设计)、施工资料 (建井、修井等作业)、运行资料 (注采作业、生产检测等) 以及其他相关技术资料, 重点了解以下内容:

(1) 工程地质情况、井身结构设计、套管柱设计、固井设计等;

(2) 完井方法、完井管柱结构等;

(3) 钻井日志、完井日志、生产日志, 包括井下复杂处理过程、作业压力和温度 (井口、井底、套管间等) 及其波动变化、天然气日产量及其产物成分等;

(4) 注采井试压、固井质量、套管变形等已进行过的地球物理测井和技术检测资料。

分析上述资料, 研究储气库套管柱受载情况和结构变化情况, 以便于确定后期检测方案和评价节点。

2. 井筒检测方法

套管检测方法主要通过测井的手段, 通过检测到的物理信号间接地或直接地判断管内的腐蚀及损坏情况, 精确度高、直观性强、易于解释分析 (罗金恒等, 2019)。

地球物理测井的目的是为油水井正常生产提供套管、水泥环技术状况的信息, 指导射孔、修井等作业施工, 延长油水井使用寿命, 提高油田开发的效益。地球物理测井的检测内容包括套管接箍和内径、射孔位置、管柱及管外工具深度、井眼斜度和方位、套管损坏情况以及固井质量检查等。

地球物理测井设备主要有但不限于: 磁脉冲探伤仪、高灵敏度测温仪、放射性测量仪、井径测量仪、电磁探伤仪、超声测井仪、伽马密度测井仪、声波水泥胶结测井仪、噪声测量仪等。地球物理测井技术中的多种方法可有效地检测套管技术状况 (表 7-13)。这些测井方法从不同侧面反映了套管技术状况, 为油田调整注采方案、预防损坏和修复损坏提供了翔实可靠的资料, 为套管严重损坏井报废作业提供证据, 并有助于分析套损机理、制定套损预防方案, 对油田开发起着重要的作用。

表 7-13　检查套管技术状况的测井仪器

系列	仪器名称	外径/mm	耐温/℃	耐压/MPa	功能特点
井温	高灵敏度井温测井仪	28	125	60	评价套管漏失和层间窜槽情况

续表

系列	仪器名称	外径/mm	耐温/℃	耐压/MPa	功能特点
井径系列	X-Y井径仪	50	80	30	在套管同一截面内，记录互相垂直的两个套管内径管，确定套管截面的椭变程度
	八臂井径仪	80	80	20	测量相互成45°的四个方向井径
	十二臂井径仪	50	125	30	测量套管井径最小值
	十六臂井径仪	70	125	60	测量套管最大、最小及平均井径，同时给出套管内壁结构状况立体图（可旋转）
	二十臂井径仪	46	125	60	测量套管最大、最小及平均井径，同时给出套管内壁结构状况立体图
	三十六臂井径仪	89	175	125	测量三个120°扇区的最大、最小和平均井径
	四十臂井径仪	70	175	103	测量套管最大、最小及平均井径，同时给出套管内壁结构状况立体图（可旋转）。检查套管变形、错断、内壁腐蚀及射孔质量
声波系列	井壁超声成像测井仪	90	125	60	对套管破损部位采用不同角度、不同形式的图形加以描绘，其中包括立体图、纵横截面图和井径曲线图。检查套管变形、错断、内壁腐蚀及射孔质量
	小直径超声成像测井仪	46	125	60	
	井周环形声波扫描仪（CAST-V）	92	175	137	测量套管内径、壁厚，利用立体图、纵横截面图描述套管破损部位。检查套管变形、错断、内壁腐蚀、射孔质量
	声波水泥胶结测井仪	92	175	137	评价油水井固井质量
	扇区水泥胶结测井仪（SBT）	70	175	137	评价油水井固井质量，检测水泥环周向局部窜槽
	水泥环密度-套管壁厚测井仪 AMK-200	110	120	60	检测水泥密度和套管壁厚及套管偏心
	自然噪声测井仪	43	149	69	与井温测井组合判断管漏和窜槽
电磁系列	磁性定位仪	30	80	16	检测套管柱接箍和井下工具深度
	管子分析仪（PAT）	111	175	140	检测套管的电磁特征，探测套管壁的腐蚀损伤，并鉴别损坏发生在内壁还是外壁
	套管检测仪（PIT）	110	175	100	
	电磁探伤测井仪	42	100	60	在油管内检测油管和套管的裂缝（纵缝、横缝）、腐蚀、射孔、内外管壁的厚度
	电位剖面测井仪				检测套管的电化学腐蚀状态，评价牺牲阳极保护效果
	射孔孔眼检查仪	102	125	50	检测套管射孔质量
方位系列	连续斜度-方位测井仪	54	70	40	检测倾斜角、方位角
	方位井径测井仪	54	125	30	检测套管变形、损坏及其方位
	方位-成像测井仪	90	125	60	确定套管变形、损坏及其方位
光学	光纤井下电视测井仪	43	107	70	测量连续的、清晰的井下图像，直观了解井下套管状况

7.4.2　井筒技术检测评价

对于井筒技术检测，主要包括套管状况检测、固井质量检测、套管外气液检测等。套管状况检测是为了评价套管柱的技术状态，主要检查套管管壁缺陷（腐蚀和磨损）及不密封区域；固井质量检测是为了评价固井质量，即评估水泥环与套管柱及地层之间的胶结质量（郭海敏和张新雨，2015）；套管外气液检测是为了确定套管外流体窜流的方向和区段。

对地下储气库在用套管柱可能存在的各种损伤及位置、管串结构、套管外水泥环胶结质量、套管外气液聚集或窜槽等按照 SY/T5327、SY/T 5600、SY/T 6449、SY/T 6488等测井标准的地球物理测井方法进行全面的检测（SY/T 5327—1999；SY/T 5600—2002；SY/T 6449—2000；SY/T 6488—2000）。

1. 套管柱的技术检测

对套管柱技术状态的检测通过地球物理测井来进行。过油管检测发现套管柱缺陷、结构不密封、地球物理测井资料解释结果不统一等现象时，或进行大修时，则在提升油管柱后进行进一步的地球物理测井。

检测结果中应包括：套管内径、管壁厚度及横截面的变形情况；套管损伤情况，即腐蚀损伤和机械损伤（磨损、裂缝、断裂、切口等）；射孔层段和/或筛管（必要时）位置；套管接头连接程度；不密封区域等信息。

2. 套管外空间的技术检测

对套管外空间状态的检查是通过地球物理测井和气体动力学检测方法进行。检测结果应包括：套管外的窜流、气体聚集；水泥环与管柱及地层之间的胶结质量；套管间压力及其可能来源、套管外空间流体量、套管外空间密封性。

当存在套管间窜流、套管外空间流体流动迹象和二次气体聚集区域时，在整套技术检测方法中还应包括气探测方法。

3. 地球物理测井方法

关于对套管柱技术状态和套管外空间的技术检测，表7-14列出了推荐的地球物理测井方法。根据检验专家的建议，并经委托机构同意，可使用标准的测井方法以外的套管柱及套管外空间技术状态评估方法，但这些方法应经过相应的认证。

表 7-14　地下储气库井地球物理测井方法

检测对象	任务目标	地球物理测井方法	
		宜	可
套管柱	过油管	确定套管柱各部件（套管鞋、封隔器、筛管等）的位置；测量并监控在管柱剖面上管柱内径的变化；检查管壁缺陷，评价磨损程度；确定变形位置（不密封性）	磁脉冲探伤法；磁性定位法；高灵敏度测温法；放射性测量法（固定式伽马测井+中子伽马测井）	气压测定法

续表

检测对象		任务目标	地球物理测井方法	
			宜	可
套管柱	提升油管	确定井身结构部件（套管鞋、封隔器、起动接头等）的位置；测量并监控在管柱剖面上管柱内径的变化；检查局部缺陷和管壁厚度变化	井径测量法；电磁探伤法；磁性定位法；伽马厚度测量法–探伤法	声波探伤法；声波电视
套管外空间		检查水泥环胶结质量	声波水泥测井法	宽频声波测井
		检查套管外气体聚集的层段、地层间窜流情况	高灵敏度测温法；噪声测量法；放射性测量法（伽马测井+中子伽马测井；感应测井；固定式伽马测井）	中子脉冲测井；伽马光谱测定法；噪声测量法–光谱测定法；放射性同位素检查；水流动定位
管柱密封性		检查管接头密封性受损情况	测温法+气压测定法+伽马测井	放射性同位素检查；电阻测量法（注入示踪物质）；测温法（注入温度对比液体）

4. 测井结果评价

1）固井质量评价

根据前期声波水泥胶结测井曲线以及套管–水泥环–地层接触界面声波图的解释资料，依据 SY/T 6592 进行固井质量评价，也可重新进行水泥环胶结状况检测评价。

2）井内温度、压力评价

根据测井数据判断油管内流体性质，确定井筒内压力分布和流体密度分布。

依据井温测井曲线，分析温度沿井筒深度的变化规律，记录井口和井底温度。若温度自井口至井底有梯度的变化，或有规则的波动，则说明油管内空间流体变化正常；若出现井温异常，结合噪声测井资料分析套管外空间是否有流体流动而造成的温度变化，如无流体流动，则说明可能是油管接头不密封导致。

3）环空窜漏评价

根据中子伽马等测井资料，评判油管外空间（油套环空）流体性质，区别出液体和气体，若出现伽马活跃异常值，则表明该段区域有流体聚集。

4）油管柱和套管柱状况评价

根据磁性定位仪检测数据，可区分油管柱和接头位置以及射孔段和油管鞋位置。根据磁脉冲探伤等测井资料，分析油管和套管的壁厚以及裂缝、腐蚀、机械磨损等缺陷。

5）检测评价主要结论

确定井下设备所处位置（管接头、套管鞋、封隔器、安全阀等）；确定井的技术状况，包括揭示油管和套管的损坏段，确定油管和套管的壁厚，揭示套管外窜流井段，揭示套管外气体聚集段；分析井内温度、压力状况，包括确定井底压力、井筒内温度和压力分布特征、充满井筒内流体的密度分布。

8 储气库圈闭完整性地质力学分析

8.1 引　　言

　　孔隙型储气库作为能源储备设施，圈闭的完整性评价是关系到圈闭构造可储性及环境安全的关键课题，对地下储气库注采模拟、盖层、潜在断层及井筒完整性的研究具有重要意义（李玥洋等，2013；郑委等，2010；于本福，2015）。2014 年英国地质调查局统计全世界发生的地下储气库安全事故有 100 多起，其中 26% 的储气库项目事故与盖层、潜在断层的完整性相关，61% 的储气库安全事故与管柱、井筒的完整性相关（李治等，2015）。因此，在构造改建地下储气库工程过程中，合理地评价圈闭的完整性可以有效地预防储气库在运行过程中发生失效，防止储气库安全事故的发生。

　　国外建造地下储气库多采用数值模拟方法指导储气库的整个建造、注采运行过程，数值模拟技术已成为指导建设储气库的重要手段，将地质力学模型与经济分析模型相结合，提高储气库的储气能力和注采交变能力，会带来较大的经济效益。目前，地下储气库领域的数值模拟研究主要集中在注采工艺的分析、垫层气等问题上，而在盖层、潜在断层及圈闭的地质力学模拟方面研究成果较少，还没有建立完善的储气库盖层、断层及圈闭完整性评估体系，对影响盖层、潜在断层安全、井筒完整性的内在因素、外界因素认识还不够全面、深入。

8.2 地下储气库地质力学问题

　　地下储气库特殊的建设与运营条件势必会引起一系列地质力学效应，具体可概括为地表影响与地下影响（图 8-1）。在注气阶段，高压气体进入储层将水排到圈闭边缘，储层地层压力增大，有效应力减小，储层产生膨胀效应，致使盖层有上抬变形趋势，盖层有产生拉伸破坏或剪切破坏的趋势，若圈闭内存在断层，盖层的变形以及储层地层压力的升高将会引起断层发生滑动或活化的可能；在采气阶段，气藏内压力降低，储层有效应力增加，储层产生压缩效应，盖层有沉降变形的趋势，盖层有产生剪切破坏的可能，另外，盖层及储层的变形也可能会引起断层发生滑移致使封堵能力发生变化。地表影响是气体采出而引起的地面沉降，注入而引起的地表抬升，注入/采出的地层膨胀/压实可能导致地表位移，对自然环境产生影响并损坏现有地面建筑和地下基础设施。地下影响是因为气体注采而引起的圈闭密封性问题，地下影响与圈闭内的应力变化有关，注采交变可能会破坏盖层的完整性，穿过气藏的历史断层可能会被重新激活，产生微地震，使得气体运移泄漏。为延长已有储气库使用寿命，储气库的主要地质力学问题，即岩石力学或断裂力学问题、流体流动与应力及应变问题等的研究具有深远意义。

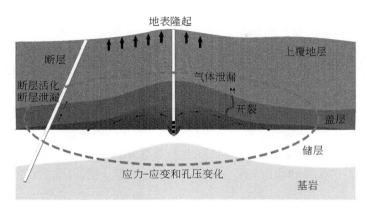

图 8-1　储气库地质力学问题

　　圈闭密封性是影响储气库选址、设计和建设运行的首要关键因素。国外实践和研究表明,储气库圈闭地质研究不足和地质力学效应是导致密封失败的两大根源(Michael et al.,2014)。圈闭地质研究不足主要表现在以下几个方面:①未对盖层本身缺陷(发育微裂缝、突然变薄等)进行精细描述;②较少评价断层动态密封性;③经多周期注采循环,储气库圈闭密封性变差。

　　地下储气库建库和运行过程中,缺乏对储气库地质力学的认识,将面临巨大的风险。引入地质力学分析,可降低这一风险,并可在地下储气库各个阶段应用。从工程要求来看,在储气库建设与运营中,地质力学问题主要指在单井基础上和储气库范围内的一系列问题,包括储气库注采井及老井改造或封堵的井筒稳定性问题、循环注采运行条件下地应力场变化、地层压实与地表沉降、盖层完整性、储层稳定性及运行参数分析(含出砂)、储气库极限压力确定、工区区域断层活化失稳与诱发地震等问题(图 8-2)。

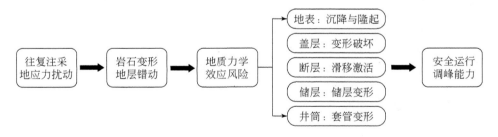

图 8-2　储气库涉及的地质力学问题

　　对于含水层型储气库来说,注气压力必须大于初始地层水压力才能将水排走,由于被气体排出的水向圈闭之外运移速率相对滞后,圈闭气相区之外的地层水压力水平也有明显提高。在含水层初始注气阶段,气体倾向于沿着具有更高渗透性的条状薄岩层运移,仅当较低渗透性的岩层的水被排走且储存气体时,储层上部空间才可能充满气体。注气过程中,气泡的演化规律及其尺寸很难预测,薄状气层之间的水体排出十分缓慢,直到气体上升而形成气泡区,大约几年后,盖层下方的水体向圈闭外缓慢运移,气泡的性质逐渐接近盖层下方性状而初步形成气藏，含水层圈闭注气气藏形成过程如图 8-3 所示（Katz and Tek，1970）。需要注意的是，若储层中含有泥岩夹层或非均匀性较强时，一般难以形成有效的储气空间，气体倾向于沿着渗透性较高的薄层向远处运移，当达到溢出点位置时而未形成有效气藏空间。向含水层圈闭注气形成气藏的过程中，注入的气体仅压缩与之接近的水体，形成充气空间，随着时间的增加，水体从气泡区域向外运移，致使气泡外围区域地层压力逐渐升高（赵斌等，2012）。靠近气泡区域，水体的压缩程度较高，远离气泡区域，水体的压缩程度逐渐减弱，注气过程中含水层地层压力分布以及随时间的变化规律如图 8-4a 所示。采气过程中，地层水压力的变化区域一般处在储气库气泡区外一定的范围，气泡区压力的下降速率大于周围区域的水压力下降速率，气泡区的压力小于临近水体的压力值。

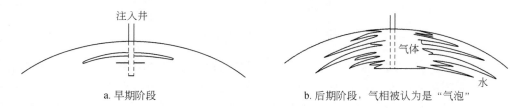

a. 早期阶段　　　　　　　　b. 后期阶段，气相被认为是 "气泡"

图 8-3　含水层圈闭注气条件下气藏形成过程示意图

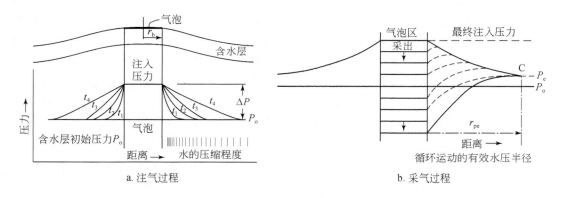

a. 注气过程　　　　　　　　b. 采气过程

图 8-4　注采气过程中储气库气藏压力分布规律

孔隙型地下储气库圈闭地质力学问题主要表现在以下四个方面（贾晋等，2018）。

1. 盖层完整性

气体沿着盖层中的裂隙网络从储层中逃逸出来是其主要的潜在泄漏方式。盖层中的裂隙由两部分组成：盖层原有裂隙和注采交变引起的新裂隙，连通的裂隙为气体的逃逸提供了潜在的通道，因此，从保守的观点来看，一旦原生裂隙活化或者产生了新的裂缝，即盖层的力学完整性受到了影响。

当前的地质力学方法主要按照以下判据来分析盖层的完整性：①对于弹塑性本构模型而言，盖层底部出现塑性屈服单元；②对于弹性本构模型而言，盖层单元的应力状态满足剪切或张拉破坏准则；③对于黏塑性本构模型而言，盖层单元的塑性应变达到某个设定的临界值；④对于非连续介质模型而言，盖层单元节点断开、等效裂隙单元的渗透系数发生突变或已有裂隙发生了张开或滑移。

地应力状态是影响盖层破坏形式的重要因素（李小春等，2016）。初始地应力状态有两种情况：①压缩应力状态，即水平应力大于竖向应力（$\sigma_h > \sigma_v$）；②拉伸应力状态，即竖向应力大于水平应力（$\sigma_v > \sigma_h$）。盖层中已有裂隙活化或者产生新的裂缝并非气体泄漏的充分条件，与其对应的实际应力状态有关，当垂直裂缝法线方向的应力较低时，裂缝会出现剪胀效应，活化或新产生的裂缝的孔隙率大、渗透性高，成为气体泄漏通道；反之，当法向应力较高时，裂缝出现剪缩效应，裂缝反而成为渗流的屏障。

2. 断层活化问题

自美国 Arsenal 油田和 Rangely 油田流体注入诱发地震事故之后，储层中诱发断层的活动通常被认为与孔隙压力增加有关，即孔隙压力增加导致断层面上的有效正应力降低，进而诱发断层滑动。但油气开采也可能诱发储层内的正断层活动，Barton 等（1995）提出了临界应力断层假说，即假定临界活动断层处于水力活动状态，而非临界活动断层处于水力封闭状态。储气库的注采作业会引起储层内部及其周围地层的应力变化和变形，容易触发圈闭内断层活动，特别是注气作业导致储层孔隙压力增大，断层面上有效正应力减小，微小应力扰动便会使邻近断层活化失稳。另外，储层衰减压实和膨胀诱发的断层活动还易造成套管剪切破坏。

3. 储层稳定性问题

注采交变会引起储层及附近地层应力场变化，如诱发主应力方向旋转，储层应力大小和方向随时间变化，进而引起渗透率的变化，导致地层压缩和膨胀，如储层变形较大，会引起覆盖层、侧伏岩层、下伏岩层等发生变形。

储气库循环注采交变使得储层孔隙压力波动，导致有效应力变化，注气阶段孔隙压力增大，有效正应力减小，而采气阶段，孔隙压力减小，有效应力增大。这种周期性的变化一方面使储层的渗透性及孔隙空间利用率发生变化，另一方面使储层岩石发生疲劳损伤，致使储层发生损害。

储气库的库容量不能等同于气藏的储量，需考虑多方面的因素。储气库的渗流具有其特殊的复杂性，在理论、试验和数值模拟方面，关于建库和运行中天然气频繁注采的渗流机理的研究还不完善，如多周期交变下储层渗透性演化及损害机理、储层孔隙空间利用率变化特征、储层岩石疲劳损伤机理等方面。频繁注采对储层性质、库容、单井注采能力、井网部署及库群注采优化等有哪些影响，还需要开展研究。

4. 井筒稳定性

储气库运行方式不同于常规的油气田开发，储气库运行始终处于交变荷载的变化过程中，对工程的要求更高。一般情况下，储气库设计为注采合一井，既是注气井，又是采气井，具有双重功能，并且储气库的运行始终处于强注强采、多周期、大排量吞吐的周期运行过程之中。循环注采期间井筒稳定性问题，是储气库工程关注的重点。

气井出砂规律研究是地下储气库生产中的关键问题，出砂机理作为出砂预测和防砂的理论基础，需引起足够的重视。出砂或砂化会导致储层构造破坏，使天然气量损失、地面和井下设备磨损，当气井产量很大时，高速气体在管柱内流动时会产生显著的冲蚀作用，会使注采气井套管损坏。目前，常规的出砂方法不能适应储气库强注强采的特殊生产模式，迫切需要解决好储层出砂机理的研究以及出砂防治问题，还需在室内试验、现场测井资料、理论计算、数值模拟等手段上综合进行攻关研究。

储气库井身质量要满足注采井"吞吐"作用引起的交变荷载对井筒的影响，对固井质量以及长期密封性的要求更高。储气库在注采气过程中压力和温度的变化对水泥环产生收缩变形影响，导致水泥环受交变应力作用，进而形成微裂缝或导致二界面失效。

对于枯竭油气藏型储气库而言，原有老井多，服役时间长（十几年到几十年），老井固井质量和套管腐蚀老化严重，易引起地下储气库的泄漏。老井处理不同于常规生产井，井筒压力始终处于一种交变状态，因此对老井的废弃封井或修复再利用具有严格的技术要求。因此，合理筛选老井、封堵报废老井以及对老井进行改造，也是储气库工程的关键问题。

综上，对地下储气库的地质力学分析，实际上是一个气-液-固耦合，非常温、非线性、非均质的复杂问题，气体与地层相互作用，使地层应力重新分布，随着气体的注采，气藏内也会产生相应的压力脉动（Juergen et al., 2010）。以上储气库可能会遭遇的各种问题和现象可通过地质力学数值模拟方法来分析。

8.3　储气库地表升降问题

油气藏及地下水资源的开发，导致储层压力下降，会引起地表面的位移，这种位移通常表现为地面沉降（郑丽娜，2015）。由于储气库在天然气注入和采出过程中，储气库内部产生巨大的压强差，储层压力会产生周期性波动，地表变形在一定程度上由储气库储层变形引起，因此进行储气库地表形变的监测，研究其变形规律，对保障储气库正常运行具有重要意义。

1984 年，苏联对某地下储气库的压力变化和储气库地表的升降进行过比较系统的观测（楚泽涵，1984），该储气库埋深 900m，为一背斜构造，储层为弱胶结砂岩，孔隙度28%。储层地层压力变化在一年之内有一个完整的周期：冬季，用气量大，储气层压力下降；春季，压力下降减慢，春末夏初，由于注气，压力回升，并在夏季达到压力最大值，秋季，则由于用气，压力开始下降。观测结果表明：储气库中心处的观测点在用气时地表下降 8~10mm，而在注水后，地表能回升 7mm；储气库中心处的测点和相距储气库 1.5km处的测点之间的相对位移随时间的变化，和储层压力随时间的变化有不太大的滞后，即压力下降到最低值后 15 天左右，地表沉降到最低位置；储层压力下降 2MPa 时，储气库中心处的地表比 1.5km 以外处的地表（储气库范围以外）多下沉 7mm，当储层压力变化更大时，沉降位移就更大。据苏联研究，储集层顶部的位移大约是储集层上面地表位移的 1~1.25 倍（楚泽涵，1984）。

法国对 Tersanne 储气库研究指出（Bérest et al., 1999），前期地表沉降量较小，沉降量随着时间的增加而逐渐增加，营运 6 年后，储气库的地表沉降范围及沉降量持续增加。根据德国对 Bemburg 储气库的地表沉降观测结果（Forest et al., 2001），储气库在 5 年 8 个月后，其中心区域的地面沉降量可达 4cm 左右。

中国学者对呼图壁储气库地表变形进行了监测研究（李杰等，2016；王迪晋等，2016；方伟等，2017）：在2年的观测时段内，储气库地表垂直形变的最大变化幅度约为60mm，该变化除了受气井压力随季节变化的影响以外，还受其他环境因素的干扰，如储气库区域内的地下水超采；随气井注、采压力变化而产生的变形主要受注/采气压力的影响，且基本遵循围绕储气库中心做隆升/沉降运动；变形极值区位于库区中心，并向四周随着与中心距离的增加呈负相关的变化趋势；储气库每兆帕气井压力变化在注、采周期内对地表变形产生的影响，即注气周期内，水平方向上为1.02mm/MPa，垂直方向上为-1.11mm/MP；采气周期内，水平方向上为1.24mm/MPa，垂直方向上为0.86mm/MPa。

从文献分析发现，地下储库区地表沉降伴随着储气库的全寿命周期，不同时间、不同区域的沉降速度不一致，且地表沉降量也随着时间的推移而不断变化。地下储气库设计使用期一般长达30年以上，识别出储气库安全稳定的关键因素，在运行使用过程中加以预防，即可有效地进行控制地表沉降变形量，有利于保证储气库的平稳运行、减少灾害的发生。

目前，有两种典型的地表沉降解析模型，即盘状储层模型和单轴压缩模型（Wu et al.，2018）。

1. 盘状储层模型

利用 Geertsma 半空间解析解可计算盘状储层注采气过程导致的地表变形（图8-5），该模型将孔隙弹性理论应用于储层。距气井距离为 r 处的地面点的沉降和水平位移定义为

$$\begin{cases} S(r,0) = -\dfrac{C_{\mathrm{m}}(1-\mu)}{\pi} \dfrac{D}{(r^2+R^2)^{3/2}} \alpha \Delta p_{\mathrm{f}} V \\[3mm] u_{\mathrm{r}}(r,0) = \dfrac{C_{\mathrm{m}}(1-\mu)}{\pi} \dfrac{r}{(r^2+R^2)^{3/2}} \alpha \Delta p_{\mathrm{f}} V \end{cases} \tag{8-1}$$

式中，C_{m} 为岩石压缩系数；μ 为泊松比；R 为盘状储层的半径；D 为储层的深度；α 为比奥系数；Δp_{f} 为储层压力变化值；V 为储层的容积。

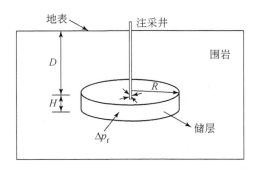

图8-5　盘状储层模型示意图

岩石压缩系数对岩石的变形有很大影响，且与岩石的杨氏模量和泊松比相关，可表示为

$$C_{\mathrm{m}} = \frac{(1+\mu)(1-2\mu)}{E(1-\mu)} \tag{8-2}$$

当杨氏模量固定时，C_m 会随着泊松比的不同而变化。对于泊松比在 0.1 ~ 0.3 之间的情况，计算出的 C_m 值的变化小于 30%。

考虑到储层假设为理想圆盘形状，储层压力变化值 Δp_f 视为在整个储层均匀变化，则地表变形可以定义为

$$
\begin{cases}
S(r,0) = -2C_m(1-\mu)\alpha\Delta p_f HR \int_0^\infty e^{-Da} J_1(aR) J_0(ar)\mathrm{d}a \\
u_r(r,0) = 2C_m(1-\mu)\alpha\Delta p_f HR \int_0^\infty e^{-Da} J_1(aR) J_1(ar)\mathrm{d}a
\end{cases}
\tag{8-3}
$$

式中，S 为地面沉降；u_r 为水平位移；H 为储层厚度，J_0 和 J_1 分别为零阶和一阶贝塞尔函数；D 为储层深度；r 为距离井的径向距离；R 为储层半径；α 为比奥系数。

经过数学处理，可以得到简化后的公式如下：

$$
\begin{cases}
S(r,0) = -2C_m(1-\mu)\alpha\Delta p_f HA(\rho,\eta) \\
u_r(r,0) = 2C_m(1-\mu)\alpha\Delta p_f HB(\rho,\eta)
\end{cases}
\tag{8-4}
$$

式中，$A(\rho,\eta)$ 和 $B(\rho,\eta)$ 为无因次比的函数，其中 $\rho=r/R$ 且 $\eta=D/R$。

2. 单轴压缩模型

假设地层的力学行为可以用线性孔隙弹性来描述，目标地层的应变和应力可以用胡克定律来表示，正应变表示为

$$
\begin{cases}
\varepsilon_x = \dfrac{1}{E}\left[\Delta\sigma_x' - \mu(\Delta\sigma_y' + \Delta\sigma_z')\right] \\
\varepsilon_y = \dfrac{1}{E}\left[\Delta\sigma_y' - \mu(\Delta\sigma_x' + \Delta\sigma_z')\right] \\
\varepsilon_z = \dfrac{1}{E}\left[\Delta\sigma_z' - \mu(\Delta\sigma_x' + \Delta\sigma_y')\right]
\end{cases}
\tag{8-5}
$$

式中，σ' 为有效应力；ε 为应变；E 和 μ 分别为目标地层的弹性模量与泊松比。

假设地层仅在垂向上变形，忽略侧向应变，即单轴变形，侧向应变条件为

$$
\varepsilon_x = \varepsilon_y = 0
\tag{8-6}
$$

将式（8-6）代入式（8-5），则有效水平应力可写为

$$
\Delta\sigma_x' = \Delta\sigma_y' = \frac{\mu}{1-\mu}\Delta\sigma_z'
\tag{8-7}
$$

S 为由垂直应变 ε_z 引起的变形量，H 为目标地层厚度，三者之间的关系表示如下：

$$
\frac{S}{H} = \varepsilon_z = -\frac{1}{E}\frac{(1+\mu)(1-2\mu)}{(1-\mu)}\Delta\sigma_z'
\tag{8-8}
$$

根据 Biot 理论，以抽气为例，当气体抽出时地层压力减小，有效应力增大。有效垂直应力 $\Delta\sigma_z'$ 可表示为

$$
\Delta\sigma_z' = \Delta\sigma_z - \alpha\Delta p_f
\tag{8-9}
$$

假定垂直应力 σ_z 在气体抽出过程中不变（即 $\Delta\sigma_z=0$）。储层变形量可定义为

$$
S = C_m H\alpha\Delta p_f
\tag{8-10}
$$

地面变形来自两部分：①储层直接变形；②与储层水力连接的上覆和下伏地质单元的间接变形。间接变形是由其自身层内有效垂直应力或孔隙压力的变化引起的。因此，地表

变形量定义为

$$S = \sum_{i=1}^{N} C_{m(i)} H_{(i)} \alpha_{(i)} \Delta p_{f(i)} \tag{8-11}$$

式中，N 为地层压力发生变化的地层数量。

从已发表的文献来看，储气库地表变形随着注采过程的压力变化而发生变化，这种变化与圈闭内地应力变化相关，目前相关研究较少。

数值模拟方法是研究储气库地表变形较精确的方法，既可反映地表变形机理，又可以预测大范围的地表变形量（刘志成，2015）。通过井口注采压力变化推出应力变化，通过野外形变测量得到地表形变变化，进而分析应力与形变的相关性，通过地下储气库注采周期应力与形变的相关性分析，可有效地预防注采周期地表储气库大范围的地表沉降量，将有效控制并减少灾害的发生，对于保证储气库工程的安全运行具有十分重要的现实意义。

8.4　储气库圈闭完整性评价准则

储气库完整性是指储气库在运行期间天然气不泄漏，圈闭完整性评价的基本准则是储气库在工作压力作用下不增加盖层的渗透性，若储气库圈闭内含有断层，还应考虑断层的密封性（张森琦等，2010；刁玉杰等，2011）。储气库圈闭的完整性评价主要考虑盖层损伤准则、断层活动准则、水力压裂准则以及井筒完整性准则。

1. 盖层岩石拉伸破坏

盖层岩石的抗拉强度较低，在储气库储气运行的过程中应特别注意盖层发生拉裂破坏。由于储气库涉及多种材料，并且盖层的形状也不规则，采用弹性力学求解难度较大，但采用有限元等数值方法求解相对比较简单，用数值方法求解时可采用最大拉应力准则判断。弹性力学求解时最大拉应力强度准则认为，当最大拉应力达到岩石的抗拉强度之后就会发生张拉破坏，用公式表示强度条件为

$$\sigma_1 \leqslant \sigma_t \tag{8-12}$$

式中，σ_t 为盖层岩石的抗拉强度；σ_1 为盖层所受最大主应力，以拉为正。

2. 盖层岩石剪切破坏

在储气库运行的过程中，气压的升降，必然会引起储气库的盖层产生变形，盖层岩石的非均匀性以及储−盖层的力学性质差异，将导致盖层出现剪切破坏，进而影响盖层的渗透性。因此，在储气库运行的过程中，需关注盖层剪应力产生的变化，避免出现剪切破坏。

根据莫尔−库仑准则，剪切滑动阻力可按下式来计算：

$$\tau = \sigma_n' \tan\varphi + c = (\sigma_n - P_p) \tan\varphi + c \tag{8-13}$$

式中，τ 为剪切滑动阻力；σ_n' 为有效正应力；σ_n 为正应力；P_p 为孔隙压力；φ 为内摩擦角；c 为黏聚力。

3. 断层活动判别准则

由于储气库圈闭地质条件的复杂性，圈闭内往往会存在一些不活动断层，储气库强注

强采过程中地层孔隙压力的变化，导致断层位置附近有效应力发生变化，当断层所受的剪应力大于断层所能承受的最大剪应力时，断层会重新开启，致使气体发生泄漏。

根据莫尔–库仑准则，忽略断层岩石的黏聚力效应，储气库圈闭断层活化的判别公式为

$$\tau = f \cdot \sigma' = f \cdot (\sigma_n - P_p) \tag{8-14}$$

式中，f 为断层面的摩擦系数。

4. 水力压裂判别准则

水力破裂是一种常见的岩石脆性破裂的方式，指由于孔隙流体压力增加导致岩石发生破裂的作用，对象包括完整岩石和预先存在的原有裂缝。

在储气库圈闭高压注气过程中，应确保注入压力不超过盖层和储层破裂压力，对防止盖层失效和气窜的发生非常重要。储气库气藏压力的增加可能导致盖层或储层产生微裂缝，如果压力继续增加，这些微裂缝进而发展成张开型裂缝，致使盖层或储层岩石水压致裂或气压劈裂。

考虑储气库圈闭的主地应力场，为了保证圈闭的密封性，储气库气藏的最大内压应小于圈闭的最小主应力，即

$$p_{max} < \sigma_{min} \tag{8-15}$$

式中，p_{max} 为储气库气藏的最大内压；σ_{min} 为圈闭区域最小主应力。

5. 井筒完整性判别准则

气体沿井筒渗漏是含水层型储气库工程所面临的重要风险之一，因此在注气前须对套管、水泥环及岩石组合体进行完整性评价。

评价地质力学因素引起的注采井固井结构渗透特性的改变程度，应包含对应力重新分布、水泥环裂隙扩展、套管–水泥环和水泥环–盖层岩石之间的两个界面的脱粘剥离等方面的分析。套管与水泥环的胶结面处，是固井结构的薄弱地带之一，在地应力及注采交变压力的共同作用下，会导致胶结面处的损伤或开裂，引起套管–水泥环–地层模型发生渗透性变化，为气体的泄漏提供了渠道。

套管与水泥环之间胶结面失效判别公式为

$$\tau = \mu_{c\text{-}c} \cdot \sigma_n < \tau_{maxc\text{-}c} \tag{8-16}$$

盖层岩石与水泥环之间胶结面失效判别公式为

$$\tau = \mu_{r\text{-}c} \cdot \sigma_n < \tau_{maxr\text{-}c} \tag{8-17}$$

式中，$\mu_{c\text{-}c}$ 为套管与水泥环之间胶结面的摩擦系数；$\tau_{maxc\text{-}c}$ 为套管与水泥环之间胶结面所能承受的最大剪切摩擦阻力；$\mu_{r\text{-}c}$ 为盖层岩石与水泥环之间胶结面的摩擦系数；$\tau_{maxr\text{-}c}$ 为盖层岩石与水泥环之间胶结面所能承受的最大剪切摩擦阻力。

6. 储气库上限压力的确定

储气库上限压力是储气库注气压力的最大值或储层平均最大压力，含水层型储气库上限压力通常为原始压力的 1.4 ~ 1.5 倍，目前，含水层型储气库运行压力系数最大值约为 1.8。

上限压力是反映气库规模的一个重要参数，在不破坏储气库密封性的原则下，增大储

气压力一方面可增加库容量，尽量多储气；另一方面可提高输气速度和气井的单井产能，增强气库的调峰能力。对于含水层型储气库建设而言，评价盖层的封闭性不仅是评价原始状态的封闭能力，更重要的是评价储气库盖层在最高运行压力下以及在高低压变化过程中的岩石封闭能力。一旦盖层出现微裂隙或断层开启现象，盖层的封闭能力将极大地降低。

对于枯竭油气藏型储气库而言，最大压力通常等于或者低于原始地层压力，但相对含水层型储气库而言，最大压力必须要明显大于原始地层压力才有建设价值。含水层型储气库的最大工作压力确定要基于盖层、储层和断层特性，避免以下风险：气体从盖层泄漏、盖层力学破坏、断层开启泄漏以及储盖层水力破坏等。

（1）对于防止气体渗透出盖层的限制，气体不应随水的流动渗透出盖层，也就是盖层上方水压和盖层下方的气压不应超过突破压力，即

$$P_{\text{max1}} = P_{\text{w}} + P_{\text{cd}} \tag{8-18}$$

式中，P_{w} 为盖层上方水压力。

（2）对于避免盖层拉伸破坏的限制，当最大拉应力达到盖层岩石的抗拉强度之后就会发生张拉破坏，对应的上限压力为

$$\sigma_1(p_{\text{max2}}) \leqslant \sigma_{\text{t}} \tag{8-19}$$

（3）对于避免盖层剪切破坏的限制，对应的上限压力为

$$\tau(p_{\text{max3}}) = \sigma'_{\text{n}} \tan\varphi + c \tag{8-20}$$

（4）对于断层开启或活动破坏的限制，当断层面的正应力 σ_{n} 小于断面流体压力时，断层开启引起气体泄漏，相应的上限压力 P_{max4} 为

$$P_{\text{max4}} = \sigma_{\text{n}} \tag{8-21}$$

（5）对于储盖层水力压裂缝破坏的限制，当地层压力超过地层岩石的最小水平应力（破裂压力）时，易产生气体渗漏，相应的上限压力 P_{max5} 为

$$P_{\text{max5}} = \sigma_{\text{min}} \tag{8-22}$$

根据上述分析，储气库的上限压力定义为

$$P_{\text{上}} = \min\{P_{\text{max1}}, P_{\text{max2}}, P_{\text{max3}}, P_{\text{max4}}, P_{\text{max5}}\} \tag{8-23}$$

8.5 储气库地质体多场耦合数学模型

8.5.1 圈闭地质力学数值模拟方法

随着计算机技术的飞速发展，利用数值模拟来指导储气库建设已成为常用方法。20世纪80年代法国利用数值模拟方法研究储气库，确定储气库允许的最大注入和回采量，成为采用数值模拟来指导建造地下含水岩层储气库的一个典范。目前数值模拟已成为指导各类储气库的重要手段，而且正逐步与经济分析模型和地质力学模型相结合，达到在不增加储气费用的情况下，提高储气库的储存能力、注采应变能力，建立储气库优化运行模式，带来较大的经济效益。

圈闭地质力学分析主要由质量守恒方程、能量守恒方程、动量方程等微分方程组控

制，位移（u）、温度（T）、气体压力（p_g）和液体压力（p_1）是偏微分方程组的独立变量，数值分析的目的就是求解各个独立变量的解。目前存在多种数值分析方法和软件，根据求解过程耦合程度的不同，可把这些数值分析方法归结为 3 类：全耦合、弱耦合和单向耦合（李小春等，2016）。

1）全耦合

全耦合是指所有的控制性偏微分方程同时求解，所有的参数变量在每个迭代步计算完成后同时更新，并且直接代入整体刚度矩阵用于下一个迭代步的计算。全耦合为耦合程度最高的计算方法，计算精度高，但其计算量大，往往需要较长的时间才能达到计算收敛要求，因此，在利用全耦合方法进行地质力学模拟时，常采用简单的本构模型和尺度较小的几何模型（二维）进行分析，其应用的本构模型主要为弹性模型和塑性模型。

2）弱耦合

在弱耦合中，把偏微分方程组拆解为流体模块和力学模块，两者独立运行，各自的计算结果用于对方下一步计算输入参数的修正，如此反复循环迭代。弱耦合方法适用于大尺度、形态复杂的几何模型，可以考虑复杂本构模型（弹塑性、黏塑性、非连续介质等），同时还可用于复杂地质条件的地质力学模拟（含断层、裂隙等），收敛性较好，计算速度较快，适用范围广泛，因而是当前应用最为广泛的耦合方法，另外，弱耦合方法最大的特点就是能够耦合不同用途的软件，充分利用各自的长处，取长补短，实现弱耦合过程。

3）单向耦合

在单向耦合中，流体模块与力学模块亦是独立运行，其与弱耦合方法相比不同之处在于力学模块的计算结果不会反馈给流体模块，即流体模块的计算不受力学模块的任何影响，第 n 步的流体模块计算结果（孔压、温度和饱和度）当作第 n 步力学模块的外部荷载输入。显然，单向耦合是耦合程度最低的方法，同样适用于大尺度、复杂地质条件、复杂地层本构模型的力学模拟，与其他两种耦合方法相比，单向耦合方法的计算效率最高，收敛性最好，但该方法通常应用于只关注力学过程而不注重渗流过程的模拟，且通常应用于非连续介质模型的分析中。

在数值分析方法中，通常采用以下 3 种方法来模拟断层的力学行为：

（1）断层被简化为无厚度的接触面单元或节理单元，该方法适合于模拟单条断层，能够模拟断层张开、闭合和错位等力学行为。

（2）断层简化为具有厚度的薄夹层，在地质建模时用各向同性的实体单元表征，其刚度与强度比周围岩体单元要低，该方法适用于多条断层的模拟，能够模拟断层屈服破坏过程以及渗流和力学相互影响的过程，多用于弱耦合和全耦合方法求解多场耦合问题，此时，断层的渗透系数可当作应力-应变的函数。

（3）断层亦被简化为薄夹层实体单元，但此时断层单元采用遍布节理模型模拟。与第 2 种方法相比，该方法能表征断层的倾向、倾角，亦能通过应变云图刻画断层的剪切滑移和张开闭合特征。

储气库内压力的变化，不断改变着岩石的受力状态，必然会引起岩石的变形，而岩石的变形主要表现为孔隙的压缩和拉伸（岩石骨架的变形可以忽略不计），因此，储气库的储存能力也随之发生变化。Langais 等（2005）建立了地下储气库 4 维地质模型，并对储气库运行中储层岩石的变形做了预测；Guo 等（2006）利用三维黑油模型分析了含裂缝油藏型储气库储层岩石的应力敏感性；Azin 等（2008a）针对枯竭油气藏型储气库运行效果，提出储层岩石应变是影响地下储气库运行效果的主要因素。目前，对气体渗漏途径的研究较多，主要集中在盖层裂隙、断层稳定性以及井完整性等领域，其涉及的力学问题主要包括盖层的力学稳定性问题及气-水-岩的耦合作用对岩体的力学性质及水力学性质的影响。初始地应力对盖层完整性的影响很大，Vilarrasa 等（2011）的研究发现场地的初始地应力决定了塑性应变的传播模式，当 $\sigma_h<\sigma_v$ 时，塑性应变在盖层中传播，促进天然气迁移；而当 $\sigma_h>\sigma_v$ 时，塑性应变集中在盖层和储层的接触界面上，这就有可能破坏盖层的毛细屏障作用。Rutqvist 等（2008）认为初始地应力在很大程度上决定了破坏概率、破坏类型及位置。圈闭完整性评价的重点在于现存断层在气体注入过程中是否可能复活，大量气体的注入引起孔隙压力急剧上升，有效应力下降，从而影响断层的稳定性。Ducellier 等（2011）通过大型二维流体力学耦合模拟发现，只有当断层胶结物的内摩擦角小于某值或气体注入压力持续上升到一定值时，断层才有可能复活。Vilarrasa 等（2010）研究发现，气体注入初期由于孔隙水压力的急剧增大，莫尔圆左移，断层稳定性最差，但随后由于水平应变受到限制，水平应力增加，莫尔圆变小，偏应力减小，断层稳定性增加。Chiaramonte 等（2008）对美国怀俄明州的一个试验场地进行了地质力学描述和封盖层完整性评价，并对断层可能出现的渗漏风险进行了预测，研究指出，气体的注入导致地层中的孔隙压力增大，有效应力减小，从而可能引发封盖层产生破裂、断层复活。研究沿岩石层理方向的渗漏和漏失，以及发生渗漏和漏失的各种通道的性质，是很有意义的。气体能够渗漏到上覆地层、下伏地层，沿着地层渗漏到邻近的隆起中。气体向上覆地层渗漏，是最典型的和最危险的，这些渗漏是在诱发压力梯度，以及水和气的密度差的作用下发生的。气体沿着层理的渗漏，主要是注入气沿高渗透条带推进的速度比低渗透区要快，造成气体舌进而溢出圈闭，这类渗漏的程度，受注气速度、地层的非均质性和隆起的形状制约，当圈闭的幅度较大时（约100m），曾经观察到有气体渗漏入邻近隆起的情况。储气库运行过程中，库内压力循环波动，盖层的渗透性条件也发生相应的变化，盖层对此现象的敏感程度受多种因素的综合影响，如岩性、裂缝状况、胶结情况、地应力、含水饱和度及温度等共同决定盖层的压力应变效果，在储气库项目实施之前应当首先考察这些问题。Bohnhoff 等（2010）研究了含水层中储存 CO_2 时可能产生的渗漏；Rohmer 和 Bouc（2010）对深部含水层进行 CO_2 储存时盖层的密封性进行了分析评估；Emilia 等（2009）讨论了气体注入过程中盖层完整性与钻井内部水泥环的破坏过程。谭羽非（2007）对含水层型地下储气库进行了数值模拟，并开发了注采动态运行模拟软件。张旭辉等（2010）对埋存 CO_2 逃逸问题进行了研究分析，研究指出 CO_2 逃逸除了要考虑扩散、渗流效应外，还要考虑井口分布、高气压引起的劈裂导致的渗透性急剧增加的效应等因素的影响。郑委等（2010）、张旭辉等（2009）针对盖层渗透率对 CO_2 逃逸的影响进行了数值模拟研究，研究发现，盖层含井或有裂缝时会导致 CO_2 快速逃逸。刘永忠等（2012）建立两相流驱替过程数学模型描述封存 CO_2 的泄漏过程，分别对注入井与泄漏通道之间距离、泄漏通道半径、泄漏通道渗透率、CO_2 注入速率和 CO_2 注入深度等因素对封存 CO_2 泄漏过程的影响特性进行了研究。

在储气库调峰运行注采操作过程中，储气库的最高压力必须保证储气库的安全运行，采气阶段结束后，为了维持一定的地层压力，必须保留一部分垫层气在储库中，其作用主要有：给储库提供能量，使储气库在采气末期也能维持一定的地层压力，从而保证调峰季节从储气库采出所储存的气量，以满足向用户地区输气的条件；抑制地层水流动，防止水体侵入储气库，保证储库工作的稳定性；提高气井产量，减少天然气在压缩机站的压缩级数。在储气库的注采循环过程中，其压力变化可通过数值模拟法来预测，而国内这方面的研究还刚刚起步，研究成果甚少。目前，国内所做的工作还只是停留在储气库运行模拟及容量评价方面，对注采过程中的盖层力学问题进行室内试验或数值模拟的研究较少。储气库工程庞大，气库圈闭地质条件具不确定性和复杂性，气体注入后盖层、断层、含水层物理、化学特性变化规律及其温度场、化学场、渗流场、应力场的变化规律，都亟须开展室内试验、现场试验及数值模拟研究。

8.5.2 岩石破坏准则与本构模型

1. 修正莫尔-库仑模型

对常规莫尔-库仑剪切准则进行改进，将最大拉应力准则与莫尔-库仑准则结合起来，称为修正莫尔-库仑模型（贾善坡等，2010）。规定拉应力为正，压应力为负。

以应力不变量形式表示的剪切型莫尔-库仑屈服准则（图8-6）可以表示为

$$F = \sigma_m \sin\varphi + \bar{\sigma} K(\theta) - c\cos\varphi = 0 \qquad (8\text{-}24)$$

式中

$$\sigma_m = \frac{\sigma_1 + \sigma_2 + \sigma_3}{3} \qquad (8\text{-}25)$$

$$\bar{\sigma} = \sqrt{\frac{1}{2}(s_x^2 + s_y^2 + s_z^2) + \tau_{xy}^2 + \tau_{xz}^2 + \tau_{yz}^2} = \sqrt{J_2} \qquad (8\text{-}26)$$

$$J_3 = s_x s_y s_z + 2\tau_{xy}\tau_{xz}\tau_{yz} - s_x\tau_{yz}^2 - s_y\tau_{xz}^2 - s_z\tau_{xy}^2 \qquad (8\text{-}27)$$

$$\theta = \frac{1}{3}\sin^{-1}\left(-\frac{3\sqrt{3}}{2}\frac{J_3}{\bar{\sigma}^3}\right), \quad -30° \leqslant \theta \leqslant 30° \qquad (8\text{-}28)$$

$$K(\theta) = \cos\theta - \frac{1}{\sqrt{3}}\sin\varphi\sin\theta \qquad (8\text{-}29)$$

式中，$\sigma_1 > \sigma_2 > \sigma_3$，皆为主应力；$c$、$\varphi$ 分别为黏聚力和内摩擦角；σ_m 为平均应力，$\bar{\sigma}$ 为等效应力；J_2、J_3 分别为应力偏量第二不变量和第三不变量；$s_x = \sigma_x - \sigma_m$，$s_y = \sigma_y - \sigma_m$，$s_z = \sigma_z - \sigma_m$；$\theta$ 为 Lode 角。

拉伸型莫尔-库仑屈服准则（图8-6）为

$$\sigma_1 \geqslant f_t \qquad (8\text{-}30)$$

以应力不变量可表述为

$$F = \frac{2}{\sqrt{3}}\bar{\sigma}\sin(\theta + 120°) + \sigma_m - f_t = 0 \qquad (8\text{-}31)$$

式中，f_t 为岩石抗拉强度。

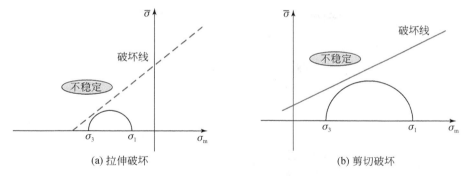

(a) 拉伸破坏　　　　　　　　　　(b) 剪切破坏

图 8-6　两种类型的莫尔–库仑准则

在 π 平面拉伸型莫尔–库仑屈服准则是一个等边三角形，在主应力空间屈服面由三个分别垂直于主应力轴的平面组成；在 π 平面剪切型莫尔–库仑屈服准则是一个不等角的六边形，在主应力空间为一个棱锥面，中心轴线与等倾线重合。

Zienkiewicz 和 Pande 建议将子午面上的屈服曲线写成双曲线，Willialns 和 Warnke 建议取一个椭圆表达式来描述 $K(\theta)$（王金昌和陈页开，2006）。采用双曲线方程对拉伸型莫尔–库仑屈服准则和剪切型莫尔–库仑屈服准则进行拟合，如图 8-7 所示，通过调整参数 m 的大小来反映岩土介质的抗拉强度的大小，同时还可以看出，参数 m 可以修正屈服面上的尖顶，使尖角变的光滑，避免了数值计算的发散和收敛的缓慢。

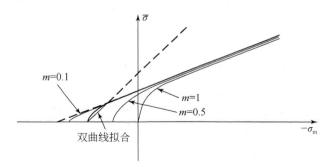

图 8-7　采用双曲线拟合的修正莫尔–库仑屈服准则

由于莫尔–库仑屈服面存在六个棱角，使数值计算变繁和收敛缓慢（史述昭和杨光华，1987；Abbo and Sloan，1995；De'An et al.，2005）。为了尽量逼近和接近屈服面，采取分段函数的形式描述 $K(\theta)$，使得改进后的屈服面尽量接近莫尔–库仑屈服面，并且在棱角处得到光滑连续的处理，处理后的屈服面在 π 平面如图 8-8 所示。

修正的莫尔–库仑屈服准则的表达式为

$$F = \sigma_{m}\sin\varphi + \sqrt{\bar{\sigma}^2 K^2(\theta) + m^2 c^2 \cos^2\varphi} - c\cos\varphi = 0 \tag{8-32}$$

采用分段函数来描述 $K(\theta)$，具体表达式为

$$K(\theta) = \begin{cases} (A - B\sin 3\theta), & |\theta| > \theta_{\mathrm{T}} \\ \left(\cos\theta - \dfrac{1}{\sqrt{3}}\sin\varphi\sin\theta\right), & |\theta| \leqslant \theta_{\mathrm{T}} \end{cases} \tag{8-33}$$

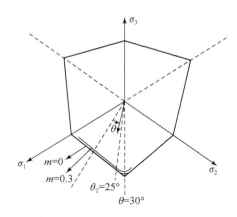

图 8-8　π 平面上复合莫尔–库仑屈服准则的光滑处理

取 $\theta_T = 25°$，$|\theta| \leqslant \theta_T$ 时，在 π 平面屈服函数迹线不做处理，和经典的莫尔–库仑屈服准则一致，而当 $|\theta| > \theta_T$ 时，对屈服函数的迹线进行光滑处理。式中：

$$A = \frac{1}{3}\cos\theta_T\left(3 + \tan\theta_T\tan3\theta_T + \frac{1}{\sqrt{3}}\text{sign}(\theta)(\tan3\theta_T - 3\tan\theta_T)\sin\varphi\right) \tag{8-34}$$

$$B = \frac{1}{3\cos3\theta_T}\left(\text{sign}(\theta)\sin\theta_T + \frac{1}{\sqrt{3}}\sin\varphi\cos\theta_T\right) \tag{8-35}$$

$$\text{sign}(\theta) = \begin{cases} 1, & \theta \geqslant 0° \\ -1, & \theta < 0° \end{cases} \tag{8-36}$$

取塑性势函数与屈服函数的表达式一致，即

$$G = \sigma_m\sin\varphi + \sqrt{\overline{\sigma}^2 K^2(\theta) + m^2 c^2 \cos^2\varphi} \tag{8-37}$$

式中，φ 为膨胀角，其中 $K(\theta)$ 也与 φ 有关，表达式与屈服函数中的 $K(\theta)$ 类似。

2. 基于莫尔–库仑准则的泥岩软化损伤模型

为描述泥岩复杂的应力–应变关系，构建弹塑性损伤模型（图 8-9）：OA 段采用线弹性模型来描述；AB 段（非线性弹性阶段）采用弹性损伤本构模型进行描述；BC 和 CD 段采用塑性损伤本构模型来描述。损伤对材料弹塑性的影响体现在对弹性刚度的影响和对加载函数、塑性势函数及软–硬化参数的影响（贾善坡等，2009）。做如下假设：

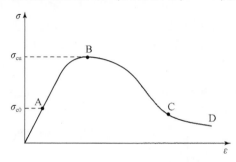

图 8-9　泥岩应力–应变分段图

（1）在峰前区域，泥岩残余变形较小，曲线基本上呈非线性弹性形式，采用弹性损伤模型描述其力学行为；

（2）软化现象开始时，泥岩峰值强度满足莫尔-库仑强度准则，在损伤过程中的强度也满足莫尔-库仑强度准则；

（3）泥岩的残余强度准则也满足莫尔-库仑强度准则。

建立如下形式的弹性损伤演化方程：

$$\Omega_e = \beta_1(\bar{e} - \bar{e}_{0e}) \qquad (8\text{-}38)$$

式中，$\bar{e}$ 为能量指标，$\bar{e} = \sqrt{\varepsilon_{ij}D_{ijkl}\varepsilon_{kl}}$；$\bar{e}_{0e}$ 为弹性损伤初始点对应的能量指标，与围压有关；β_1 为损伤参数。

损伤时泥岩的弹性模量为

$$\bar{E} = (1 - \Omega)E_0 \qquad (8\text{-}39)$$

塑性变形时，卸载后存在残余变形，在塑性损伤阶段（软化阶段）有效应力为

$$\tilde{\sigma} = \frac{\sigma}{(1 - \Omega)} = E_0(\varepsilon - \varepsilon_r) \qquad (8\text{-}40)$$

式中，Ω 为总损伤，$\Omega = \Omega_e + \Omega_p$；$\varepsilon_r$ 为卸载后的残余应变。

残余应变 ε_r 与总损伤变量 Ω 之间的关系为

$$\varepsilon_r = \varepsilon_{in} - \frac{\Omega}{(1 - \Omega)}\frac{\sigma}{E_0} \qquad (8\text{-}41)$$

式中，$\varepsilon_r = \varepsilon_d + \varepsilon_p$；$\varepsilon_{in} = \varepsilon - \varepsilon_{e0}$。

ε_r 与屈服准则、势函数以及损伤有关，无法通过试验数据直接得到，因此，从试验数据无法直接获得损伤变量 Ω 的演化方程。

以泥岩应力-应变曲线峰值应力点作为塑性损伤初始点，建立如下形式的塑性损伤演化方程：

$$\Omega_p = \frac{\bar{e} - \bar{e}_{0p}}{\alpha_2 + \beta_2(\bar{e} - \bar{e}_{0p})} \qquad (8\text{-}42)$$

式中，$\bar{e}$ 为能量指标；$\bar{e}_{0p}$ 为塑性损伤初始点对应的能量指标；α_2、β_2 为损伤参数。

根据修正莫尔-库仑屈服准则构建屈服函数和塑性势函数，以名义应力表示的屈服条件为

$$f^p(\sigma, \Omega) = \frac{I_1}{3}\sin\varphi + \sqrt{J_2 K^2(\theta) + (1 - \Omega)^2 m^2 c^2 \cos^2\varphi} - (1 - \Omega)c\cos\varphi \qquad (8\text{-}43)$$

以名义应力表示的塑性势函数为

$$g^p(\sigma, \Omega) = \frac{I_1}{3}\sin\varphi + \sqrt{J_2 K^2(\theta) + (1 - \Omega)^2 m^2 c^2 \cos^2\varphi} \qquad (8\text{-}44)$$

认为泥岩在损伤过程中内摩擦角不变化，对于黏聚力而言，随着损伤的积累，塑性应

变逐渐增大，黏聚力逐渐减小，采用幂函数来描述，即

$$c = c_m - (c_m - c_r)\Omega_p^\eta \tag{8-45}$$

式中，c_m 为泥岩的最大黏聚力值，对应于室内试验得出的黏聚力；c_r 为岩石明显损伤时的黏结强度，对应于室内试验的残余强度；η 为材料参数，$0 \leq \eta \leq 1$。

损伤有限元方程的推导与常规有限元法类似，只不过在本构方程中引入了损伤变量，在增量求解迭代过程中需要不断地修正刚度矩阵。

3. 岩石疲劳损伤本构模型

在循环荷载作用下，岩石的力学特性与静态荷载作用下有显著不同。在储气库工程中，注采循环周期性交变可归结为储盖层岩石的低周疲劳问题（王者超等，2012；郭印同等，2011；王伟超，2016）。

在岩土工程领域，周期荷载作用下岩石的疲劳破坏特性与岩体的长期稳定性密切相关。目前对混凝土疲劳损伤研究较多，但对储气库储盖层岩石疲劳损伤问题的研究较少，因此，有必要对储盖层岩石的疲劳损伤特性进行深入研究。已有研究成果存在如下几点认识：①岩石疲劳破坏存在应力门槛值，循环荷载峰值超过门槛值时，岩石将发生疲劳破坏；②循环荷载下岩石的不可逆变形–循环次数关系可分为 3 个阶段，且相比应力，应变更适合描述岩石的疲劳破坏和强度；③循环荷载峰值和循环荷载差对岩石疲劳性质的影响明显大于加载波形和加载频率的影响；④循环加载中岩石的变形模量受岩石不可恢复（或残余）变形影响显著；⑤围压对岩石疲劳力学特性具有重影响。

岩石压缩疲劳试验典型加载波形为正弦波和三角波。以正弦波为例，σ_{max} 和 σ_{min} 分别为周期荷载的上限应力和下限应力，$\Delta\sigma$ 为幅值荷载，$\Delta\sigma = \sigma_{max} - \sigma_{min}$，$T$ 为周期。

若干岩石的循环荷载试验结果表明，尽管岩石的疲劳寿命离散性很大，但其轴向塑性变形的三阶段发展规律是普遍存在的统一规律（图 8-10），根据应力水平可将轴向塑性应变发展规律曲线分为 3 种基本类型（图 8-11）（许宏发等，2012；李树春等，2009；肖建清等，2009）。曲线 a 对应于上限应力低于门槛值的情形，曲线 c 对应于高上限应力、大幅值的疲劳加载情形，大多数疲劳试验都可以观测到 b 类型的三阶段规律。

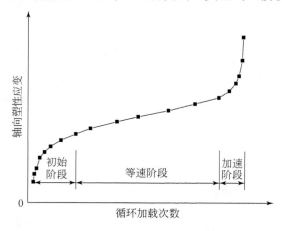

图 8-10　轴向塑性应变三阶段

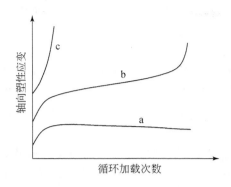

图 8-11　轴向塑性应变发展曲线的基本类型

　　低周疲劳一般在高上限应力、大振幅的周期加载情况下发生，材料所能承受的循环次数就会减少，在一个循环周期内就有明显的塑性变形，并伴随着明显的硬化特征。假设实际有效应力与累积塑性应变间呈幂指数关系，引入硬化参量 h，得

$$\tilde{\sigma} = \frac{\sigma}{1-\Omega} = hFp^{1/f} \tag{8-46}$$

式中，$\tilde{\sigma}$ 为有效应力；σ 为计算应力；Ω 为损伤变量；F 为荷载力；p 为轴向累积塑性应变；f 为参数。

　　假设硬化参量 h 是应力幅度和 N 的幂函数，即

$$h = (\Delta\sigma)^{a/f} N^{c/f} \tag{8-47}$$

式中，a、c 为模型参数。

　　将 h 代入式（8-46），得

$$\tilde{\sigma} = \frac{\sigma}{1-\Omega} = (\Delta\sigma)^{a/f} N^{c/f} Fp^{1/f} \tag{8-48}$$

　　则轴向累积塑性应变表达式为

$$p = \frac{\sigma^f}{F^f (1-\Omega)^f (\Delta\sigma)^a N^c} \tag{8-49}$$

　　仍近似认为在一个循环内 Ω 为常数，岩石低周疲劳损伤演化方程为

$$\Omega = 1 - \left[1 - \left(\frac{N}{N_F}\right)^{1-c} \right]^{\frac{1}{b+1}} \tag{8-50}$$

　　岩石在循环加载过程中，会产生可恢复变形和残余变形，可恢复变形由材料的弹性引起，而残余变形由循环荷载和单调加载引起，假设材料的应变由两部分构成：

$$\varepsilon = \varepsilon^e + \varepsilon^r \tag{8-51}$$

式中，ε、ε^e、ε^r 分别为总应变、可恢复应变和残余应变。

　　为了模拟岩石的疲劳特性，研究疲劳势和塑性势的关系是十分有意义的，循环荷载作用下岩石疲劳势有别于单调加载时塑性势，这与疲劳试验后破坏面形态与单调加载后破坏面形态存在差异的事实是相符的。通过室内试验，揭示循环荷载作用下岩石的力学特性，并建立其本构模型，对完善岩石力学基本理论和指导相关工程建设均有重要的价值（王德玲等，2006）。

8.5.3 岩体热–流–固耦合方程

在岩石热–流–固三场耦合过程中，岩石由骨架和流体两部分组成，由混合物理论可知，这 2 种组分均服从各自原有的物理特性、水力特性、热力特性和力学特性等的控制方程，根据各组分在岩土介质中所占据的体积进行叠加，给出总的控制方程（Jia et al., 2019）。

任取岩石微元体，设微元体的孔隙度为 n，则单位体积中固体骨架算的比例为 $1-n$，根据能量守恒原理，结合 Fourier 定律，给出固体骨架的能量守恒方程为

$$\nabla\left[(1-n)\lambda_s \nabla T\right]+(1-n)\left[q_s-3K\beta_1(T-T_0)\frac{\partial\varepsilon_v}{\partial t}\right]=\frac{\partial\left[(1-n)\rho_s c_s(T-T_0)\right]}{\partial t} \quad (8\text{-}52)$$

式中，λ_s、c_s 和 ρ_s 分别为岩石骨架的导热系数、比热容和密度；q_s 为单位时间内单位体积固体骨架产生的能量；T 为温度；T_0 为初始温度；β_1 为线膨胀系数；K 为岩石体积模量；ε_v 为体积应变。

流体能量守恒方程也可以用类似的方法建立。由于地层中流体流动速度小，流体的动能可以忽略不计，考虑对流和传导的能量方程为可表示为

$$\nabla(n\lambda_f \nabla T)+nq_f=\frac{\partial\left[n\rho_f c_f(T-T_0)\right]}{\partial t}+nc_f(T-T_0)\frac{\partial\rho_f}{\partial t}+\rho_f c_f(v \nabla)T \quad (8\text{-}53)$$

式中，λ_f、c_f 和 ρ_f 分别为流体的导热系数、比热容和密度；q_f 为单位时间单位体积流体所产生的能量；v 为达西流速；$(v \nabla)T$ 为对流项，表示流体质点移动时引起的温度变化率。

根据混合物理论，按物质组分比例进行叠加得到岩石的总能量方程：

$$\nabla(\bar{\lambda} \nabla T)+\bar{q}-3K\beta_1(T-T_0)(1-n)\frac{\partial\varepsilon_v}{\partial t}=\bar{c}\frac{\partial T}{\partial t}+\rho_f c_f(v \nabla)T+$$

$$(T-T_0)\left[(\rho_f c_f-\rho_s c_s)\frac{\partial n}{\partial t}+(1-n)c_s\frac{\partial\rho_s}{\partial t}+nc_f\frac{\partial\rho_f}{\partial t}\right] \quad (8\text{-}54)$$

式中，$\bar{\lambda}=(1-n)\lambda_s+n\lambda_f$；$\bar{q}=(1-n)q_s+nq_f$；$\bar{c}=(1-n)\rho_s c_s+n\rho_f c_f$。

结合达西定律，给出考虑岩石变形的渗流方程：

$$\frac{k}{\mu_f}\left[\frac{\partial^2 p}{\partial x^2}+\frac{\partial^2 p}{\partial y^2}+\frac{\partial^2 p}{\partial z^2}\right]=\bar{\alpha}\frac{\partial p}{\partial t}-\bar{\beta}\frac{\partial T}{\partial t}+\alpha\frac{\partial\varepsilon_v}{\partial t}+Q_f \quad (8\text{-}55)$$

式中，μ_f 为流体黏度；k 为岩石的渗透率；p 为孔隙压力；$\bar{\alpha}=n\alpha_f+(1-n)\alpha_s$，为综合压缩系数；$\alpha_s$ 为固体骨架的压缩系数；α_f 为流体的压缩系数；$\bar{\beta}=n\beta_f+(1-n)\beta_s$ 为综合热膨胀系数；$\beta_s=3\beta_1$ 为固体骨架的体积热膨胀系数；β_f 为流体的体积热膨胀系数；α 为比奥系数；Q_f 为内部和外部流体源。

根据 Biot 固结理论，岩石有效应力可以表示为

$$d\sigma'_{ij}=d\sigma_{ij}+\alpha\delta_{ij}dp \quad (8\text{-}56)$$

式中，σ' 为有效应力；σ_{ij} 为总应力；δ_{ij} 为 Kronecker 符号。

为了描述岩石的热膨胀和塑性变形，总应力可以用增量的形式表示：

$$d\sigma_{ij}=d\sigma'_{ij}-\alpha\delta_{ij}p=D^e_{ijkl}(d\varepsilon_{kl}-d\varepsilon^p_{kl}-d\varepsilon^T_{kl})-\alpha dp\delta_{ij} \quad (8\text{-}57)$$

式中，D^e 为弹性刚度矩阵；ε 为总应变张量；ε^p 为塑性应变张量；ε^T 为由温度变化引起的应变张量。

根据弹塑性理论，式（8-57）可写为

$$d\sigma_{ij} = D_{ijkl}^{ep}(d\varepsilon_{kl} - d\varepsilon_{kl}^T) - \alpha dp\delta_{ij} \tag{8-58}$$

式中，$\varepsilon_{ij} = (u_{i,j} + u_{j,i})/2$；$d\varepsilon_{ij} = du_{i,j}$；$d\varepsilon_{ij}^T = \beta_l dT\delta_{ij}$；$u_i$ 为岩石位移分量；D^{ep} 为弹塑性刚度矩阵。

8.5.4 岩体气–水两相渗流耦合方程

对于地质体气–水两相渗流问题（Wu et al.，2018），孔隙压力 p 定义为

$$p = p_{nw}s_{nw} + p_w s_w \tag{8-59}$$

式中，p_{nw}、p_w 分别为气相压力、水相压力；s_{nw}、s_w 分别为气相饱和度和水相饱和度。

水相质量守恒方程定义为

$$\frac{\partial(\varphi\rho_w s_w)}{\partial t} + \nabla \cdot \left(-\frac{kk_{rw}}{u_w}\rho_w(\nabla p_w + \rho_w g \nabla Y)\right) = f_w' \tag{8-60}$$

式中，φ 为地层孔隙度；ρ_w 为地层水密度；s_w 为含水饱和度；k 为地层渗透率；k_{rw} 为水相相对渗透性值；u_w 为地层水黏度；p_w 为孔隙水压力；g 为重力加速度值；Y 为垂直高程坐标；f_w' 为水相源汇项。

气相质量守恒方程定义为

$$\frac{\partial m}{\partial t} + \nabla \cdot \left(-\frac{kk_{rnw}}{u_{nw}}\rho_{nw}(\nabla p_{nw} + \rho_{nw} g \nabla Y)\right) = f_{nw}' \tag{8-61}$$

式中，k_{rnw} 为气相相对渗透性值；u_{nw} 为气相黏度；ρ_{nw} 为气相密度；p_{nw} 为气相压力；f_{nw}' 为气相源汇项；m 为地层中的气相含量，$m = \varphi\rho_{nw}s_{nw}$。

气相密度与气相压力的关系可通过状态方程获得，即

$$\begin{cases} \rho_{nw} = \dfrac{M}{ZRT}p_{nw} = \beta p_{nw} \\ \rho_{ga} = \beta p_a \end{cases} \tag{8-62}$$

式中，M 为气相分子量；Z 为气相压缩因子；R 为气体常数；T 为气体温度；p_a 为大气压力；ρ_{ga} 为标准状态下的气体密度值。

综合式（8-60）~式（8-62），岩石气–水两相渗流方程可以定义为（Wu et al.，2018）

$$\begin{cases} \dfrac{\partial(\varphi s_w)}{\partial t} + \nabla \cdot \left(-\dfrac{kk_{rw}}{u_w}(\nabla p_w + \rho_w g \nabla Y)\right) = \dfrac{f_w'}{\rho_w} = f_w \\ \dfrac{\partial}{\partial t}(\varphi s_{nw}p_{nw}) + \nabla \cdot \left(-\dfrac{kk_{rnw}}{u_{nw}}p_{nw}(\nabla p_{nw} + \rho_{nw} g \nabla Y)\right) = \dfrac{f_{nw}'}{\beta} = f_{nw} \end{cases} \tag{8-63}$$

岩石气–水两相之间的毛细管压力 p_c 为

$$p_c = p_{nw} - p_w \tag{8-64}$$

在某一时间内，岩石孔隙完全由气相和水相充满，饱和度方程为

$$s_{nw} + s_w = 1 \tag{8-65}$$

为了将气相方程和水相方程耦合，定义饱和度对毛细管压力的导数 C_p，即

$$C_p = \frac{\partial s_w}{\partial p_c} = \frac{\partial(1-s_{nw})}{\partial p_c} = -\frac{\partial s_{nw}}{\partial p_c} \tag{8-66}$$

根据毛细管压力与排替压力、饱和度之间的关系，毛细管压力方程定义为

$$p_c = p_e(s_w^{-\frac{1}{m}}-1)^{1/n} \tag{8-67}$$

式中，p_e 为地层排替压力；n 为模型参数。

根据 van Genuchten-Mualem 模型，岩石相对渗透率方程定义如下：

$$k_{rw} = s_w^L \left[1-(1-s_w^{\frac{1}{m}})^m\right]^2 \tag{8-68}$$

$$k_{rnw} = (1-s_w)^L(1-s_w^{\frac{1}{m}})^{2m} \tag{8-69}$$

式中，L 和 m 分别为模型参数。

根据上述分析，进行相应推导，即可获得岩石气-水两相耦合控制方程：

$$\begin{cases} -\varphi C_p \dfrac{\partial p_w}{\partial t} + \nabla \cdot \left(-\dfrac{kk_{rw}}{u_w}(\nabla p_w + \rho_w g\,\nabla Y)\right) = -\varphi C_p \dfrac{\partial p_{nw}}{\partial t} + f_w \\[3mm] \varphi(s_{nw}-p_{nw}C_p)\dfrac{\partial p_{nw}}{\partial t} + \nabla \cdot \left(-\dfrac{kk_{rnw}}{u_{nw}}p_{nw}(\nabla p_{nw}+\rho_{nw}g\,\nabla Y)\right) = -\varphi p_{nw}C_p\dfrac{\partial p_w}{\partial t}+f_{nw} \end{cases} \tag{8-70}$$

8.5.5 断层或裂缝扩展模型

地层裂缝的扩展通过黏结单元来描述，地层启裂前，单元应力-应变满足弹性关系（贾善坡等，2012）：

$$t = \begin{Bmatrix} t_n \\ t_s \\ t_t \end{Bmatrix} = K\varepsilon = \begin{pmatrix} K_{nn} & K_{ns} & K_{nt} \\ K_{ns} & K_{ss} & K_{st} \\ K_{nt} & K_{st} & K_{tt} \end{pmatrix} \begin{Bmatrix} \varepsilon_n \\ \varepsilon_s \\ \varepsilon_t \end{Bmatrix} \tag{8-71}$$

式中，n 为单元法向量，对应于 I 型断裂；t、s 为单元的 2 个切线方向，对应于 II 型和 III 型断裂；t_n、t_s 和 t_t 分别为法向和两个切向承受的应力；K 为单元刚度矩阵；ε_n、ε_s 和 ε_t 分别为法向和两个切向的应变。

地层破坏起始是指地层刚度开始恶化，目前有多种判定准则，如最大应变准则、平方应变准则、最大应力准则、平方应力准则等。采用平方应力准则来描述地层的启裂行为（贾善坡等，2016b），当单元三个方向承受的应力与其对应临界应力的比值的平方和达到 1 时，单元开裂并扩展，即

$$\left\{\frac{\langle t_n \rangle}{t_n^o}\right\}^2 + \left\{\frac{t_s}{t_s^o}\right\}^2 + \left\{\frac{t_t}{t_t^o}\right\}^2 = 1 \tag{8-72}$$

式中，t_n^o 为裂缝的法向临界拉应力；t_s^o 和 t_t^o 分别为两个切向的临界拉应力。

如果只考虑 I 型和 II 型断裂复合情况，有

$$\left\{\frac{\langle t_n \rangle}{t_n^o}\right\}^2 + \left\{\frac{t_t}{t_t^o}\right\}^2 = 1 \tag{8-73}$$

其中，$\langle t_{\mathrm{n}} \rangle = \begin{cases} 0 & t_{\mathrm{n}} \leqslant 0 \\ t_{\mathrm{n}} & t_{\mathrm{n}} > 0 \end{cases}$，说明裂缝在受拉和受剪的情况下破坏。

黏结单元的开裂是通过裂缝上下面的位移变化来表示的，地层裂缝的本构关系可表示为裂缝间的黏结力 t 与局部坐标系下位移 $\boldsymbol{\Delta}$ 之间的关系函数：

$$t = \tau(\boldsymbol{\Delta}) \tag{8-74}$$

现有的一些本构关系都是唯象的，是通过试验数据得到的经验公式，如梯形关系、线性-抛物线关系、指数关系、双线性关系等（寇剑锋等，2011）。Alfano（2006）对它们进行比较计算，认为双线性模型能够兼顾计算精度和计算效率的要求。选用双线性本构关系：

$$t = \begin{Bmatrix} t_{\mathrm{n}} \\ t_{\mathrm{s}} \\ t_{\mathrm{t}} \end{Bmatrix} = (1-D)K \begin{Bmatrix} \Delta_{\mathrm{n}} \\ \Delta_{\mathrm{s}} \\ \Delta_{\mathrm{t}} \end{Bmatrix} - DK \begin{Bmatrix} \langle -\Delta_{\mathrm{n}} \rangle \\ 0 \\ 0 \end{Bmatrix} \tag{8-75}$$

式中，D 为损伤变量；K 为罚刚度。

在混合加载模式下，裂缝的损伤演化准则定义为以位移变化的形式：

$$\overline{F}(\lambda^{\mathrm{t}}, D^{\mathrm{t}}) = G(\lambda^{\mathrm{t}}) - D^{\mathrm{t}} \leqslant 0 \tag{8-76}$$

$$G(\lambda^{\mathrm{t}}) = \frac{\Delta^{\mathrm{f}}(\lambda - \Delta^{0})}{\lambda(\Delta^{\mathrm{f}} - \Delta^{0})} \tag{8-77}$$

$$\lambda = \sqrt{\langle \Delta_{\mathrm{n}} \rangle^{2} + (\Delta_{\mathrm{s}})^{2} + (\Delta_{\mathrm{t}})^{2}} \tag{8-78}$$

式中，Δ^{0} 为地层启裂位移；Δ^{f} 为裂缝失效位移；D^{t} 为损伤变量随时间的变化，$0 \leqslant D^{\mathrm{t}} \leqslant 1$。当 $\lambda > \Delta^{0}$ 时，发生启裂；当 $\lambda \geqslant \Delta^{\mathrm{f}}$ 时，$D=1$，材料完全断裂，黏结力 $t_{\mathrm{n}} = t_{\mathrm{s}} = t_{\mathrm{t}} = 0$。

式（8-77）中 Δ^{0} 是起始破坏时对应节点的张开量，是由起始破坏准则决定的。采用平方应力准则时单元起始破坏对应的张开量为

$$\Delta^{0} = \sqrt{1+\beta_{1}^{2}} \left[\left(\frac{K_{\mathrm{nn}}}{t_{\mathrm{n}}^{0}} \right)^{2} + \left(\frac{\beta_{1} K_{\mathrm{ss}}}{\sqrt{1+\beta_{2}^{2}} \, t_{\mathrm{s}}^{0}} \right)^{2} + \left(\frac{\beta_{1} \beta_{2} K_{\mathrm{tt}}}{\sqrt{1+\beta_{2}^{2}} \, t_{\mathrm{t}}^{0}} \right)^{2} \right]^{\frac{1}{2}} \tag{8-79}$$

式中，$\beta_{1} = \Delta_{\mathrm{shear}} / \Delta_{\mathrm{n}}$；$\beta_{2} = \Delta_{\mathrm{t}} / \Delta_{\mathrm{s}}$；$\Delta_{\mathrm{shear}}$ 为两个剪切方向的位移矢量和，$\Delta_{\mathrm{shear}} = \sqrt{\Delta_{\mathrm{s}}^{2} + \Delta_{\mathrm{t}}^{2}}$。

式（8-77）中 Δ^{f} 的计算是一个比较复杂的过程，它反映地层裂隙在复杂应力状态下的断裂能量释放率。在混合加载模式下通常使用能量释放率和断裂韧性来描述裂纹扩展准则，当能量释放率 G 超过临界值 G^{c} 时，裂纹开始扩展，选用 Benzeggagh 和 Kenane 提出的准则：

$$G^{\mathrm{c}} = G_{\mathrm{I}}^{\mathrm{c}} + (G_{\mathrm{II}}^{\mathrm{c}} - G_{\mathrm{I}}^{\mathrm{c}}) \left(\frac{G_{\mathrm{II}}}{G_{\mathrm{T}}} \right)^{\eta} \tag{8-80}$$

式中，$G_{\mathrm{I}}^{\mathrm{c}}$、$G_{\mathrm{II}}^{\mathrm{c}}$ 分别为 I、II 型断裂韧度；$G_{\mathrm{T}} = G_{\mathrm{I}} + G_{\mathrm{II}}$ 为总能量释放率；G_{I}、G_{II} 分别为 I、II 型能量释放率；η 为材料参数。

在双线性本构关系中 $G^{\mathrm{c}} = K\Delta^{0}\Delta^{\mathrm{f}}/2$，由此可以得到：

$$\Delta^{\mathrm{f}} = \frac{2}{K\Delta^{0}} \left[G_{\mathrm{I}}^{c} + (G_{\mathrm{II}}^{c} - G_{\mathrm{I}}^{c}) \left(\frac{G_{\mathrm{II}}}{G_{\mathrm{T}}} \right)^{\eta} \right] \tag{8-81}$$

$$\frac{G_{\text{II}}}{G_{\text{T}}}=\frac{\beta_3^2}{1+2\beta_3^2-2\beta_3} \tag{8-82}$$

式中，β_3 为混合模式率，$\beta_3=\dfrac{\Delta_{\text{shear}}}{\Delta_{\text{shear}}+\langle\Delta_{\text{n}}\rangle}$。

应力对裂隙渗流场的影响主要是改变了裂缝的宽度，从而使裂缝的渗透性发生变化。以往在研究裂缝渗流时仅考虑流体沿着裂缝切向流动（孙粤琳等，2008），定义流体除了可以沿着裂缝切向流动外，还可以横穿裂缝面渗流（Chen，2012）（图 8-12）。

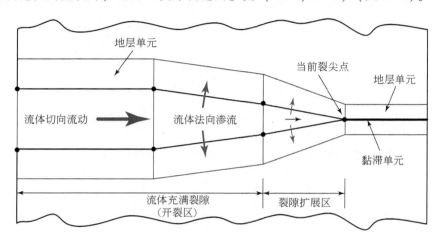

图 8-12　流体沿裂缝面的流动示意图

流体在裂缝内的切向流动采用牛顿流公式进行描述，流体流动依赖于随时间 t 变化的裂缝张开度 w，用方程表示为

$$\begin{cases}\dfrac{\partial q_{\text{s}}}{\partial s}-\dfrac{\partial w}{\partial t}=0\\[3mm]q_{\text{s}}=-\dfrac{w^3}{12\mu_{\text{f}}}\dfrac{\partial p_{\text{f}}}{\partial s}\end{cases} \tag{8-83}$$

式中，q_{s} 为流体沿裂缝切向的流量；s 表示界面裂缝切线方向；$w=\Delta_{\text{n}}$ 为界面裂缝张开度；μ_{f} 为流体的黏性系数；p_{f} 为流体压力。

流体沿裂缝面法向的流量 q_{n}，包括流体流进单元上下表面的流量之和，即

$$q_{\text{n}}=q_1+q_2=c_1(p_{\text{f}}-p_1)+c_2(p_{\text{f}}-p_2) \tag{8-84}$$

式中，q_1、q_2 分别为流体进入单元上下表面的流量；c_1、c_2 分别为单元上下表面滤失系数；p_1、p_2 分别为单元上下表面孔隙压力。

参 考 文 献

柏明星,Kurt M R,艾池,等.2013.二氧化碳地质存储过程中沿井筒渗漏定性分析.地质论评,59(1):107-112.

包洪平,贾亚妮,于忠平.2005.苏里格气田二叠系砂岩储层工业性分类评价.天然气工业,25(4):14-15.

曹倩,金强,程付启.2012.柴达木盆地东部第四系生物气藏盖层封盖能力探讨.新疆石油地质,33(5):623-626.

陈劲人,彭秀美.1994.从三轴抗剪抗压试验看埋深对区域盖层遮挡性能的影响.石油试验地质,16(3):282-289.

陈晓娟,李天太,姚瑞峰.2010.苏里格气田盒8段气藏储层特征及气井分类评价.石油化工应用,29(4):34-37.

陈曜岑.1995.利用测井资料研究和评价盖层的封闭性能.物探与化探,19(3):186-194.

陈永峤,周新桂,于兴河,等.2003.断层封闭性要素与封闭效应.石油勘探与开发,30(6):38-40.

陈章明,吕延防.1990.泥岩盖层封闭性的确定及其与源岩排气史的匹配.大庆石油学院学报,14(2):1-7.

楚泽涵.1984.油气藏的开发和地面沉降.国际地震动态,(6):9-10,31-32.

邓惠森.1992.地下水按化学成分分类及矿化度分级的探讨.地下水,14(2):119-122.

邓祖佑,王少昌,姜正龙,等.2000.天然气封盖层的突破压力.石油与天然气地质,21(2):136-138.

刁海燕.2013.泥页岩储层岩石力学特性及脆性评价.岩石学报,23(9):3300-3306.

刁玉杰,张森琦,郭建强,等.2011.深部咸水层 CO_2 地质储存地质安全性评价方法研究.中国地质,38(3):786-792.

刁玉杰,张森琦,郭建强,等.2012.深部咸水层二氧化碳地质储存场地选址储盖层评价.岩土力学,33(8):2422-2428.

丁国生,王皆明.2011.枯竭气藏改建储气库需要关注的几个关键问题.天然气工业,31(5):87-89,123.

丁国生,王皆明,杨春和,等.2014.含水层地下储气库.北京:石油工业出版社.

董宁,许杰,孙赞东,等.2013.泥页岩脆性地球物理预测技术.石油地球物理勘探,48(s1):69-74.

杜安琪.2016.枯竭油气藏型储气库井筒完整性研究.成都:西南石油大学硕士学位论文.

范明,陈宏宇,俞凌杰,等.2011.比表面积与突破压力联合确定泥岩盖层评价标准.石油试验地质,33(1):87-90.

范翔宇.2003.盖层测井评价方法研究及应用.成都:西南石油大学硕士学位论文.

方伟,阿卜杜拉塔伊尔·亚森,李瑞,等.2017.呼图壁储气库地表形变监测数据分析.内陆地震,31(1):9-16.

付春权,方立敏,窦同君,等.1999.利用灰色关联分析法综合评价盖层封盖性能.东北石油大学学报,23(3):1-4.

付广,许凤鸣.2003.盖层厚度对封闭能力控制作用分析.天然气地球科学,14(3):186-190.

付广,夏云清.2013.断层对接型和断层岩型侧向封闭的差异性.天然气工业,33(10):11-17.

付广,姜振学,李楠.1995.压力封闭在盖层封油气中的应用.天然气工业,15(3):13-17.

付广,杨文敏,雷琳,等.2009.盖层内断裂垂向封闭性定量评价新方法.特种油气藏,16(4):18-20.

付广,王彪,史集建.2014a.盖层封盖油气能力综合定量评价方法及应用.浙江大学学报,48(1):174-180.

付广,王浩然,胡欣蕾.2014b.断层垂向封闭的断-储排替压力差法及其应用.石油学报,35(4):685-691.

付晓飞,尚小钰,孟令东.2013.低孔隙岩石中断裂带内部结构及与油气成藏.中南大学学报(自然科学版),44(6):2428-2438.

付晓飞,孙兵,王海学,等.2015a.断层分段生长定量表征及在油气成藏研究中的应用.中国矿业大学学报,44(2):271-281.

付晓飞,贾茹,王海学,等.2015b.断层-盖层封闭性定量评价——以塔里木盆地库车坳陷大北—克拉苏构造带为例.石油勘探与开发,42(3):300-309.

付晓飞,徐萌,柳少波,等.2016.塔里木盆地库车坳陷致密砂岩-膏泥岩储盖组合断裂带内部结构及与天然气成藏关系.地质学报,90(3):521-533.

付晓飞,吴桐,吕延防,等.2018.油气藏盖层封闭性研究现状及未来发展趋势.石油与天然气地质,39(3):454-471.

傅广,陈章明,姜振学.1995.盖层封堵能力评价方法及其应用.石油勘探与开发,22(3):46-30.

高帅,魏宁,李小春.2015.盖岩CO_2突破压测试方法综述.岩土力学,36(9):2716-2727.

高先志,杜玉民,张宝收.2003.夏口断层封闭性及对油气成藏的控制作用模式.石油勘探与开发,(3):76-78.

高源.2019.套(钢)管–水泥石环界面胶结性能失效机制与试验研究.荆州:长江大学硕士学位论文.

郭波,龚时雨,谭云涛,等.2008.项目风险管理.北京:电子工业出版社,62-150.

郭海敏,张新雨.2015.储气库固井质量评价方法研究及应用.国外测井技术,(5):3,7-10.

郭海萱,郭天魁.2013.胜利油田罗家地区页岩储层可压性试验评价.石油试验地质,35(3):339-346.

郭平,杜玉红,杜建芬.2012.高含水油藏及含水层构造改建储气库渗流机理研究.北京:石油工业出版社,1-14.

郭印同,赵克烈,孙冠华,等.2011.周期荷载下盐岩的疲劳变形及损伤特性研究.岩土力学,32(5):1353-1359.

国家标准化管理委员会.2017.石油天然气工业油气开采中用于含硫化氢环境的材料第3部分:抗开裂耐蚀合金和其他合金(GB/T 20972.3 2008).北京:中国标准出版社.

国家标准化管理委员会.2017.石油天然气工业 油气开采中用于含硫化氢环境的材料第2部分:抗开裂碳钢、低合金钢和铸铁(GB/T 20972.2—2008).北京:中国标准出版社.

国家发展和改革委员会,国家能源局.2016能源发展"十三五"规划.

韩文君,刘松玉,章定文.2011.土体气压劈裂裂隙扩展特性及影响因素分析.土木工程学报,44(9):87-93.

郝石生,黄志龙.1991.天然气盖层试验研究及评价.沉积学报,9(4):20-26.

何顺利,门成全,周家胜,等.2006.大张坨储气库储层注采渗流特征研究.天然气工业,(5):8,9,90-92.

侯鹏,高峰,高亚楠,等.2017.脉冲气压疲劳对原煤力学特性及渗透率的影响.中国矿业大学学报,46(02):257-264.

侯亚伟,杨庆红,黄凯,等.2013.基于构造稳定性的断层垂向封闭能力评价.断块油气田,20(2):166-169.

胡国艺,李瑾,崔会英,等.2008.塔东地区天然气生成地质模式及其封盖条件评价.中国科学(D辑:地球科学),38(增刊Ⅱ):87-96.

胡国艺,汪晓波,王义凤,等.2009.中国大中型气田盖层特征.天然气地球科学,20(2):162-166.

黄晓卿,张金功,马睿.2013.泥质岩孔隙结构特征与连通性分析.地下水,35(6):223-225.

黄继新,彭仕宓,黄述旺,等.2005.异常高压气藏储层参数应力敏感性研究.沉积学报,23(4):620-625.

黄劲松,刘长国,牟广山.2009.贝尔凹陷大一段下部旋回泥岩盖层封闭能力综合评价.大庆石油学院学报,(6):23-28,119-120.

黄学,付广,赖勇,等.2008.断裂对盖层封闭性破坏程度定量研究.大庆石油地质与开发,27(6):5-9.

贾晋,王成虎,王璞.2018.枯竭气藏型储气库中地质力学问题浅谈.地壳构造与地壳应力文集:116-125.

贾善坡.2009.Boom Clay泥岩渗流应力损伤耦合流变模型、参数反演与工程应用.武汉:中国科学院研究生院(武汉岩土力学研究所)博士学位论文.

贾善坡.2016.含水层储气库盖层封闭能力与圈闭完整性评价研究.任丘:中国石油华北油田分公司.

贾善坡,陈卫忠,谭贤君,等.2008.大岗山水电站地下厂房区初始地应力场Nelder-Mead优化反演研究.岩土力学,(9):2341-2349.

贾善坡,陈卫忠,于洪丹,等.2009.泥岩弹塑性损伤本构模型及其参数辨识.岩土力学,30(12):3607-3614.

贾善坡,陈卫忠,杨建平,等.2010.基于修正Mohr-Coulomb准则的弹塑性本构模型及其数值实施.岩土力学,31(7):2051-2058.

贾善坡,杨建平,王越之,等.2012.含夹层盐岩双重介质耦合损伤模型研究.岩石力学与工程学报,31(12):2548-2555.

贾善坡,金凤鸣,郑得文,等.2015.含水层储气库的选址评价指标和分级标准及可拓综合判别方法研究.岩石力学与工程学报,34(8):1628-1640.

贾善坡,高敏,于洪丹,等.2016a.高孔低渗泥岩渗流–损伤耦合模型与数值模拟.中南大学学报(自然科学版),47(2):558-568.

贾善坡,杨建平,谭贤君,等.2016b.考虑渗流–应力耦合作用的层状盐岩界面裂缝扩展模型研究.中南大学学报(自然科学版),47(1):254-261.

贾善坡,张辉,林建品,等.2016c.含水层储气库泥质岩盖层封气能力定量评价研究.水文地质工程地质,43(3):90-98.

江怀友,沈平平,钟太贤,等.2008.二氧化碳埋存与提高采收率的关系.油气地质与采收率,15(6):52-55.

康永尚,杨帆,刘树杰.2007.调峰地下含水层储气库库址优选定量决策方法.地球科学,32(2):235-240.

孔凡忠.2019.断裂对盖层封闭时间有效性破坏程度的研究方法及其应用.大庆石油地质与开发,38(3):25-31.

孔锐,张哨楠.2012.煤层气储层评价方法的选择.地质通报,31(4):586-593.

孔祥言.1999.高等渗流力学.合肥:中国科技大学出版社.

寇剑锋,徐绯,郭家平,等.2011.黏聚力模型破坏准则及其参数选取.机械强度,33(5):714-718.

雷振中.1996.用图版法判断气井的冲蚀情况.天然气工业,(3):14,58-60.

李国平,郑德文,欧阳永林,等.1996.天然气封盖层研究与评价.北京:石油工业出版社.

李杰,李瑞,王晓强,等.2016.呼图壁地下储气库部分区域地表垂直形变机理研究.中国地震,32(2):407-416.

李景翠,申瑞臣,袁光杰,等.2009.含水层储气库建设相关技术研究.油气储运,28(8):9-12.

李平平.2005.叠合型盆地断层封闭性评价的地质模型.新疆石油地质,26(2):164-166.

李平先,张雷顺,赵国藩,等.2005.新老混凝土粘结面渗透性能试验研究.水利学报,(5):602-607.

李树春,许江,陶云奇,等.2009.岩石低周疲劳损伤模型与损伤变量表达方法.岩土力学,30(6):1611-1614,1619.

李双建,沃玉进,周雁,等.2011.影响高演化泥岩盖层封闭性的主控因素分析.地质学报,85(10):1691-1697.

李双建,周雁,孙冬胜.2013.评价盖层有效性的岩石力学试验研究.石油试验地质,35(5):574-586.

李小春,小出仁,大隅多加志.2003.二氧化碳地中隔离技术及其岩石力学问题.岩石力学与工程学报,22(6):989-994.

李小春,袁维,白冰.2016.CO$_2$地质封存力学问题的数值模拟方法综述.岩土力学,37(6):1762-1772.

李晓泉,尹光志,蔡波.2010.循环载荷下突出煤样的变形和渗透特性试验研究.岩石力学与工程学报,29(S2):3498-3504.

李学军.1991.气井冲蚀腐蚀临界速度的计算方法.国外油田工程,(4):94.

李延钧,刘欢,张烈辉,等.2013.四川盆地南部下古生界龙马溪组页岩气评价指标下限.中国科学:地球科学,43:1088-1095.

李银平,杨春和,施锡林.2012.盐穴储气库造腔控制与安全评估.北京:科学出版社.

李玥洋,田园媛,曹鹏,等.2013.储气库建设条件筛选与优化.西南石油大学学报,35(5):123-128.

李治,于晓明,汪熊熊,等.2015.长庆地下储气库老井封堵工艺探讨.石油化工应用,34(2):52-55.

梁全胜,刘震,何小胡,等.2008.断层垂向封闭性定量研究方法及其在准噶尔盆地白家海凸起东道海子断裂带应用.现代地质,22(5):803-809.

梁卫国,杨春和,赵阳升.2008.层状盐岩储气库物理力学特性与极限运行压力.岩石力学与工程学报,27(1):22-27.

林建品,贾善坡,刘团辉,等.2015.枯竭气藏改建储气库盖层封闭能力综合评价研究——以兴9枯竭气藏为例.岩石力学与工程学报,34(S2):4099-4107.

林兴洋.2017.盐穴储气库运行对水泥环结构完整性的影响研究.成都:西南石油大学硕士学位论文.

刘俊榜,郝琦,梁全胜,等.2010.基于地震资料的断层侧向封闭性定量研究方法及其应用.中国石油大学学报,34(3):17-24.

刘俊新,杨春和,刘伟,等.2015.泥质岩盖层前期名义固结压力及封闭特性研究.岩石力学与工程学报,34(12):2377-2387.

刘士忠.2008.济阳坳陷深层天然气保存条件研究.青岛:中国石油大学博士学位论文.

刘团辉.2017.冀中坳陷大5区块改建地下储气库可行性研究.大庆:东北石油大学硕士学位论文.

刘永忠,王乐,张甲六.2012.封存CO$_2$的泄漏过程预测与泄漏速率的影响因素特性.化工学报,63(4):1226-1233.

刘兆年,周建良,文敏,等.2015.疏松砂岩注水破裂机理及完整性研究.科学技术与工程,15(1):42-47.

刘志成.2015.新疆某地下储气库注采周期地表形变监测与数值模拟研究.乌鲁木齐:新疆大学硕士学位论文.

刘志森.2012.优化设计方法在气井冲蚀计算中的应用.石油化工应用,31(2):51-52,58.

卢双舫,付广,王朋岩.2002.天然气富集主控因素的定量研究.北京:石油工业出版社.

鲁雪松,蒋有录,宋岩.2007.盖层力学性质及其应力状态对盖层封闭性能的影响:以克拉2气田为例.天然气工业,27(8):48-56.

鲁雪松,柳少波,李伟,等.2014.低勘探程度致密砂岩气区地质和资源潜力评价——以库车东部侏罗系致密砂岩气为例.天然气地球科学,25(2):178-184.

罗金恒,李丽锋,王建军,等.2019.气藏型储气库完整性技术研究进展.石油管材与仪器,5(2):1-7.

罗胜元,何生,王浩.2012.断层内部结构及其对封闭性的影响.地球科学进展,27(2):154-164.

罗天雨,吕毓刚,刘元爽,等.2011.呼图壁储气库气井冲蚀规律初探.中外能源,16(11):68-71.

吕延防,陈章明,付广,等.1993.盖岩排替压力研究.大庆石油学院学报,17(4):1-7.

吕延防,付广,高大岭,等.1996.油气藏盖层研究.北京:石油工业出版社.

吕延防,张绍臣,王亚明.2000.盖层封闭能力与盖层厚度的定量关系.石油学报,21(2):27-30.

吕延防,万军,沙子萱,等.2008.被断裂破坏的盖层封闭能力评价方法及其应用.地质科学,43(1):162-174.

马成松,周士华.2000.地下储气库的力学分析.江汉石油学院学报,22(1):46-50.

马小明,赵平起.2011.地下储气库设计实用技术.北京:石油工业出版社.

马新华,丁国生.2018.中国天然气地下储气库.北京:石油工业出版社.

冒海军,曹冬云,郭印同,等.2010.枯竭油气田中废弃井密封性研究.岩石力学与工程学报,29(11): 2196-2202.

苗承武,尹凯平.2000.含水层地下储气库工艺设计.北京:石油工业出版社.

庞雄奇,付广,万龙贵,等.1993.盖层封油气性综合定量研究.北京:地质出版社.

邱亦楠,薛叔浩.2004.油气储层评价技术.北京:石油工业出版社.

曲长伟,张霞,林春明,等.2013.杭州湾地区晚第四纪浅层生物气藏盖层物性封闭特征.地球科学进展, 28(2):209-220.

任建峰.2016.油田 CO_2 封存渗漏机制及监测方法研究.青岛:中国石油大学(华东)硕士学位论文.

任森林,刘琳,徐雷.2011.断层封闭性研究方法.岩性油气藏,23(5):101-105.

申瑞臣,田中兰,袁光杰.2009.地下储气(油)库工程技术研究与实践.北京:石油工业出版社.

师育新,雷怀彦.1995.砂岩储层中粘土矿物二次参数定量评价方法及其地质意义.沉积学报,13(增): 158-163.

石磊,熊伟,高树生,等.2012a.板中北砂岩型储气库压力应变规律分析.科技导报,30(8):37-40.

石磊,廖广志,熊伟,等.2012b.水驱砂岩气藏型地下储气库气水二相渗流机理.天然气工业,32(9):85- 87,135-136.

石油测井专业标准化委员会.1988.放射性核素载体法示踪测井:SY/T5327-1999.北京:石油工业出版社, 4-15.

石油测井专业标准化委员会.2000.电、声成像测井资料处理解释规范:SY/ T 6488-2000.北京:石油工业 出版社.

石油测井专业标准化委员会.2002.裸眼井、套管井测井作业技术规程:SY/T 5600-2002.北京:石油工业 出版社.

石油管材专业标准化技术委员会.2012.石油天然气工业特殊环境用油井管:第1部分:含 H_2S 油气田环境 下碳钢和低合金钢油管和套管选用推荐做法:SY/T6857.1—2012.北京:石油工业出版社.

石油测井专业标准化委员会.2010.固井质量检测仪刻度及评价方法:SY/T 6449-2000.北京:石油工业出 版社.

史述昭,杨光华.1987.岩体常用屈服函数的改进.岩土工程学报,(4):60-69.

史玉才,管志川,席传明,等.2017.基于水泥环完整性分析的许用套管内压力解析计算方法.天然气工业, 37(7):89-93.

速宝玉,詹美礼,赵坚.1994.光滑裂隙水流模型试验及其机理初探.水利学报,(5):19-24.

隋义勇,林堂茂,刘翔,等.2019.交变载荷对储气库注采井出砂规律的影响.油气储运,38(3):303-307.

孙宝珊,周新桂,邵兆刚.1995.油田断裂封闭性研究.地质力学学报,1(2):21-27.

孙建平,闵思佳,李旭峰.2010.陆相沉积盆地二氧化碳地质储存评价技术探讨.安全与环境工程,17(6): 30-32.

孙军昌,胥洪成,王皆明,等.2018.气藏型地下储气库建库注采机理与评价关键技术.天然气工业, 38(4):138-144.

孙亮,陈文颖.2012.CO_2 地质封存选址标准研究.生态经济,(7):33-38.

孙明亮,柳广弟,李剑.2008.气藏的盖层特征及划分标准.天然气工业,28(8):36-38,137.

孙粤琳,沈振中,吴越健,等.2008.考虑渗流-应力耦合作用的裂缝扩展追踪分析模型.岩土工程学报, 30(2):199-204.

谭羽非.2003.基于数值模拟方法计算天然气地下储气库的渗漏量.天然气工业,23(2):99-101.

谭羽非 . 2007. 天然气地下储气库技术及数值模拟 . 北京:石油工业出版社 .

谭羽非,林涛 . 2006. 利用地下含水层储存天然气应考虑的问题 . 天然气工业,26(6):114-117.

唐丹,王万福,熊焕喜,等 . 2014. 地质封存工程中 CO_2 沿井筒渗漏影响因素分析 . 油气田环境保护, 24(3):1-4,80.

唐庆宝 . 1985. 应用模糊数学方法评价局部圈闭 . 石油地球物理勘探,20(5):490-495.

唐毅 . 2017. 储气库注采载荷对储层段水泥环完整性的影响研究 . 成都:西南石油大学硕士学位论文 .

唐颖,邢云,李乐忠,等 . 2012. 页岩储层可压裂性影响因素及评价方法 . 地学前缘,19(5):356-363.

童亨茂 . 1998. 断层开启与封闭的定量分析 . 石油与天然气地质,19(3):215-220.

王保辉,闫相祯,杨秀娟,等 . 2012. 含水层型地下储气库天然气动态运移规律 . 石油学报,33(2):327-331.

王秉海,钱凯 . 1992. 胜利油区地质研究与勘探实践 . 山东:石油大学出版社 .

王德玲,沈疆海,葛修润 . 2006. 岩石疲劳扰动模型的研究 . 水利与建筑工程学报,(02):32-33,58.

王迪晋,李瑜,聂兆生,等 . 2016. 呼图壁地下储气库地表盖层变形的 GPS 研究 . 中国地震,32(2):397-406.

王洪辉 . 2002. 川南二叠系阳新统大断裂封闭性研究 . 石油试验地质,24(5):403-406.

王欢,王琪,张功成,等 . 2011. 琼东南盆地梅山组泥岩盖层封闭性综合评价 . 地球科学与环境学报,33(2): 152-158.

王嘉淮,罗天雨,吕毓刚,等 . 2012a. 呼图壁地下储气库气井冲蚀产量模型及其应用 . 天然气工业,32(2): 57-59,117.

王嘉淮,罗天雨,吕毓刚,等 . 2012b. 气井冲蚀产量模型在储气库的应用 . 特种油气藏,19(1):110- 112,141.

王建军 . 2014. 地下储气库注采管柱密封试验研究 . 石油机械,42(11):170-173.

王建军,王同涛,林凯,等 . 2010. 一种提高复杂井况下管柱设计系数的三轴应力方法 . 国外油田工程, 26(05):11-14.

王建军,孙建华,薛承文,等 . 2017. 地下储气库注采管柱气密封螺纹接头优选 . 天然气工业,37(5):76-80.

王建军,路彩虹,贺海军,等 . 2019. 气藏型储气库管柱选用与评价 . 石油管材与仪器,5(2):26-29.

王建秀,吴远斌,于海鹏 . 2013. 二氧化碳封存技术研究进展 . 地下空间与工程学报,9(1):81-90.

王皆明,张昱文 . 2013. 裂缝性潜山油藏改建储气库机理与评价方法 . 北京:石油工业出版社 .

王皆明,王丽娟,耿晶 . 2005. 含水层储气库建库注气驱动机理数值模拟研究 . 天然气地球科学,16(5): 673-676.

王金昌,陈页开 . 2006. ABAQUS 在土木工程中的应用 . 杭州:浙江大学出版社 .

王珂,戴俊生 . 2012. 地应力与断层封闭性之间的定量关系 . 石油学报,33(1):74-81.

王丽娟,郑雅丽,李文阳,等 . 2007. 水层建库气驱水机理数值模拟 . 天然气工业,(11):100-102,143.

王秋菊 . 2008. 断层垂向封闭所需断层面压力下限的确定方法 . 大庆石油地质与开发,27(4):30-34.

王伟超 . 2016. 叶舞盐矿深部盐岩疲劳损伤演化机理 . 焦作:河南理工大学博士学位论文 .

王秀玲,任文亮,周战云,等 . 2017. 储气库固井用油井水泥增韧材料的优选与应用 . 钻井液与完井液, 34(3):89-93,98.

王一军 . 2012. 济阳坳陷第三系泥质岩盖层类型及分布 . 西安:西北大学硕士学位论文 .

王一军,张金功,席辉 . 2012. 泥质岩盖层的研究 . 地下水,34(3):215-219.

王跃龙 . 2014. 柴达木盆地东部石炭系页岩突破压力研究 . 北京:中国地质大学(北京)硕士学位论文 .

王者超,赵建纲,李术才,等 . 2012. 循环荷载作用下花岗岩疲劳力学性质及其本构模型 . 岩石力学与工程 学报,31(9):1888-1900.

魏东吼,董绍华,梁伟 . 2015. 地下储气库完整性管理体系及相关技术应用研究 . 油气储运,34(2): 115-121.

文龙,刘埃平,钟子川,等.2005.川西前陆盆地上三叠统致密砂岩储层评价方法研究.天然气工业,25(A):49-53.

席道瑛,薛彦伟,宛新林.2004.循环载荷下饱和砂岩的疲劳损伤.物探化探计算技术,(3):193-198.

肖建清,丁德馨,蒋复量,等.2009.岩石疲劳损伤模型的参数估计方法研究.岩土力学,30(6):1635-1638.

谢和平,熊伦,谢凌志,等.2014.中国 CO_2 地质封存及增强地热开采一体化的初步探讨.岩石力学与工程学报,33(S1):3077-3086.

辛守良,刘团辉,毕扬扬,等.2016.含水层储气库建设与余热发电结合的可行性分析——以冀中坳陷 D5 区块为例.天然气工业,36(3):108-113.

徐向丽,张颖,周谧,等.2016.高产气井油管管柱温度、压力及冲蚀模型研究.重庆科技学院学报(自然科学版),18(4):93-96.

许宏发,王武,方秦,等.2012.循环荷载下岩石塑性应变演化模型.解放军理工大学学报(自然科学版),13(3):282-286.

许江,杨秀贵,王鸿,等.2005.周期性载荷作用下岩石滞回曲线的演化规律.西南交通大学学报,(6):754-758.

许志刚,陈代钊,曾荣树.2008. CO_2 地质埋存逃逸风险及补救对策.地质论评,54(2):373-386.

薛世峰,马国顺,于来刚,等.2007.流固耦合模型在定量预测油水井出砂过程中的应用.石油勘探与开发,34(6):750-754.

阳小平,程林松,郑贤斌,等.2012.孔隙型储层建设地下储气库库址优选.油气储运,31(8):581-584.

阳小平,程林松,何学良,等.2013.地下储气库断层的完整性评价.油气储运,32(6):578-582.

杨传忠,张先普.1994.油气盖层力学性与封闭性关系.西南石油学院学报,16(3):7-13.

杨春和,周宏伟,李银平,等.2014.大型盐穴储气库群灾变机理与防护.北京:科学出版社.

杨帆.2005.含水层地下储气库筛选和参数设计优化研究及软件研制.北京:中国石油大学.

杨毅.2003.天然气地下储气库建库研究.成都:西南石油学院硕士学位论文.

杨毅,蒲晓林,王霞光.2005.枯竭油气藏型地下储气库库址优选研究.石油工程建设,31(3):1-7.

杨智,何生,李奇艳,等.2005.黏土涂抹充填方法评价断层封闭性研究.世界地质,24(3):259-264.

叶礼友.2011.川中须家河组低渗砂岩气藏渗流机理及储层评价研究.廊坊:中国科学院渗流流体力学研究所.

游秀玲.1991.天然气盖层评价方法探讨.石油与天然气地质,12(3):261-274.

于本福.2015.含水层地下储气库注采模拟及安全可靠性研究.青岛:中国石油大学(华东)博士学位论文.

俞凌杰,范明,刘伟新,等.2011.盖层封闭机理研究.石油试验地质,33(1):91-95.

袁际华,柳广弟,张英.2008.相对盖层厚度封闭效应及其应用.西安石油大学学报,23(1):34-36.

袁俊亮,邓金根,张定宇,等.2013.页岩气储层可压裂性评价技术.石油学报,34(3):523-527.

袁玉松,范明,刘伟新,等.2011.盖层封闭性研究中的几个问题.石油试验地质,33(4):336-347.

曾顺鹏.2005.高含水后期油藏改建储气库渗流机理及应用研究.成都:西南石油学院博士学位论文.

张焕旭,陈世加,张静,等.2013.大断距断层封闭性评价——以柴达木盆地英东地区油砂山断层为例.新疆石油地质,34(4):421-423.

张吉,张烈辉,杨辉廷,等.2003.断层封闭机理及其封闭性识别方法.河南石油,17(3):7-9.

张立含,周广胜.2010.气藏盖层封气能力评价方法的改进及应用——以我国 46 个大中型气田为例.沉积学报,28(2):388-394.

张林海,刘仍光,周仕明,等.2017.模拟压裂作用对水泥环密封性破坏及改善研究.科学技术与工程,17(13):168-172.

张森琦,刁玉杰,程旭学,等.2010.二氧化碳地质储存逃逸通道及环境监测研究.冰川冻土,32(6):

1251-1261.

张旭辉,鲁晓兵,刘庆杰.2009.盖层特性对 CO_2 埋存逃逸速度的影响.土工基础,23(3):67-70.

张旭辉,郑委,刘庆杰.2010. CO_2 地质埋存后的逃逸问题研究进展.40(5):517-527.

张学文,尹家宏.1999.低渗透砂岩油藏油水相对渗透率曲线特征.特种油气藏,6(2):27-31.

张中伟.2017.凝析气藏改建储气库渗流机理及应用研究.成都:西南石油大学博士学位论文.

章定文,刘松玉,顾沉颖,等.2009.土体气压劈裂的室内模型试验.岩土工程学报,31(12):1925-1929.

赵斌,李云鹏,田静,等.2012.含水层储气库注采效应的数值模拟.油气储运,31(3):211-214.

赵会友,陈华辉,邵荷生,等.1996.几种钢的腐蚀冲蚀磨损行为与机理研究.摩擦学学报,(2):17-24.

赵军龙,高秀丽.2013.基于测井信息泥岩盖层评价技术综述.测井技术,37(6):594-599.

赵密福,李阳,张煜,等.2006.断层两盘岩性配置关系及断层的封闭性.中国石油大学学报,30(1):7-11.

赵庆波,杨金凤.1994.中国气藏盖层类型初探.石油勘探与开发,21(3):15-23.

赵仁保,孙海涛,吴亚生.2010.二氧化碳埋存对地层岩石影响的室内研究.中国科学:技术科学,40(4):378-384.

赵效锋,管志川,廖华林,等.2015.交变压力下固井界面微间隙产生规律研究.石油机械,43(4):2227.

赵颖,魏秋菊,张华,等.2003.论述储气库库址的选型方法.石油工程建设,(2):3,4-9.

赵玉民,李勇,钟建华,等.2003.我国地下储气库地质约束因素分析.应用基础与工程科学学报,(3):274-282.

郑丽娜.2015.储层注气引起地表变形的全场建模与分析.大连:大连理工大学硕士学位论文.

郑委,鲁晓兵,张旭辉,等.2010.CCS 工程中盖层渗透率对 CO_2 逃逸的影响.力学与实践,32(4):30-34.

郑有成,张果,游晓波,等.2008.油气井完整性与完整性管理.钻采工艺,(5):6-9,164.

中国石油天然气股份有限公司勘探与生产分公司.2011.储气库建设及运行管理技术交流会资料.

中国石油天然气集团公司管材研究所.2009a.含 CO_2 腐蚀环境中套管和油管选用推荐作法:Q/SY TGRC18—2009.西安:中国石油天然气集团公司管材研究所.

中国石油天然气集团公司管材研究所.2009b.含 H_2S 油气田环境下碳钢和低合金油管和套管选用推荐作法:Q/SY TGRC2—2009.西安:中国石油天然气集团公司管材研究所.

中国石油天然气集团公司管材研究所.2009c.耐蚀合金套管和油管:Q/SY TGRC3—2009.西安:中国石油天然气集团公司管材研究所.

周道勇,郭平,杜建芬,等.2006.地下储气库应力敏感性试验研究.天然气工业,(4):122-124,165.

周辉,孟凡震,张传庆,等.2014.基于应力-应变曲线的岩石脆性特征定量评价方法.岩石力学与工程学报,33(6):1114-1122.

周文,刘文碧,程光瑛.1994.海拉尔盆地泥岩盖层演化过程及封盖机理探讨.成都理工学院学报,21(1):62-70.

周文,邓虎成,单钰铭,等.2008.断裂(裂缝)面的开启及闭合压力试验研究.石油学报,29(2):277-283.

周雁,李双建,范明.2011.构造变形过程中盖层封闭性研究.地质科学,46(1):226-232.

朱筱敏,康安.2005.柴达木盆地第四系储层特征及评价.天然气工业,25(3):29-31.

Abbo A J,Sloan S W. 1995. A smooth hyperbolic approximation to the Mohr-Coulomb yield criterion. Computers and Structures,54(3):427-441.

Alan W B. 2011. Prediction of the effects of compositional mixing in a reservoir on conversion to natural gas storage. Morgantown: West Virginia University.

Allen R D,Trapp J S,Jensen T E. 1981. Site characterization for injection of compressed air into an aquifer. Proceedings- Symposium on Rock Mechanics,22:417-421.

Alfano G. 2006. On the influence of the shape of the interface law on the application of cohesive- zone models. Composites Science and Technology,66(6):723-730.

Anyadiegwu C I. 2013. Evaluating the deliverability of underground gas storage in depleted oil reservoir. Archives of Applied Science Research,5(2):7-14.

Azin R,Nasiri A,Entezari A J,et al. 2008a. Investigation of underground gas storage in a partially depleted gas reservoir. CIPC/SPE gas technology symposium joint conference,Calgary.

Azin R, Nasiri A, Entezari J. 2008b. Underground gas storage in a partially depleted gas reservoir. Oil & Gas Science and Technology,63(6):691-703.

Bachu A, Hawkes C, Lawton D, et al. 2009. CCS site characterisation criterion. Cheltenham: The International Energy Agency(IEA).

Bachu S,Bennion B. 2008. Effects of in-situ conditions on relative permeability characteristics of CO_2-brine systems. Environmental Geology(Berlin),54(8):1707-1722.

Bagde M N,Petroš V. 2004. Fatigue properties of intact sandstone samples subjected to dynamic uniaxial cyclical loading. International Journal of Rock Mechanics and Mining Sciences,42(2):237-250.

Barton C A,Zoback M D,Moos D. 1995. Fluid flow along potentially active faults in crystalline rock. International Journal of Rock Mechanics and Mining Sciences and Geomechanics Abstracts,33(5):A206-A206.

Bays C A. 1964. Ground water and underground gas storage. Groundwater,2(4):25-32.

Behrouz T,Basirat M,Askari A,et al. 2014. Fast screening method to prioritize underground gas storage structures for site Selection. International Gas Union Research Conference(IGRC2014),3(1):2378-2386.

Bennion D B,Thomas F B,Ma T,et al. 2000. Detailed protocol for the screening and selection of gas storage reservoirs. SPE 59738.

Bennion D B,李卫庆,张之文,等. 2002. 选择废弃气藏作储气库应考虑的几个因素. 国外油田工程,18(10):59-61.

Bérest P, Bergues J, Brouard B. 1999. Review of static and dynamic compressibility issues relating to deep underground salt caverns. International Journal of Rock Mechanics & Mining Sciences,36(8):1031-1049.

Bert M,Ogunlade D, Manuela L. 2005. IPCC Special Report on Carbon Dioxide Capture and Storage. New York: Cambridge University Press.

Bohnhoff M, Zoback M D, Chiaramont L, et al. 2010. Seismic detection of CO_2 leakage along monitoring wellbores. International Journal of Greenhouse Gas Control,4(4):687-697.

Bontemps C,Cariou L,Galibert S,et al. 2013. Assessment of four prospective sites for the realization of Underground gas storages in aquifer reservoirs. Courbevoie:GDF Suez.

Boulin P F, Bretonnier P, Vassil V, et al. 2013. Sealing efficiency of caprocks:Experimental investigation of entry pressure measurement methods. Marine and Petroleum Geology,48:20-30.

Briggs J E,Katz D L. 1966. Drainage of water from sand in developing aquifer storage. SPE 1501.

Bruno M S,Dewolf G,Foh S. 2000. Geomechanical analysis and decision analysis for delta pressure operations in gas storage reservoirs. The American Gas Association Operations Conference,Denver.

Chen M J,Buscheck T A,Wagoner J L,et al. 2013. Analysis of fault leakage from Leroy underground natural gas storage facility,Wyoming,USA. Hydrogeology Journal,21:1429-1445.

Chen Z R. 2012. Finite element modeling of viscosity-dominated hydraulic fractures. Journal of petroleum science and engineering,88-89:136-144.

Chiaramonte L,Vicki Stamp,Julio Friedmann,et al. 2008. Seal integrity and feasibility of CO_2 sequestration in the Teapot Dome EOR pilot:geomechanical site characterization. Environ. Geol.,54:1667-1675.

Crow W, Carey J W, Gasda S, et al. 2010. Wellbore integrity analysis of a natural CO_2 producer. International

Journal of Greenhouse Gas Control,4:186-197.

De An S,Yao Y P,Matsuoka H. 2005. Modification of critical state models by Mohr-Coulomb criterion. Mechanics Research Communications,33(2):217-232.

Ducellier A,Seyedi D,Foerster E. 2011. A coupled hydromechanical fault model for the study of the integrity and safety of geological storage of CO_2. Energy Procedia,4(22):5138-5145.

Emilia L,Christopher J,Spiers C. 2009. Failure behaviour wellbore cement in the presence of water and supercritical CO_2. Energy Procedia,1(1):3553-3560.

Forest S,Pradel F,Sab K. 2001. Asymptotic analysis of heterogeneous Cosserat media. International Journal of Solids and Structures,38(26/27):4585-4608.

Ghanbari S,Al-Zaabi Y,Pickup G E, et al. 2006. Simulation of CO_2 Storage In Saline Aquifers. Chemical Engineering Research & Design,84(9):764-775.

Gober W H. 1965. Factors influencing the performance of gas storage reservoirs developed in aquifers. SPE 1346.

Grataloup S,Bonijoly D,Brosse E, et al. 2009. A site selection methodology for CO_2 underground storage in deep saline aquifers:case of the Paris Basin. Energy Procedia,1(1):2929-2936.

Grunau H R. 2007. A worldwide look at the cap-rock problem. Journal of Petroleum Geology,10(3):245-265.

Guo X,Du Z M,Guo P, et al. 2006. Design and demonstration of creating underground gas storage in a fractured oil depleted carbonate reservoir. SPE Russian Oil and Gas Technical Conference and Exhibition,Moscow,Russia,3-6 October.

Hawkes C D,Bachu S,Mclellan P J. 2005. Geomechanical Factors Affecting Geological Storage of CO_2 in Depleted Oil and Gas Reservoirs. Journal of Canadian Petroleum Technology,44(10):52-61.

Hildenbrand A,Schlömer S,Krooss B M, et al. 2004. Gas breakthrough experiments on pelitic rocks:comparative study with N_2, CO_2 and CH_4. Geofluids,4(1):61-80.

Ikoku C U. 1991. Natural gas reservoir engineering. Florida:Krieger publishing company.

Jia S P,Wen C X,Deng F C, et al. 2019. Coupled THM modelling of wellbore stability with drilling unloading,fluid flow,and thermal effects considered. Mathematical Problems in Engineering:1884-2020.

Juergen E,Streit,Anthony F, et al. 2010. 二氧化碳注入地质力学响应的预测、监测与控制. 水文地质工程地质技术方法动态,6(5):40-45.

Kameya H,Ono M,Takeshima J, et al. 2011. Evaluation for the capillary-sealing efficiency of the fine-grained sediments in Japan. Energy Procedia,4(4):5146-5153.

Katz D L. 1971. Monitoring gas storage reservoirs. SPE 3287.

Katz D L. 1999. Containment of gas in storage fields. SPE Reprint Series,50:28-33.

Katz D L,Tek M R. 1970. Storage of natural gas in saline aquifers. Water resources research,6(5):1515-1521.

Katz D L,Witherspoon P A. 1971. Storage of gas and oil to meet seasonal demands. Moscow:8th World Petroleum Congress.

Katz D L,Tek M R. 1981. Qverview on underground storage of natural gas. Journal of petroleum technology,33(6):943-951.

Katz D L, Shah D P. 1984. Establishing the effective aquifer pressure controlling water drive for gas storage cycles. SPE 13234.

Katz D L,Lee R L. 1990. Natural gas engineering:production and storage. New York:McGraw-Hill publishing company.

Katz D L,Vary J A,Elenbaas J R. 1958. Design of gas storage fields. SPE 1059-G.

Katz D L,Cornell D, Vary A J, et al. 1959. Handbook of natural gas engineering. New York:McGraw-Hill publishing company.

Khan S, Han H, Ansari S, et al. 2010. An integrated geomechanics workflow for caprock- integrity analysis of a potential carbon storage. SPE 139477.

Kneeper G A. 1997. Underground storage operations. Journal of petroleum technology,49(10):1112-1114.

Knepper G A, Cuthbert J F. 1979. Gas storage problems and detection methods. SPE 8412.

Langlais V, Mezghani M, Lucet N, et al. 2005. 4D Monitoring of an Underground Gas Storage Case Using an Integrated History Matching Technique. SPE Annual Technical Conference and Exhibition.

Lei X L, Kusunose K, Rao M V M S, et al. 2000. Quasi-static fault growth and cracking in homogeneous brittle rock under triaxial compression using acoustic emission monitoring. Journal of Geophysical Research, 105 (B3): 6127-6139.

Louis C. 1969. A study of ground water flow in jointed rock and its influence on the stability of rock masses.

Michael S B, Kang L, Julia D, et al. 2014. Development of Improved caprock Integrity Analysis and Risk Assessment Techniques. Energy Procedia,63:4708-4744.

Monicard R. 1975. Caracteristique des roches reservoirs. Cours de Production, Paris.

Muonagor C M, Anyadiegwu C I C. 2014. Development and conversion of aquifer for underground natural gas storage in Nigeria. Petroleum & Coal,56(1):1-12.

Nygard R, Gutierrez M, Bratli R K, et al. 2006. Brittle- ductile transition, shear failure and leakage in shales and mudrocks. Marine and petroleum geology,23(2):201-212.

Peter G B. 1967. Calculation of the leak location in an aquifer gas storage field. Journal of Petroleum Technology, (5):623-626.

Rohmer J, Bouc O. 2010. A response surface methodology to address uncertainties in cap rock failure assessment for CO_2 geological storage in deep aquifers. International Journal of Greenhous,4(2):198-208.

Rutqvist J, Birkholzer J T, Tsang C. 2008. Coupled reservoir geomechanical analysis of the potential for tensile and shear failure associated with CO_2 injection in multilayered reservoir-caproc systems. International Journal of Rock Mechanics and Mining Sciences,45(2):132-143.

Rzqczynski W M, Katz D L. 1969. Gas penetration into deeper strata in aquifer storage. SPE 2561.

Sudheer R L. 2009. Impact of injecting inter cushion gas into a gas storage reservoir. Morgantown: West Virginia University.

Tabari K, Tabari M, Tabari O. 2011. Investigation of Gas Storage Feasibility in Yortshah Aquifer in the Central of Iran. Australian Journal of Basic and Applied Sciences,5(12):1669-1673.

TeatiniP, Castelletto N, Ferronato M, et al. 2011. Geomechanical response to seasonal gas storage in depleted reservoirs:A case study in the Po River basin, Italy. Journal of geophysical research, Earth Surface, 116(2): 490-500.

Tek M R. 1987. Underground storage of natural gas. Houston:Gulf Publishing Company.

Tek M R. 1989. Underground storage of natural gas:theory and practice. Dordrecht:Kluwer Academic Publishers.

Thomas L K, Katz D L, Tek M R. 1968. Threshold pressure phenomena in porous media. Spe Journal, 243(2): 174-184.

Tonnet N, Gérard Mouronval, Chiquet P, et al. 2011. Petrophysical assessment of a carbonate- rich caprock for CO_2 geological storage purposes. Energy Procedia,4(4):5422-5429.

Vilarrasa V, Bolster D, Olivella S, et al. 2010. Coupled hydromechanical modeling of CO_2 sequestration in deep saline aquifers. International Journal of Greenhouse Gas Control,4(6):910-919.

Vilarrasa V, Olivella S, Carrera J. 2011. Geomechanical stability of the caprock during CO_2 sequestration in deep saline aquifers. Energy Procedia 10th International Conference on Greenhouse,4(4):5306-5313.

Wang J G,Peng Y. 2014. Numerical modeling for the combined effects of two-phase flow,deformation,gas diffusion and CO$_2$ sorption on caprock sealing efficiency. Journal of Geochemical Exploration,144(A):154-167.

Wang Z M. 2001. Simulation studies concering the mechanisms of gas storage in an aquifer. College Station:Texa A&M University.

Wang Z M,Holditch S A. 2005. A comprehensive parametric simulation study of the mechanisms of a gas storage aquifer. 6th Canadian International Petroleum Conference,7-9 June.

Witherspoon P A, Mueller T D. 1962. Evaluation of underground gas- storage conditions in aquifers through investigations of groundwater hydrology. SPE 162.

Wu G J,Jia S P,Wu B L,et al. 2018. A discussion on analytical and numerical modelling of the land subsidence induced by coal seam gas extraction. Environmental Earth Sciences,77(9):1-13.

Yang D,Zhao Y S,Hu Y Q. 2006. The constitute law of gas seepage in rock fractures undergoing. Transport in Porous Media,63(3):463-472.

Yielding G,Freeman B,Needham D T. 1997. Quantitative Fault Seal Prediction. AAPG Bulletin,81(6):897-917.